普通高等学校新形态一体化教材

BIM 建模技术应用

主　编　刘香香　安雪玮　汪金能

副主编　谢　文　朱曲平　吴九江　令永强

西南交通大学出版社

·成　都·

图书在版编目（CIP）数据

BIM 建模技术应用 / 刘香香，安雪玮，汪金能主编
．一成都：西南交通大学出版社，2020.8（2023.7 重印）
ISBN 978-7-5643-7570-6

Ⅰ．①B… Ⅱ．①刘… ②安… ③汪… Ⅲ．①建筑设计－计算机辅助设计－应用软件 Ⅳ．①TU201.4

中国版本图书馆 CIP 数据核字（2020）第 158050 号

BIM Jianmo Jishu Yingyong
BIM 建模技术应用

主编 刘香香 安雪玮 汪金能

责任编辑 李华宇
封面设计 曹天擎

出版发行 西南交通大学出版社
（四川省成都市金牛区二环路北一段 111 号
西南交通大学创新大厦 21 楼）
邮政编码 610031
发行部电话 028-87600564 028-87600533
网址 http://www.xnjdcbs.com
印刷 成都中永印务有限责任公司

成品尺寸 185 mm × 260 mm
印张 11.5
字数 238 千
版次 2020 年 8 月第 1 版
印次 2023 年 7 月第 2 次
定价 39.80 元
书号 ISBN 978-7-5643-7570-6

课件咨询电话：028-81435775
图书如有印装质量问题 本社负责退换

前言

2016 年 8 月住房和城乡建设部印发了《2016—2020 年建筑业信息化发展纲要》(建质函〔2016〕183 号)，文件明确提出，“十三五”时期，全面提高建筑业信息化水平，着力增强 BIM、大数据、智能化、移动通信、云计算、物联网等信息技术集成应用能力。2018 年 1 月,《建筑信息模型施工应用标准》(GB/T 51235—2017) 正式实施，目的是规范和引导施工阶段建筑信息模型应用。这些均表明，BIM 技术在工程建设全寿命周期应用是我国建筑信息化改革的必然成果。BIM(Building Information Modeling)是一种应用于工程设计、建造、管理的数字化工具，通过参数模型整合各种项目的相关信息，在项目决策、运行和维护的全生命周期过程中进行共享和传递，使工程技术人员对各种建筑信息作出正确理解和高效应对，为设计团队以及包括建筑运营单位在内的各方建设主体提供协同工作的基础，在提高生产效率、节约成本和缩短工期方面发挥着重要作用。

目前，BIM 在国内市场的主要应用案例有：BIM 模型维护、场地分析、建筑策划、方案论证、可视化设计、协同设计、性能化分析、工程量统计、管线综合、施工进度模拟、施工组织模拟、数字化建造、物料跟踪、施工现场配合、竣工模型交付、维护计划、资产管理、空间管理、建筑系统分析、灾害应急模拟。从以上 20 种 BIM 典型应用中可以看出，BIM 的应用对于实现建筑全生命周期的管理，提高建筑行业在规划、设计、施工和运营方面的科学技术水平，促进建筑业全面信息化和现代化，具有巨大的应用价值和广阔的应用前景。

编写本书的目的是：给 BIM 工程师提供建模工作流的样例，循着本书的引导，让读者掌握 BIM 土建建模的方法和流程；了解最佳的建模工作方法、建模工作注意事项以及使用高效率的建模工具软件。本书重点放在 BIM 建模工作的流程和方法上，逐步带领读者创建一个三层办公楼土建模型。由于篇幅的限制，本书没有全面展开讲解 Revit 所有功能的用法，读者可使用 Revit 软件的在线帮助学习本书没有用到的功能。

本书配套了微课视频、PPT 课件等学习资源，扫描书中的二维码就可以立即查看该内容点的操作教学视频，借用数字化手段，能让读者更好地掌握 Revit 建模基础知识和操作方法。部分教学资源可联系编辑获取（574941537@qq.com）。

本书为校企共建教材，适合作为本科院校、高职院校、企业培训 BIM 专业人才的学习教材。全书内容由重庆工程学院刘香香、安雪玮、汪金能担任主编，重庆市设计研究院谢文、重庆工程学院朱曲平、西南科技大学吴九江、重庆工程学院令永强担任副主编，重庆工程学院王姝、戴晶晶、卢俊波、梅艺、焦敏、高丽、林俊参与编写，具体编写分工如下：王姝、安雪玮编写第 1 章，林俊、安雪玮编写第 2 章，刘香香、戴晶晶、卢俊波、梅艺、高丽、令永强、吴九江编写第 3 章；刘香香、焦敏编写第 4 章；刘香香编写第 5 章；令永强、谢文、吴九江编写第 6 章。本书在编写过程中得到了贾建平、谢文的帮助。本书配套视频由安雪玮、刘香香、令永强、王姝、林俊、戴晶晶、卢俊波、梅艺、高丽、焦敏参与录制。安雪玮和汪金能参与部分章节的编写或校对工作。全书由刘香香汇总修改并统稿。最后，衷心感谢参与教材编写的全体人员，也感谢出版社领导的重视和编辑们的努力付出，正是有你们的辛勤付出，本书才得以与读者见面。

由于编者水平有限，本书难免有不当之处，衷心期望各位读者给予指正。

编　者

2020 年 7 月

课程介绍

微课视频资源索引

目录

第 1 篇

BIM 基础知识与操作

第 1 章 BIM 概述

本章重难点：掌握 BIM 的基本概念及内涵；掌握 BIM 的特点；熟悉 BIM 工具及其主要功能应用；了解 BIM 的发展历程及趋势。

1.1 BIM 基本知识

BIM 基础知识（一）

1.1.1 BIM 的含义

BIM 的英文全称是 Building Information Modeling，国内较为一致的中文翻译为：建筑信息模型。建筑信息模型是以建筑工程项目的各项相关信息数据作为模型的基础，进行建筑模型的建立，通过数字信息仿真模拟建筑物所具有的真实信息。它具有可视化、协调性、模拟性、优化性和可出图性五大特点。

通过数字信息仿真模拟建筑物所具有的真实信息时，这里的信息不仅是三维几何形状信息，还包含大量的非几何形状信息，如建筑构件的材料、重量、价格和进度等。

BIM 被提出以来，随着社会的发展，逐渐受到关注与应用，它是引领建筑业信息技术走向更高层次的一种新技术。它的全面应用，将为建筑业界的科技进步产生无可估量的影响，能够大大提高建筑工程的集成化程度，同时，也为建筑业的发展带来巨大的效益，使设计乃至整个工程的质量和效率显著提高，成本降低。

1.1.2 BIM 的特点

1. 可视化

可视化可以达到所见即所得的效果，建筑全生命周期的可视化，比传统的效果图表达更加全面，可以从多维度、多阶段、多层次来表达建筑设计的各种信息、思想和方案。

2. 协调性

传统的设计方法是由各个工种的技术人员独立进行设计，再进行图纸会审、工作协调会的方式来进行多专业的碰撞检查和协调统一。BIM 可以实现的是，各工种的设计人员在同一个平台共同进行设计，把设计及时地传送到工作平台的其他客户端，直接进行统一的协调。

图 1-1 和图 1-2 所示分别为 Rerit 和 Naviswork 软件中施工图深化阶段的实时管线综合。

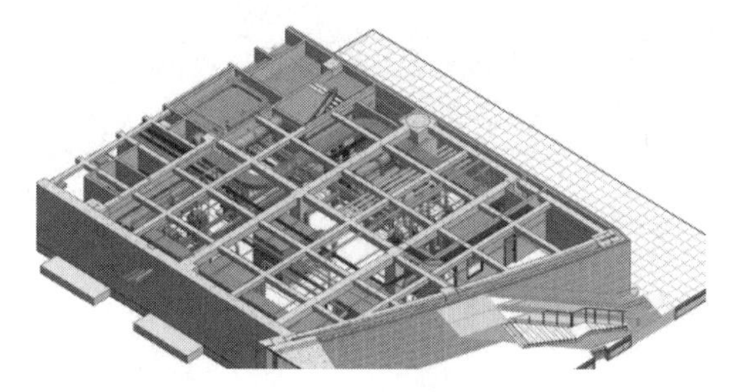

图 1-1　施工图深化阶段中实时管线综合（Revit）

图 1-2　施工图深化阶段中实时管线综合（Naviswork）

3. 模拟性

模拟性是指对拟建建筑物的实际经历进行全面的模拟，从设计过程需要的节能模拟和日照模拟、到施工过程的 4D 模拟、5D 模拟，以及日常紧急情况处理方式模拟，如图 1-3 所示。

代码	名称	计划时长	最早开始时间	最早结束时间
1	施工准备阶段	30	2013-06-01	2013-06-30
2	预应力管桩、旋挖灌注桩施工	45	2013-06-26	2013-08-09
3	基层土方开挖	40	2013-08-10	2013-09-18
4	边坡支护	35	2013-08-25	2013-09-28
5	基坑降水	30	2013-08-25	2013-09-23
6	地下室承台、底板浇筑	30	2013-09-19	2013-10-18
7	地下室梁、板、柱施工	70	2013-10-09	2013-12-17
8	地下室防水及管线门窗预埋	75	2013-09-29	2013-12-12
9	地下室土方回填及地上1-2楼主体结构施工	65	2013-12-20	2014-02-22

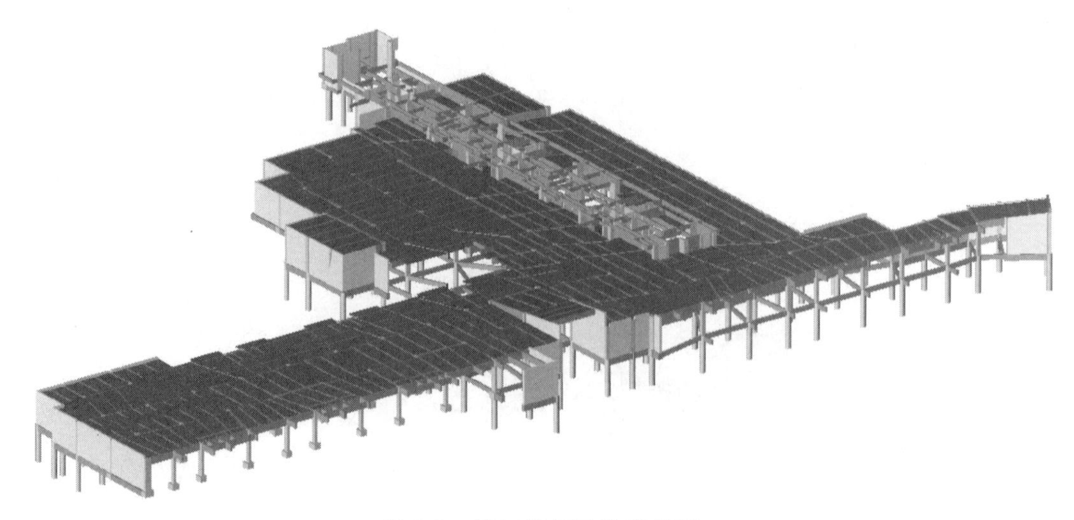

图 1-3　施工模拟及进度控制

4. 一体化性

BIM 技术的核心是由计算机三维模型所形成的数据库，它不仅仅包含了设计上面的一些几何信息，更是容纳了从设计到建成过程中所有的信息，模型综合地容纳了全部信息。我们可以把建筑、结构、水电融合在一个整体的模型中，这个综合全部信息的模型，更具有统一性。

此外，BIM 还具备优化性、可出图性、信息完备性、参数化性等特点。

1.1.3　BIM 的国内外发展

1. 国外的发展

1975 年，乔治亚理工大学 Chuck Eastman 教授，在其课题“Building Description System”中提出“a computer-based description of a building”，以便实现建筑工程的可视化和量化分析，提高工程建设效率。因此他被称为“BIM 之父”。

20 世纪 80 年代，芬兰学者提出“Product Information Model”系统。

1986 年，美国学者 Robert Aish 提出“Building Modeling”。

2002 年，Autodesk 公司提出 BIM 技术，它可以帮助实现建筑信息的集成，将数字信息应用起来，从建筑的设计、施工、运营直至建筑全生命周期的结束，将这些信息整合到一个三维模型信息数据库里，使建筑工程在其整个过程中的效率显著提高，风险大大减小。

2015 年，美国国家 BIM 标准（Annex&Rules 2015）对 BIM 的含义有四个层面的解释：一个设施（建筑项目）物理与功能特性的数字化表达；一个共享的知识资源；分享有关这个设施的信息，为该设施从概念设计开始的全生命周期的所有决策，提供可靠与可依据的流程；在项目不同阶段与各个专业方，藉由 BIM 模型中新增、提取、更新和修改信息，以支持和解决其各自职责的协同作业。

2. 国内的发展

2001 年，建设部办公厅印发《建设部科技司 2001 年工作思路及要点》，文件指出，推进建设领域信息技术的研究开发与推广应用。

2003 年，建设部印发《2003—2008 年全国建筑业信息化发展规划纲要》，对平台和系统建设作出指导，指出工程设计协同系统、综合项目管理系统、先进水平应用工具软件、智能化施工技术、专家库和知识库建设的重要性。

2007 年，建设部科学技术园在“十一五”国家科技支撑计划“建筑业信息化关键技术研究与应用”重点项目中，将“基于 BIM 技术的下一代建筑工程应用软件研究”列为重点开展的研究与开发工作。

2011 年，住房和城乡建设部印发《2011—2015 年建筑业信息化发展纲要》，要求在“十二五”期间，基本实现建筑企业信息系统的普及应用，加快建筑信息模型（BIM）、基于网络的协同工作等新技术在工程中的应用，推动信息化标准建设。

2015 年，住房和城乡建设部印发《关于推进建筑信息模型应用的指导意见》，明确要求到 2020 年末，应实现 BIM 技术、企业管理系统和其他信息技术的一体化集成应用，BIM 的项目率要达到 90%。至此，国家在政策层面给了 BIM 技术示范一个明确的期限和一个叫作一体化集成应用的要求，在政策面将 BIM 推到了信息应用阶段。

2016 年，住房和城乡建设部印发《2016—2020 年建筑业信息化发展纲要》，要求建筑企业应积极探索“互联网+”形势下管理、生产的新模式，深入研究 BIM、物联网等技术的创新应用，创新商业模式。

2017 年，国务院办公厅印发《国务院办公厅关于促进建筑业持续健康发展的意见》（国办发〔2017〕19 号），文件指出，加快推进建筑信息模型（BIM）技术在规划、勘察、设计、施工和运营维护全过程的集成应用。

总之，随着时间的推移和社会的发展，BIM 的应用将会越来越多。对其含义的讨论仍会继续，它也肯定会衍化出更深层、更广度的含义。

1.1.4 BIM 的相关标准

BIM 基础知识（二）

BIM 的相关标准按照不同的类型来分，有信息分类标准、数据存储标准和过程交换标准，分别适用于不同的用途。信息分类标准包括静态信息和动态信息，由各个国家制定。数据存储标准是规定计算机用何种格式来储存分类好的信息，最通行的是 IFC。过程交换标准就是约定人、阶段、场合、信息，国际上统一叫作 IDM 标准，也就是信息交付手册，如图 1-4 所示。

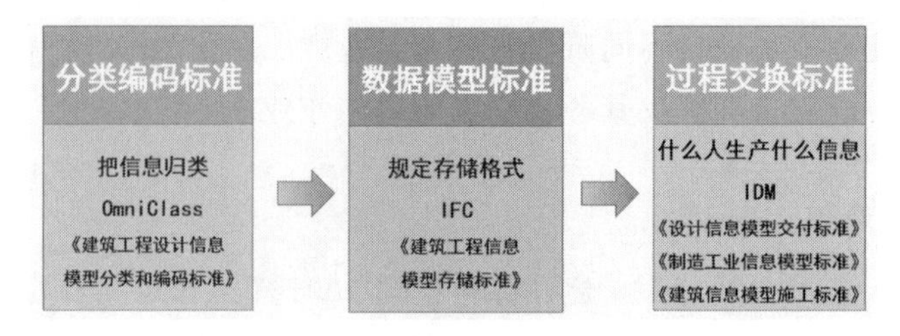

图 1-4　BIM 相关标准的分类

随着 BIM 技术的发展，国家各相关部门也陆续出台了 BIM 的相关政策，共分为三个层次：第一层为最高标准，如《建筑工程信息模型应用统一标准》；第二层为基础数据标准，如《建筑工程设计信息模型分类和编码标准》《建筑工程信息模型存储标准》；第三层为执行标准，如《建筑工程设计信息模型交付标准》《制造业工程设计信息模型交付标准》。此后各个地方部委也在推行地方标准和行业标准，一些大的企业也在陆续建立起自己的企业标准，这些标准应该根据工作场合和使用区域的不同来选用，见表 1-1。标准从一个层次向另外一个层次不断地深化细化，与工程的密切程度越来越高。BIM 的相关标准如表 1-1 所示。

表 1-1　BIM 的相关标准

标准类型	标准名称	发布单位	时间
国外标准	National BIM Standard-United States Version 2	美国	2012 年
	ACE (UK) BIM Standard for Autodesk Revit (1.0)	英国	2010 年
	New Zealand BIM Guide (1.0)	新西兰	2014 年
	Singapore BIM Guide (1.0)	新加坡	2012 年
国家标准	《建筑工程信息模型应用统一标准》	住房和城乡建设部	2017 年
	《建筑工程施工信息模型应用标准》		2018 年
	《建筑工程信息模型存储标准》征求意见稿		2012 年
	《建筑工程设计信息模型分类与编码标准》征求稿		2012 年
	《建筑工程设计信息模型交付标准》征求稿		2012 年
	《制造业工程设计信息模型交付标准》征求稿		2012 年
地方标准	《民用建筑信息模型设计标准》	北京市住房和城乡建设委员会	2013 年
	《建筑信息模型应用标准》	上海市住房和城乡建设管理委员会	2015 年
	《上海市建筑信息模型技术应用指南》		2015 年
	《四川建筑工程设计信息模型交付标准》	四川省住房和城乡建设厅	2015 年
	《成都市民用建筑信息模型设计技术规定》	成都市城乡建设委员会	2016 年
	《建筑信息模型应用统一标准》	河北省住房和城乡建设厅	2016 年

续表

标准类型	标准名称	发布单位	时间
地方标准	《BIM 实施管理标准》	深圳市建筑工务署	2015 年
	《江苏民用建筑信息模型设计应用标准》	江苏省住房和城乡建设厅	2016 年
	《建筑工程 BIM 施工应用标准》	广西壮族自治区住房和城乡建设厅	2016 年
行业标准	《建筑装饰装修工程 BIM 实施标准》	中国建筑装饰协会	2014 年
	《中国市政行业 BIM 实施指南》	中国勘察设计协会	2015 年
	《城市轨道交通工程建筑信息模型建模指导意见》	上海申通地铁集团有限公司	2014 年
	《建筑机电工程 BIM 构件库技术标准》	中国安装协会	2015 年
企业标准	《中国中铁 BIM 应用实施指南》	中国铁路工程集团有限公司	2016 年
	《中建西北院 BIM 设计标准 1.0》	中国建筑西北设计研究院有限公司	2015 年
	《工程施工 BIM 模型建模标准》	中国建筑一局（集团）有限公司	2016 年
	《万达轻资产标准版 C 版设计阶段 BIM 技术标准》	大连万达集团股份有限公司	2015 年

1.1.5 BIM 工具及其主要功能

BIM 软件大致可以分成核心建模软件、结构分析软件、可视化软件、模型检查软件、深化设计软件、造价管理软件等 13 个大类，如图 1-5 所示。

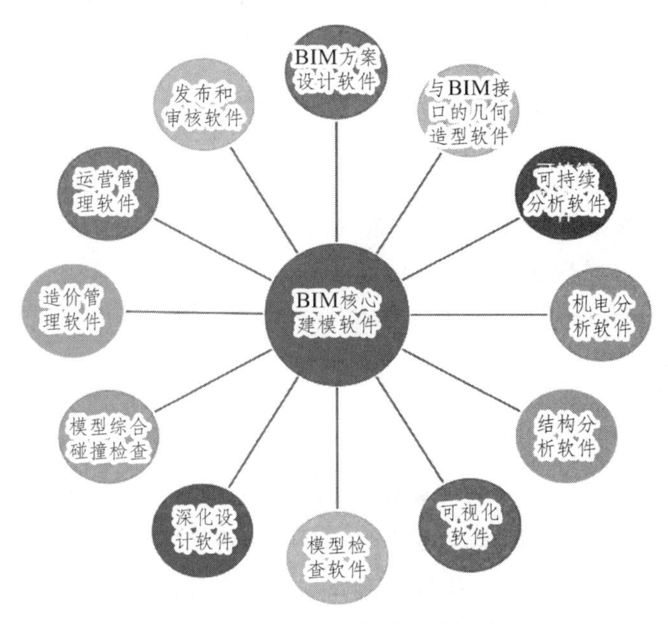

图 1-5 BIM 软件分类

1. BIM 核心建模软件

BIM 核心建模软件（BIM Authoring Software），简称 BIM 建模软件，是 BIM 的基础。换句话说，正是因为有了这些软件才有了 BIM，也是从事 BIM 要碰到的第一类软件。

其中，民用建筑常使用 Revit Architecture，Revit Structural，Revit MEP 等软件。工业建筑较多使用 Bentley Architecture，Bentley Structural，Bentley Building Mechanical Systems 等软件。异形项目且预算充裕时采用 Digital Project 或者 CATIA 软件。

2. BIM 可视化软件

在核心建模软件的基础上，可视化软件可以在项目的不同阶段及各种变化的情况下快速产生可视化效果。常用的软件有 3ds Max，Artlantis，Accurender，Lightscape 等。

3. BIM 造价管理软件

造价管理软件利用 BIM 模型提供的信息进行工程量统计和造价分析，由于对 BIM 模型结构化数据的支持，基于 BIM 技术的造价管理软件可以根据工程施工计划动态提供造价管理需要的数据，这就是所谓的 BIM 技术的 5D 应用。

国外的 BIM 造价管理软件有 Innovaya 和 Solibri、RIB iTWO 等，鲁班、广联达、斯维尔等软件是国内 BIM 造价管理软件的代表。

4. BIM 运营管理软件

BIM 模型为建筑物的运营管理阶段服务，是 BIM 应用重要的推动力和工作目标。在这方面，美国运营管理软件 ArchiBUS 是最有市场影响力的软件之一。

5. BIM 模型综合碰撞检查软件

模型综合碰撞检查软件的基本功能包括集成各种三维软件（BIM 软件、三维工厂设计软件、三维机械设计软件等）创建的模型进行 3D 协调、4D 计划、可视化、动态模拟等。模型综合碰撞检查软件属于项目评估、审核软件的一种。常见的模型综合碰撞检查软件有 Autodesk Navisworks、Bentley Projectwise Navigator 和 Solibri Model Checker 等。

6. BIM 结构分析软件

结构分析软件是目前 BIM 软件集成度比较高的产品，基本上两者之间可以实现双向信息交换，即结构分析软件可以使用 BIM 核心建模软件的信息进行结构分析，对结构调整的分析结果又可以反馈到 BIM 核心建模软件中去，自动更新 BIM 模型。ETABS、STAAD、Robot 等国外软件及 PKPM 等国内软件都可以与 BIM 核心建模软件配合使用。

1.2 BIM 技术的应用

BIM 技术的应用（一）

BIM 技术涉及建筑的全生命周期，也就是从方案策划、招投标、设计、施工、竣工交付到运维阶段的全过程，如图 1-6 所示。

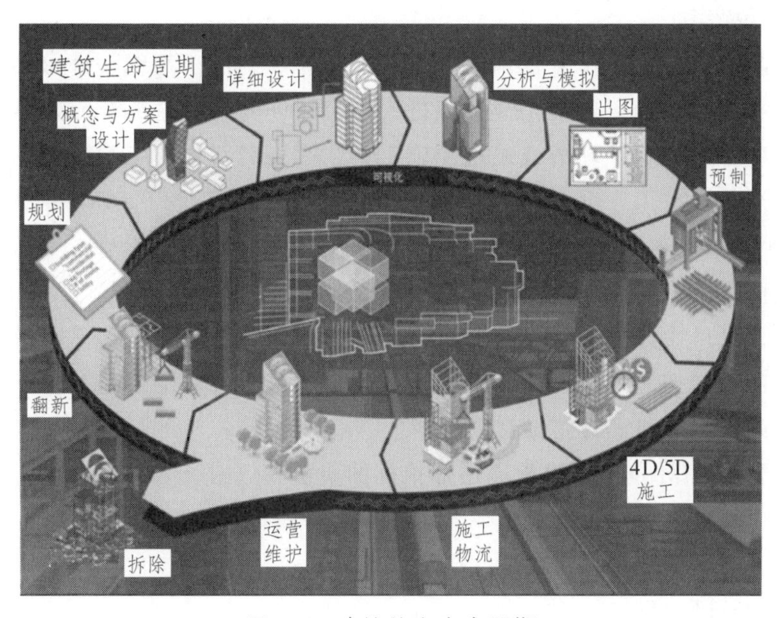

图 1-6　建筑的全生命周期

1.2.1　方案策划阶段

方案策划是在确定建设意图之后，项目管理者通过收集各类项目资料，对各类情况进行调查，研究项目的组织、管理、经济和技术等，进而得出科学、合理的项目方案，为项目建设指明正确的方向和目标。在方案策划阶段，信息是否准确、信息量是否充足成为管理者能否作出正确决策的关键。BIM 技术的引入，使方案阶段所遇到的问题得到了有效的解决。其在方案策划阶段的应用内容主要包括：现状建模、成本核算、场地分析和总体规划。

1.2.2　招投标阶段

BIM 技术的推广与应用，极大地促进了招投标管理的精细化程度和管理水平。在招投标过程中，招标方根据 BIM 模型可以编制准确的工程量清单，达到清单完整、快速算量、精确算量，有效地避免漏项和错算等情况，最大限度地减少施工阶段因工程量问题而引起的纠纷。投标方根据 BIM 模型快速获取正确的工程量信息，与招标文件的工程量清单比较，可以制定更好的投标策略。在招标控制环节，准确和全面的工程量清单是核心关键。而工程量计算是招投标阶段耗费时间和精力最多的重要工作。

在招标阶段，BIM 是一个富含工程信息的数据库，可以真实地提供工程量计算所需要的物理和空间信息。借助这些信息，计算机可以快速对各种构件进行统计分析，从而大大减少根据图纸统计工程量带来的烦琐的人工操作和潜在错误，在效率和准确性上得到显著提高。

在投标阶段，首先是基于 BIM 的施工方案模拟，对施工组织设计方案进行论证，就施工中的重要环节进行可视化模拟分析，按时间进度进行施工安装方案的模拟和优化。对于一些重要的施工环节或采用新施工工艺的关键部位、施工现场平面布置等施工指导措施进行模拟和分析，以提高计划的可行性。其次是基于 BIM 的 4D 进度模拟，通过将 BIM 与施工进度计划相链接，将空间信息与时间信息整合在一个可视的 4D 模型中，可以直观、精确地反映整个建筑的施工过程和虚拟形象进度。借助 4D 模型，施工企业在工程项目投标中将获得竞标优势，BIM 可以让业主直观地了解投标单位对投标项目主要施工的控制方法、施工安排是否均衡、总体计划是否基本合理等，从而对投标单位的施工经验和实力作出有效评估。

总之，利用 BIM 技术可以提高招标投标的质量和效率，有力地保障工程量清单的全面和精确，促进投标报价的科学、合理，加强招投标管理的精细化水平。

1.2.3 设计阶段

建设项目的设计阶段是整个生命周期内最为重要的环节，它直接影响着建安成本和维运成本、工程质量、工程投资、工程进度，以及建成后的使用效果、经济效益等方面。可视化设计交流贯穿于整个设计过程中，典型的应用包括三维设计与效果图及动画展示。BIM 技术引入的参数化设计理念，极大地简化了设计本身的工作量，同时其继承了初代三维设计的形体表现技术，将设计带入一个全新的领域。通过信息的集成，也使得三维设计的设计成品（即三维模型）具备更多可供读取的信息。对于后期的生产（即建筑的施工阶段）提供更大的支持。BIM 系列软件具有强大的建模、渲染和动画技术，通过 BIM 可以将专业、抽象的二维建筑描述通俗化、三维直观化，使得业主等非专业人员对项目功能性的判断更为明确、高效，决策更为准确。

BIM 技术的应用（二）

基于 BIM 技术和虚拟现实技术对真实建筑及环境进行模拟，同时可出具高度仿真的效果图，设计者可以完全按照自己的构思去构建装饰“虚拟”的房间，并可以任意变换自己在房间中的位置，去观察设计的效果，直到满意为止。这样就使设计者各种设计意图能够更加直观、真实、详尽地展现出来，既能为建筑的投资方提供直观的感受，也能为后面的施工提供很好的依据。

设计分析是初步设计阶段主要的工作内容，一般情况下当初步设计展开之后，每个专业都有各自的设计分析工作，设计分析主要包括结构分析、能耗分析、光照分析、安全疏散分析等。这些设计分析是体现设计在工程安全、节能、节约造价、可实施性方面重要作用的工作过程。在BIM概念出现之前，设计分析就是设计的重要工作之一，BIM的出现使得设计分析更加准确、快捷与全面。

二维图纸不能用于空间表达，使得图纸中存在许多意想不到的碰撞盲区。并且，目前的设计方式多为“隔断式”设计，各专业分工作业，依赖人工协调项目内容和分段，这也导致设计往往存在专业间碰撞。同时，在机电设备和管道线路的安装方面还存在软碰撞的问题。基于BIM技术可将两个不同专业的模型集成为两个模型，通过软件提供的空间冲突检查功能，查找两个专业构件之间的空间冲突可疑点，软件可以在发现可疑点时向操作者报警，再经人工确认该冲突。

设计成果中最重要的表现形式就是施工图，传统的CAD方式存在的不足非常明显，当产生了施工图之后，如果工程的某个局部发生设计更新，则会同时影响与该局部相关的多张图纸，如一个柱子的断面尺寸发生变化，则含有该柱的结构平面布置图、柱配筋图、建筑平面图、建筑详图等都需要再次修改，这种问题在一定程度上影响了设计质量的提高。BIM模型中软件可以依据3D模型的修改信息自动更新所有与该修改相关的2D图纸，这将为设计人员节省大量的图纸修改时间。

1.2.4 施工阶段

施工阶段是实施贯彻设计意图的过程，是在确保工程各项目标的前提下，建设工程的重要环节，也是周期最长的环节。这阶段的工作任务是如何保质、保量、按期地完成建设任务。BIM 在施工阶段的应用很广，其主要作用在于结合施工方案、施工模拟和现场视频监测进行基于BIM技术的虚拟施工，可以根据可视化效果看到并了解施工的过程和结果，可以较大限度地降低返工成本和管理成本，降低风险，增强管理者对施工过程的控制能力。BIM 突破二维的限制，给项目进度控制带来不同的体验，如可减少变更和返工进度损失，加快生产计划及采购计划编制，加快竣工交付资料准备，从而提升了全过程的协同效率。

1.2.5 竣工交付阶段

竣工验收与移交是建设阶段的最后一道工序，完整的、有数据支撑的可视化竣工BIM 模型与现场实际建成的建筑进行对比，可以较好地分析很多问题。每一份变更的出现可依据变更修改 BIM 模型而持有相关记录，并且将技术核定单等原始资料“电子化”，将资料与 BIM 模型有机关联，通过 BIM 系统，工程项目变更的位置一览无余，各变更单位置对应的原始技术资料可随时从云端调取，方便查阅资料，对照模型三维尺寸、属性等。

1.2.6 运维阶段

BIM 技术可以保证建筑产品的信息创建便捷、信息存储高效、信息错误率低、信息传递过程高精度等，解决传统运营管理过程中最严重的两大问题——数据之间的“信息孤岛”和运营阶段与前期的“信息断流”问题，整合设计阶段和施工阶段的关联基础数据，形成完整的信息数据库，能够方便运维信息的管理、修改、查询和调用，同时结合可视化技术，使得项目的运维管理更具操作性和可控性。

运维管理的范畴主要包括以下五个方面：空间管理、资产管理、维护管理、公共安全管理和能耗管理。

1.2.7 BIM 的应用案例

1. BIM 在复杂型建筑的应用

南京青奥会议中心占地 4 万平方米，总建筑面积达到 19.4 万平方米，地上 6 层，地下 2 层，主要包括一个 2 181 座的大会议厅以及一个 505 座的多功能音乐厅，可作为会议、论坛、大型活动，以及戏剧、音乐演出等活动的举办场所。

青奥会议中心出自著名设计师扎哈·哈迪德之手。青奥中心的施工难度大，“南京青奥中心是没有标准化单元的，没有一个部分是相同的。”承担着青奥会议中心建设项目 BIM 工作的 isBIM 项目经理刘星佐介绍说，“异形建筑如何施工，以及复杂型建筑内部大空间的合理运用是青奥会议中心项目的两大难题”，这显然挑战了建造者们的智慧。一般来说，建筑在施工时按照平面图纸搭建即可，而由于会议中心造型复杂，施工难度大，在施工前必须要借助 BIM 的三维模型，根据模型能看出放大后的每个细节，包括构件样子、螺栓的位置、角度、构件尺寸等。由于受造型限制，管线的施工也必须在 BIM 模型里面进行排布，之后再现场施工，这样才能确保施工的质量并避免反复更改。

通过 isBIM 提供的 3D 建筑模型，协调了各个专业，并利用 isBIM 大数据整合将多专业不同格式模型整合在同一个平台，解决了青奥会议中心的复杂造型设计问题；利用 BIM 手段解决了传统的二维设计手段较难解决的复杂区域管线综合问题。在 isBIM 打造的可视化平台中解决了多专业协调问题，如复杂外立面、钢结构、内装空间等，并对其进行了合理的分配。如此一来，青奥会议中心项目的两大难题迎刃而解。

2. BIM 在古建筑的应用

以独乐寺为例，独乐寺位于我国天津蓟州区城内，相传始建于唐，后经辽统和二年（984 年）重建，现存辽代建筑尚有山门及观音阁两处，今存之建筑的木构部分为当时所建的原物。独乐寺观音阁是我国现存最早的以木材为主要架构的殿阁式建筑，面扩五间，进深四间八椽。外观两层，有腰檐、平坐；内设三层（中间有一夹层）屋顶为九脊殿式样（清代称歇山顶）。

天津蓟州区观音阁是典型的歇山屋面建筑，歇山屋面是一种典型的坡屋面建造形式。这种建筑形式具有屋面轮廓丰富，屋顶四角向上翘起的特点。从总体的感觉上这种风格的建筑气度恢宏，风格华丽。这种风格的代表建筑除了观音阁之外还有北京故宫的保和殿等。独乐寺是当代所保存的三所辽代古寺院之一，需要的是完整、准确的数据，只有这样，历史建筑才得以原貌保留。因此，这个项目面临着一个最核心的问题，即历史建筑如何百分之百保留，同时准确记录信息。

传统的 2D 绘图存在着误差，这对历史建筑数据的采集很困难，既不准确，也不能复核，会导致设计的错误以及工期的延误。而在这个项目中，清华大学解辉及他的团队决定应用 BIM 技术，把古建“活化”起来。

BIM 技术传承文物建筑“DNA”。在这个项目中，应用 BIM 技术对独乐寺观音阁构件进行建模分析，明确了参数化建模的软件 Revit，对观音阁构件进行参数化建模，并构建了族文件，应用三维相片测量技术与 BIM 帮助建筑物出图；同时运用 BIM 技术进行施工动态模拟。将建筑物呈现在众人的面前，从而直观地观察文物维护工程中的动态信息，精确地反映每一个施工过程。如此一来，不仅加强各方的沟通，提高了沟通效率，而且还有利于记录历史建筑物。

HIM 即历史信息模型，把三维照片测量技术和 BIM 技术相结合，就成为 HIM。从 BIM 到 HIM，将 BIM 的 B 改变为 H，这就意味着把历史建筑物的数据放在模型里面，从而方便出图和维护，有助于更好地保存历史建筑物的原貌。从 BIM 到 HIM，BIM 不仅可应用于新的建筑，也可以应用于历史建筑，采用 HIM 技术可更有效地保护古建文物，从而将这些文物更好地传承给下一代。

本章小结

本章主要介绍了 BIM 的基本概念及内涵、BIM 的特点、BIM 的行业现状和发展趋势，以及 BIM 在各阶段的应用等，通过对本章的学习希望读者能更全面深入地了解 BIM。

第 2 章 建模设计原理及基本建模技术

本章重难点：掌握拉伸法、放样法等基本建模技术；掌握柱、拟柱体等基本几何体建模方法；掌握叠合型、切割型等组合体建模方法；理解 BIM 建模设计原理。

2.1 基本建模技术

2.1.1 使用拉伸法创建简单族

基本建模技术——拉伸法、放样法

拉伸法是把三维模型分解成两个基本元素，即：截面形状（2D）+高度（H）=三维模型（3D）。

创建方法：

（1）打开 Revit2019→单击“族”下方的“新建”按钮→选择“公制常规模型.rft”→点击“打开”按钮，如图 2-1 所示。

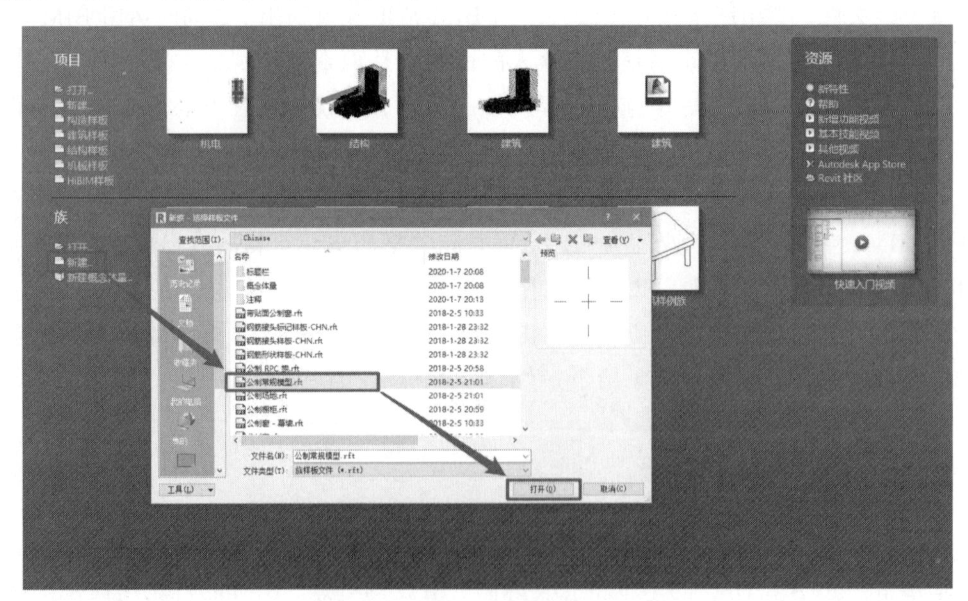

图 2-1 新建

（2）单击“创建”下的“拉伸” →在绘图区绘制任意闭合图形→为绘制好的图形修改尺寸→修改拉伸形状的起点和终点以设计图形的 H→单击“√”以完成绘制 。拉伸起点-拉伸终点=高度（H）。

（3）单击切换到三维视图查看结果（将视觉样式切换到“着色”，使用[Shift+鼠标中键]旋转视图观察）。

2.1.2 使用放样法创建简单族

放样法是把一个三维模型分解为两个基本元素，即截面形状（2D）+路径（L）=三维模型（3D）。

创建方法：

（1）打开 Revit 2019→单击“族”下方的“新建”按钮→选择“公制常规模型.rft”→点击“打开”按钮。

（2）单击“创建”下“形状”中的“放样”→单击开始编辑路径（L）→切换到与三维模型中线平行的另一视图→绘制一条开合/闭合的一条连续线段（闭合线段不大于一个环）→单击“√”以完成路径绘制。

（3）单击开始编辑轮廓（可以直接载入已编辑好的轮廓族）→在弹出的“转到视图”选项卡中选择合适的视图单击“打开视图”→转到视图后开始轮廓编辑（轮廓必须由一个或多个闭合的图形组成，保证图形有效）→单击“√”以完成绘制。

（4）单击切换到三维视图查看结果（将视觉样式切换到“着色”，使用 Shift+鼠标中键旋转视图观察）。

2.1.3 使用旋转法创建简单族

一个圆柱可以由面积×高度形成，也可以由一个矩形绕旋转轴形成，在 Revit 中也可以使用该方法创建三维模型，即截面形状(2D)+旋转角度(θ)=三维模型（3D）。

基本建模技术——旋转法、融合法

创建方法：

（1）打开 Revit 2019→单击“族”下方的“新建”按钮→选择“公制常规模型.rft”→点击“打开”按钮。

（2）单击“创建”下“形状”中的“旋转”→双击“项目浏览器”下“立面”中的“前”选项卡来到前视图。

（3）单击“修改|创建旋转”中“绘制”组的“边界线”命令→开始绘制边界线（边界线必须是闭合的有效形状）→绘制轴线（一条直线）→在“属性”选项板中的“约束”部分可以设计旋转的“起始角度”和“结束角度”。|结束角度-起始角度|=旋转角度（θ），$\theta \leqslant 360°$。

（4）单击“√”以完成绘制。

（5）单击切换到三维视图查看结果（将视觉样式切换到“着色”，使用[Shift+鼠标中键]旋转视图观察）。

2.1.4 使用融合法创建简单族

融合法是指将两个不同的二维模型融合形成一个三维模型，即上底面(2D)+下底面(2D′)+高度(H)=三维模型(3D)。

创建方法：

（1）打开 Revit 2019→单击“族”下方“新建”按钮→选择“公制常规模型.rft”→单击“打开”按钮。

（2）单击“创建”下“形状”中的“融合”→默认先进行底面轮廓的编辑，绘制一个有效形状→单击中的“编辑顶部”，开始顶面轮廓的编辑→当顶面轮廓编辑完毕后就可以开始编辑顶点即棱线（若棱线过少则可以手动打断轮廓中的线段以增加顶点）。

（3）单击“√”以完成绘制。

（4）单击切换到三维视图查看结果（将视觉样式切换到“着色”，使用[Shift+鼠标中键]旋转视图观察）。

（5）绘制完成之后可以通过拖拽顶/底面的构造柄调整高度(H)，“属性”选项卡下的“约束”可以精确调整高度（H）。|第一端点-第二端点|=高度(H)。

2.1.5 使用放样融合法创建简单族

放样融合法是放样法与融合法的组合绘制方式，结合了两种绘制方法，通过绘制起点截面、终点截面和路径完成绘制，即起点截面(2D′)+终点截面(2D)+路径(L)=三维模型(3D)。

绘制方法：

（1）打开 Revit 2019→单击“族”下方的“新建”按钮→选择“公制常规模型.rft”→单击“打开”按钮。

（2）单击“创建”下“形状”中的“放样融合”→在中选择“绘制路径”开始路径绘制（有条件可以使用拾取路径，绘制路径必须是一段非闭合的连续线）。

（3）在中依次单击“选择轮廓 1”和“编辑轮廓”开始编辑起点截面→“转到视图”→开始编辑截面（截面为闭合的有效形状）→单击“√”

以完成绘制。

（4）依次单击“选择轮廓 2”和“编辑轮廓”开始编辑终点截面→“转到视图”→开始编辑截面（截面为闭合的有效形状）→单击“√”以完成绘制。

（5）单击“√”以完成放样融合绘制。

（6）单击切换到三维视图查看结果（将视觉样式切换到“着色”，使用Shift+鼠标中键旋转视图观察）。

2.1.6 使用布尔运算创建复杂族

1. 使用叠加法创建复杂族

基本建模技术——叠加法、切割法

叠加法就是将两个模型叠加组成一个复杂模型，即三维模型(3D)+三维模型(3D′)=一个更大的三维模型(3D+)。

绘制方法：

（1）打开 Revit 2019→单击“族”下方的“新建”按钮→选择“公制常规模型.rft”→单击“打开”按钮。

（2）绘制三个互相接触的拉伸图形→选择其中一个模型，单击“修改|拉伸”中“几何图形”中的“连接”→依次单击两个相互连接的图形→单击“Esc”退出连接模式。

（3）此时图中所有的模型都已经互相连接在一起，成为一个整体。（再次使用“连接”命令，单击其中一个模型可选中所有模型；也可以再次编辑其中的模型）

2. 使用切割法创建复杂族

切割法可以将一个整体模型切割成为特殊的复杂模型，即三维模型(3D)−三维模型(3D′)=三维模型(3D−)。Revit 中不仅可以创建实体模型，也可以创建空心模型用以剪切。

创建方法：

（1）打开 Revit 2019→单击“族”下方的“新建”按钮→选择“公制常规模型.rft”→单击“打开”按钮。

（2）创建一个任意的简单三维模型→再创建一个任意的空心形状（空心形状的绘制方法与之前介绍的各种实体形状绘制方法一样）→绘制完毕后单击“√”以完成绘制，如图 2-2 所示。

（3）单击切换到三维视图查看结果（将视觉样式切换到“着色”，使用[Shift+鼠标中键]旋转视图观察）。

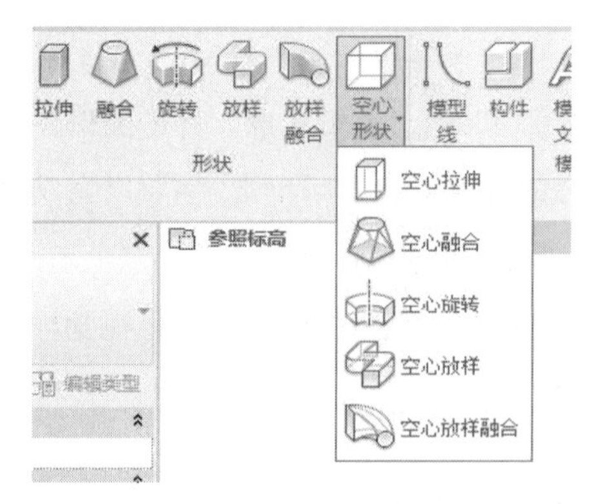

图 2-2　空心形状

2.2　基本几何体建模

基本几何体建模——柱、旋转体、拟柱体

2.2.1　柱

柱是建筑物中垂直的主构件，用于承托在它上方物件的重量。本节将介绍如何在 Revit 中，通过编辑族的方式，快速创建建筑中最重要的承重构件——柱。

（1）打开 Revit，点击左上角的应用程序菜单→新建→“族”文件，选择公制常规模型（也可选公制构造柱），进入族编辑器界面，如图 2-3 所示。

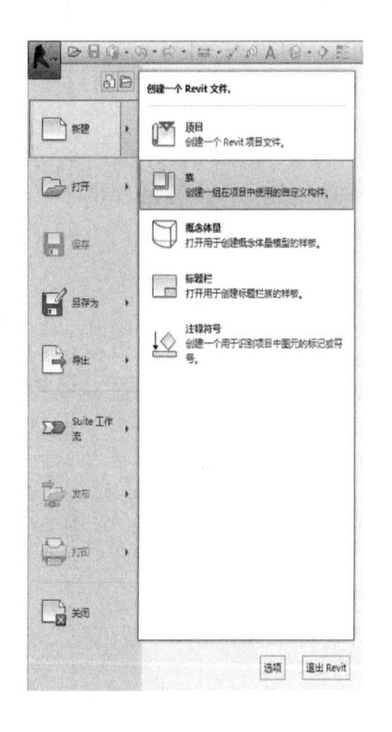

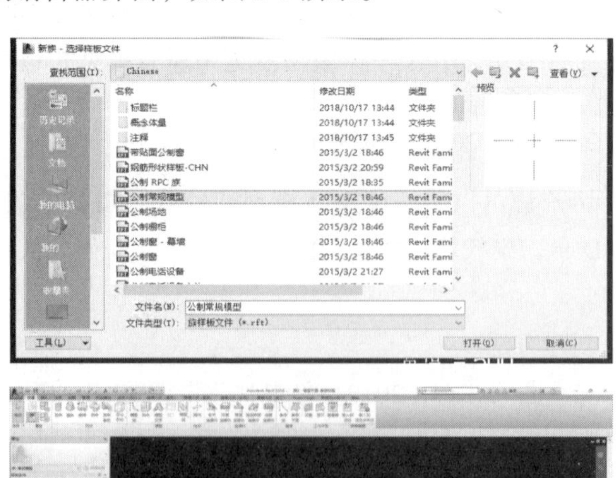

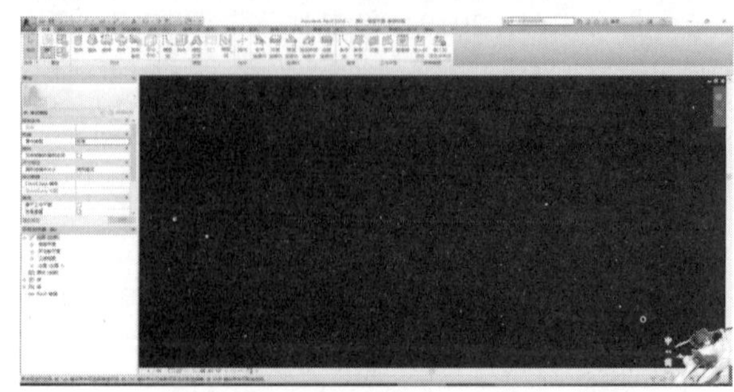

图 2-3　第（1）步

（2）导入准备好的 CAD 图纸，选择导入单位为“毫米”，定位默认（若有需求可自行修改），选择前视图、主视图，在创建命令中选择拉伸命令，在绘制菜单栏选择拾取线，如图 2-4 所示。

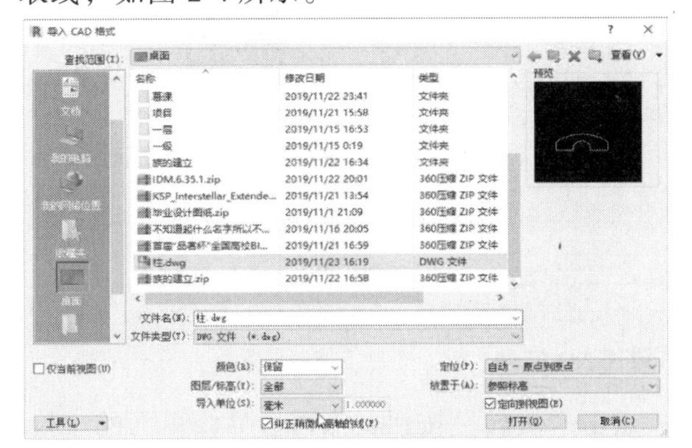

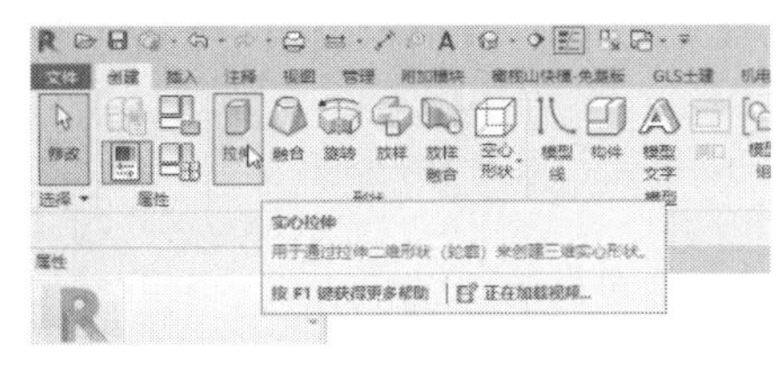

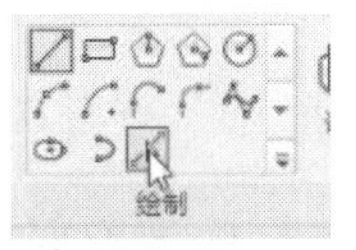

图 2-4　第（2）步

（3）选中需要的轮廓线（若没法全部选择，可按 Tab 键切换选择），然后在右边的属性菜单设置柱体的高度（即拉伸起点和终点），然后点击对勾命令完成拉伸操作。柱体就绘制完成了，如图 2-5 所示。

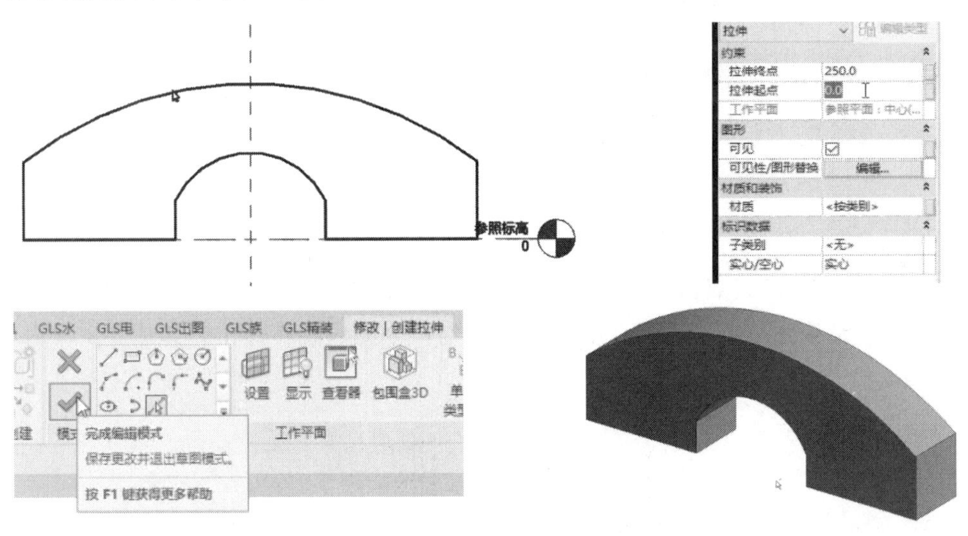

图 2-5　第（3）步

2.2.2　旋转体

旋转体最具代表的是圆台、圆锥和球，它重要的基本参数是截面的有效形状，也就是说，一个平面的闭合的线框围绕一个直线表达的旋转轴转一圈所形成。

（1）打开 Revit，点击左上角的应用程序菜单→新建→“族”文件，选择公制常规模型（若有需求可更改），进入族编辑器界面。

（2）在族编辑器里打开立面前视图，然后点击导入 CAD 文件，如图 2-6 所示。

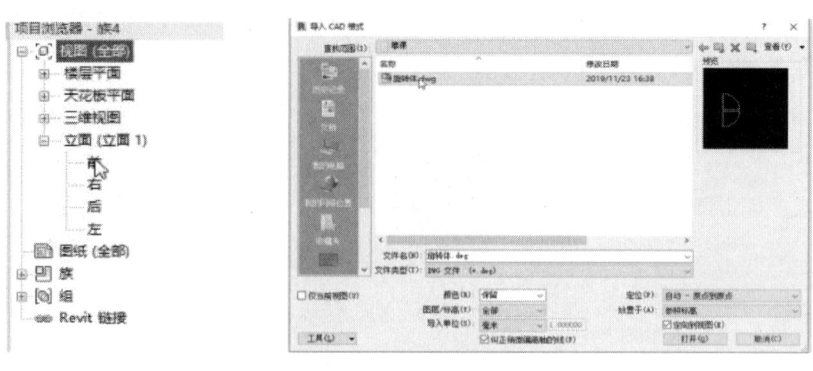

图 2-6　导 CAD 文件

（3）导入已经准备好的旋转体模型，点击“旋转”按钮，点击边界线里面的“拾取线”，选择所有的 2D 轮廓线，如图 2-7 所示。

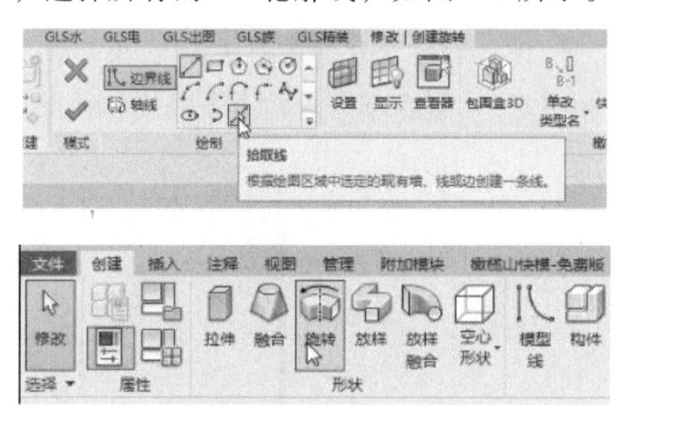

图 2-7　拾取线

（4）点击“轴线”，点击拾取线拾取左边的直线作为旋转轴，在右边的属性框里设置起始角度和结束角度两个参数，然后点击对勾命令完成旋转操作，如图 2-8 所示。

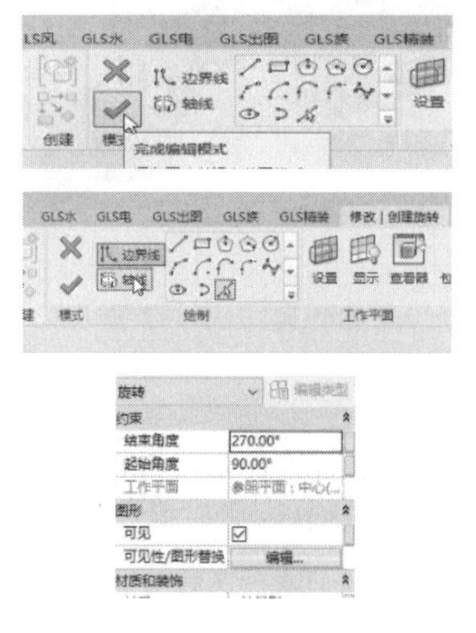

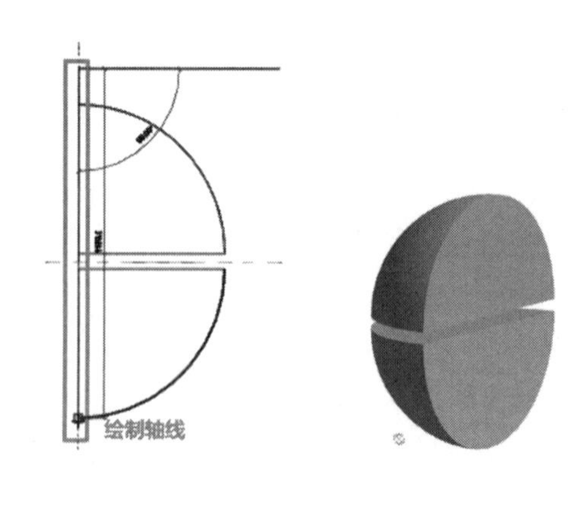

图 2-8　完成旋转操作

2.2.3 拟柱体

所有的顶点都在两个平行平面内的多面体叫作拟柱体。我们可以在 Revit 中，用创建拟柱体的方式创建自己想要的柱。

（1）打开 Revit，点击左上角的应用程序菜单→新建→“族”文件，选择公制常规模型（若有需求可更改），进入族编辑器界面。

（2）导入准备好的图形，我们所需要的底面图形和顶面图形都在俯视图当中，点中创建融合命令按钮，进入编辑底面的命令，选择拾取线按钮，选取最外围的轮廓线作为底面轮廓，如图 2-9 所示。

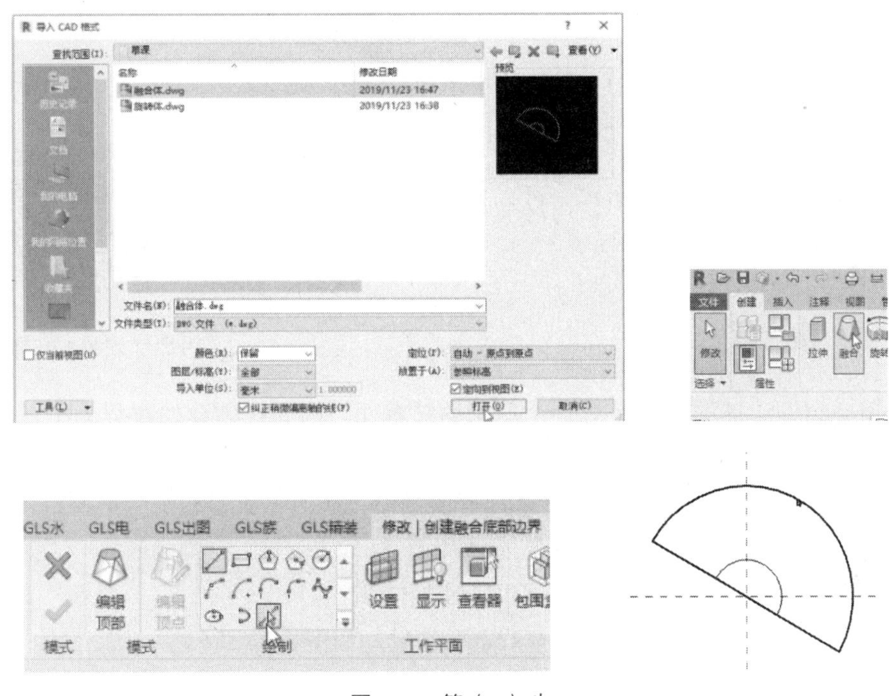

图 2-9 第（2）步

（3）点击编辑顶部按钮，同样采用拾取按钮（若没法全部选择，可按“Tab”键切换选择），编辑顶面轮廓线，如图 2-10 所示。

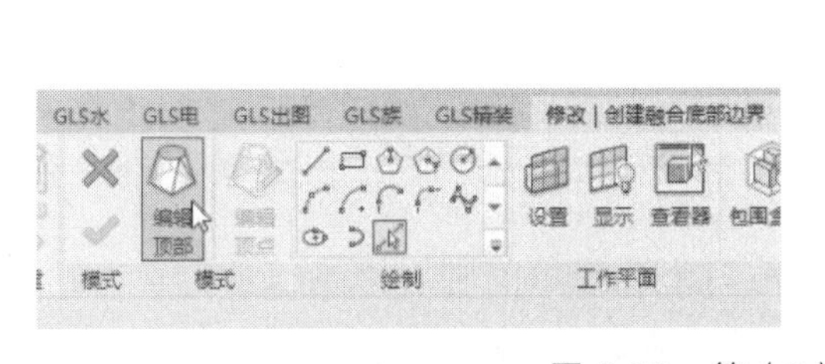

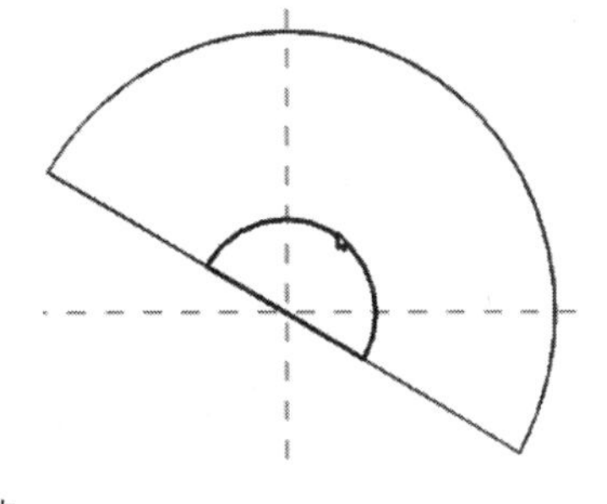

图 2-10 第（3）步

（4）属性栏里，设置第一端点和第二端点数值（即高度），点击对勾命令完成编辑，如图 2-11 所示。

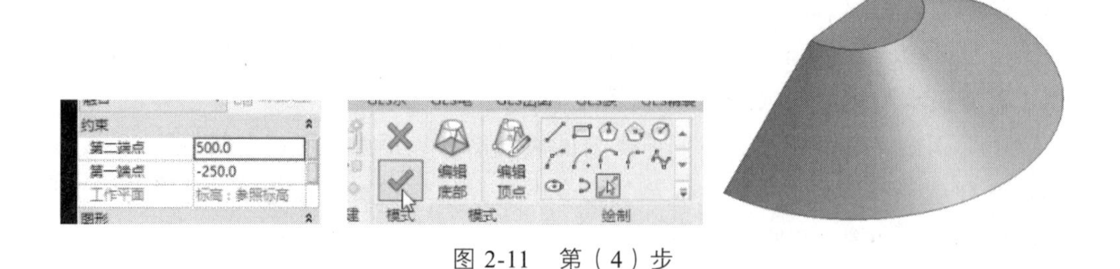

图 2-11　第（4）步

2.3　组合体建模

组合体建模——叠合型

组合体根据不同的组合形式，可以分为叠合型、切割型和相交型，下面分别介绍。

2.3.1　叠合型

所谓叠合型，其关键点是有一个明确的结合面。因此在创建的过程当中，最重要的就是找到叠合面的工作平面。下面，我们用具体操作实例来展示创建过程。

（1）在 Revit2019 界面中，进行叠加型的操作。这个叠加型涉及两个视图，首先点击立面里的前视图，绘制图形，如图 2-12 所示。

（2）点击左视图，同样绘制图形，如图 2-13 所示。

（3）然后点击三维视图按钮，查看定位情况，如图 2-14 所示。

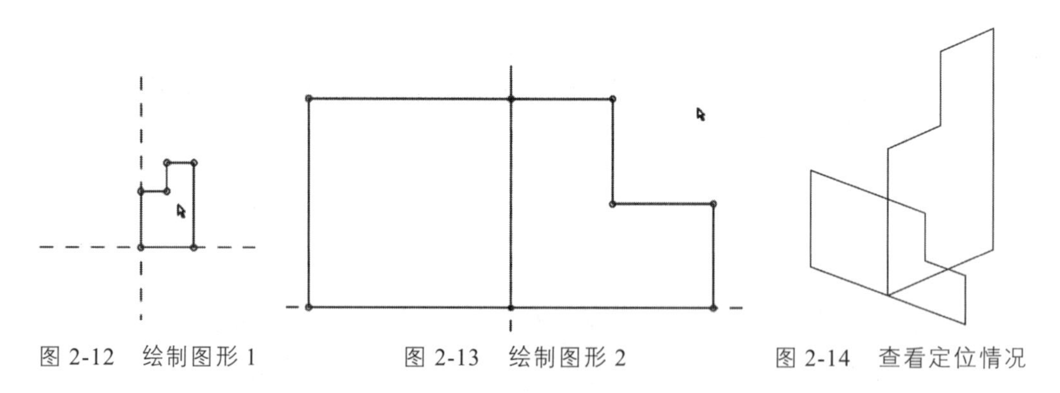

图 2-12　绘制图形 1　　图 2-13　绘制图形 2　　图 2-14　查看定位情况

（4）再次进入前视图。对这样一个有效形状进行拉伸，点击拉伸按钮，选择轮廓线，然后设置拉伸终点（即厚度），点击对勾命令，如图 2-15 所示。

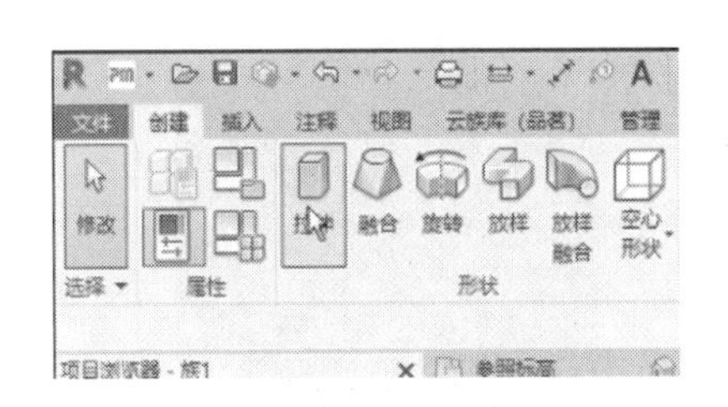

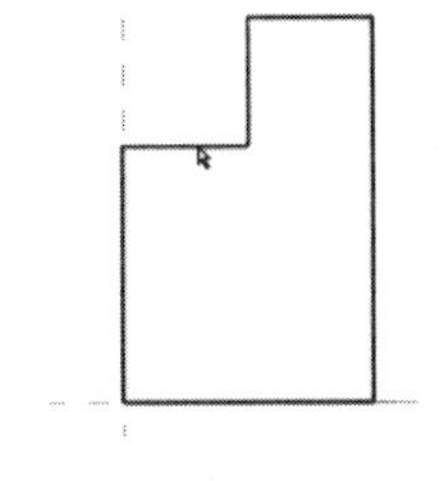
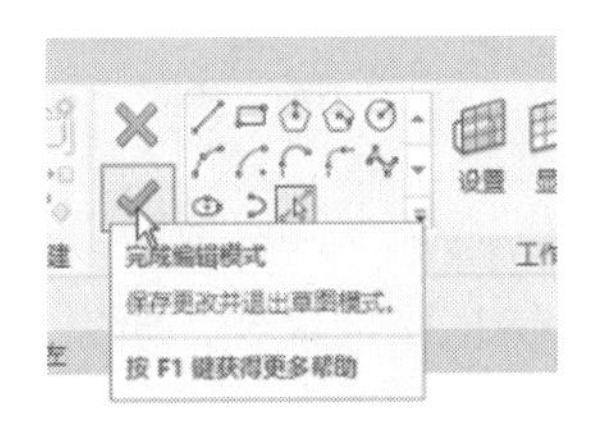

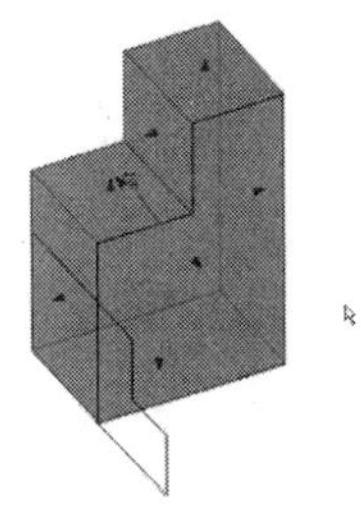

图 2-15　拉伸

（5）进入左视图进行同样的拉伸操作，绘制完成后的效果如图 2-16 所示。

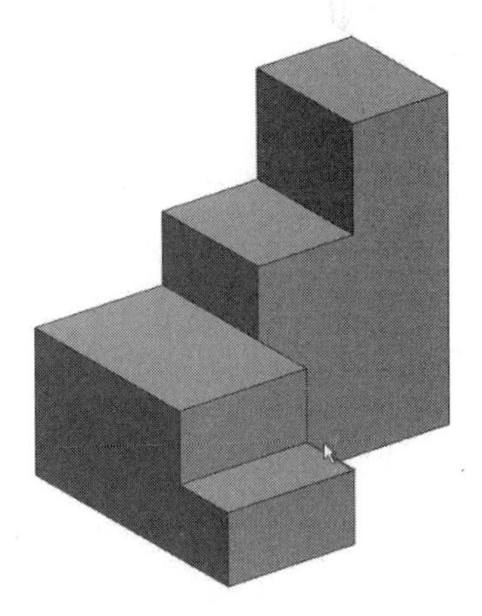

图 2-16　绘制完成后的效果

2.3.2　切割型

组合体建模——切割型

切割型是由一个实体切掉一块形成的空心物体。但是在软件里面没有切割工具，因此就可以使用叠加的方法，把实体物体和一个虚物体叠加起来。这个虚物体，在软件里面叫作空心拉伸、空心融合、空心旋转、空心放样、空心放样融合。也就是说，所谓的虚物体，相当于实体物体创建以后，把它们放在一起形成的。接下来我们用具体操作实例来展示创建过程。

（1）打开 Revit 族编辑器界面，进入前视图和平面视图绘制图形，在前视图进行拉伸，拉伸长度为平面视图图形的长度，使其正好形成立方体，如图 2-17 所示。

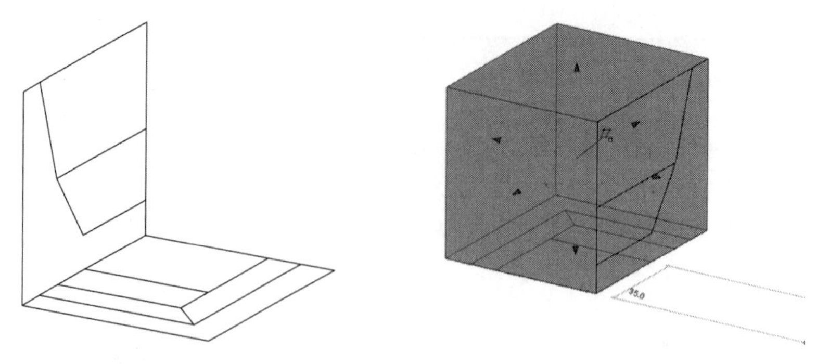

图 2-17　第（1）步

（2）点击前视图，点击空心形状里面的空心拉伸命令，选取线，选取需要进行空心拉伸的二维轮廓线，设置好拉伸起点和终点，点击对勾命令，便完成了第一个空心体的创建，如图 2-18 所示。

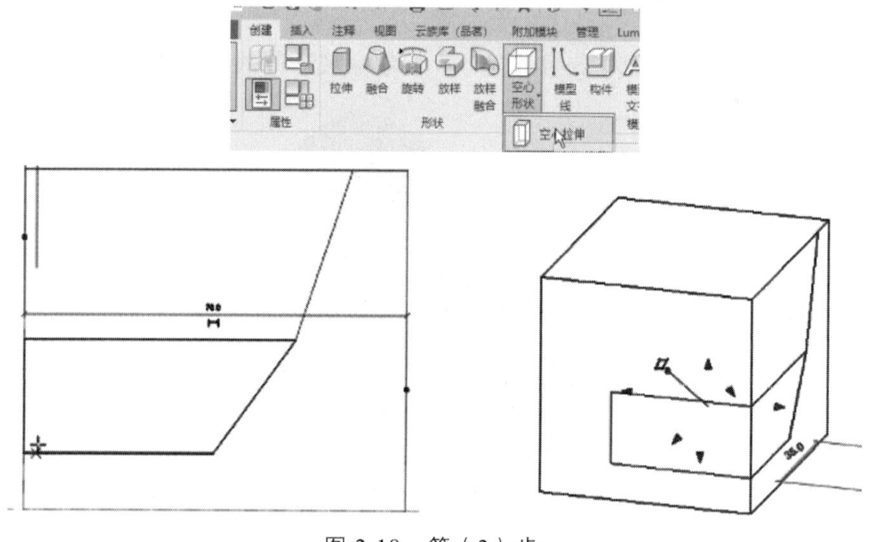

图 2-18　第（2）步

（3）点击前视图，点击设置，拾取一个平面。拾取空心体最下面的底面，作为工作平面，选择楼层平面，打开视图，如图 2-19 所示。

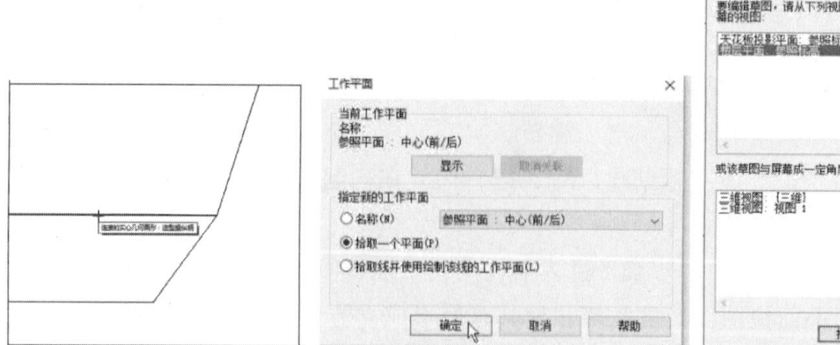

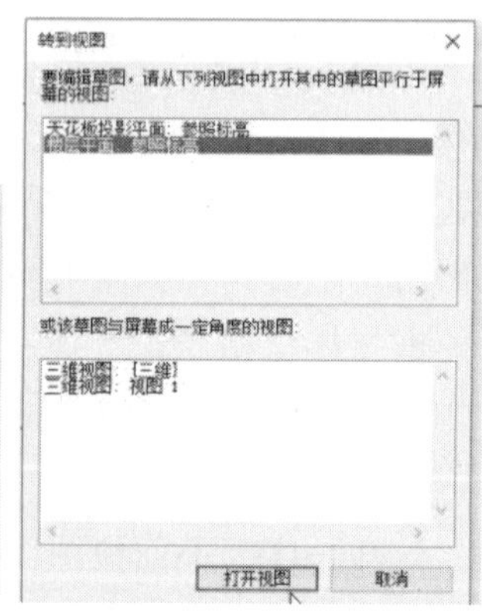

图 2-19　第（3）步

（4）在平面视图中，选择空心融合，进入编辑底部，选择底面二维轮廓的形状。

（5）点击编辑顶部命令，点击拾取线，在两个边上进行线的绘制，点击对勾命令，绘制完成，如图 2-20 所示。

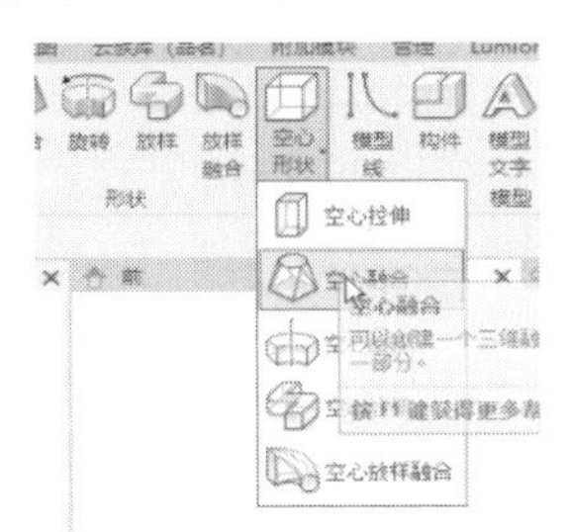

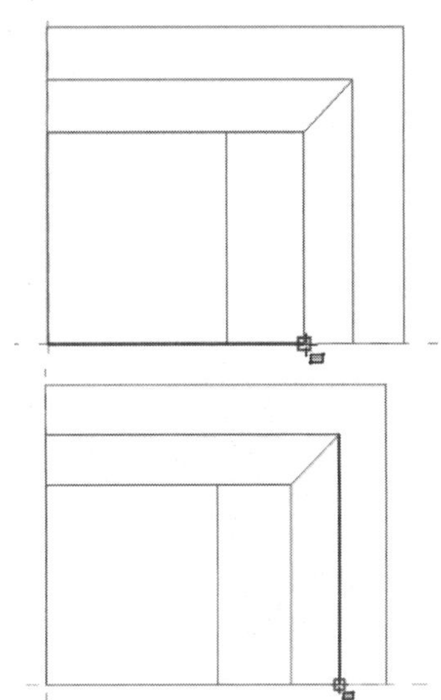

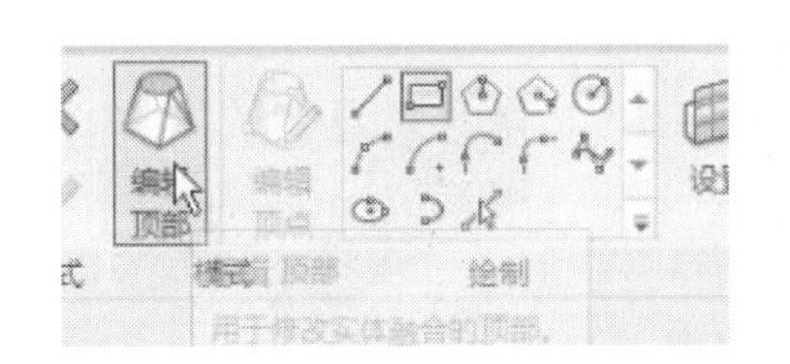

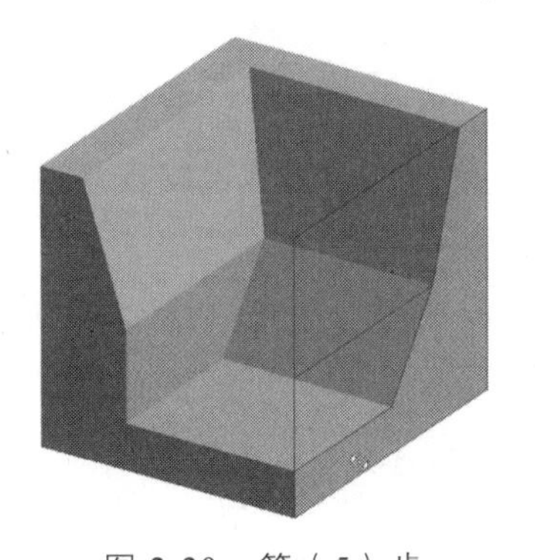

图 2-20　第（5）步

2.3.3　相交型

（1）相交型，就是通过几何相交的原理，将两个独立的模型连接成一个整体。在前面的章节中我们提到，可以利用拉伸法将一个二维图形转化成三维模型，如图 2-21 所示。

组合体建模——相交型

图 2-21

根据图 2-22 中的两个二维轮廓，在两个不同的平面内分别创建拉伸，如图 2-22 所示。

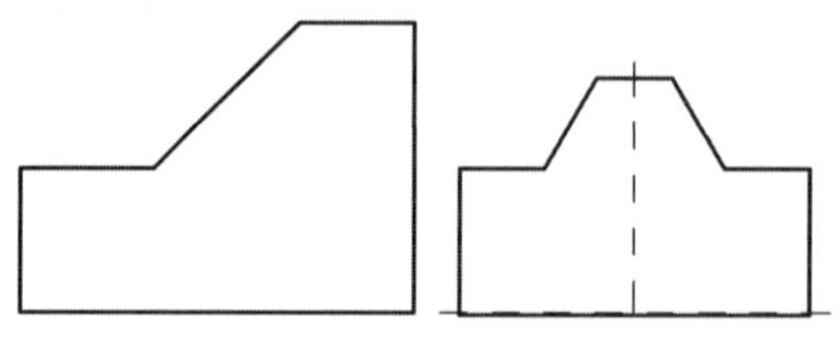

图 2-22　平面图形

根据两个相交模型，可以得到以下关系，如图 2-23 所示。

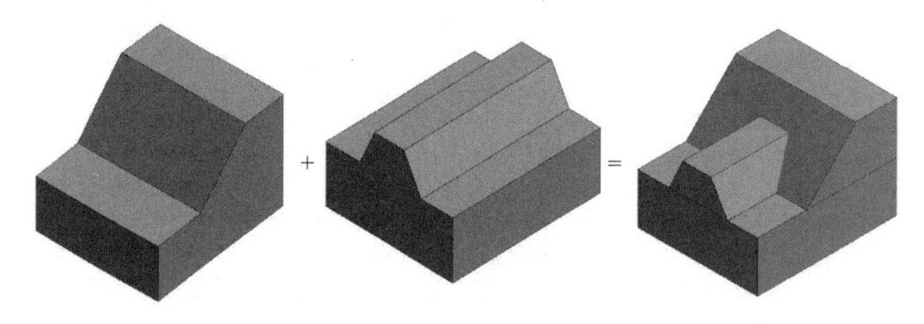

图 2-23　模型的关系

这就是相交型的创建原理，当两个形体创建完以后，点击连接工具让这两个形体连接 连接 ▾，软件会自动地把这两个形体的交线求解出来，并且把这两个物体合为一个物体。这就是相交类型的做法。

（2）相交型模型需要用到前视图与左视图，此时可以在项目浏览器中找到前立面图，双击进入，如图 2-24 所示。

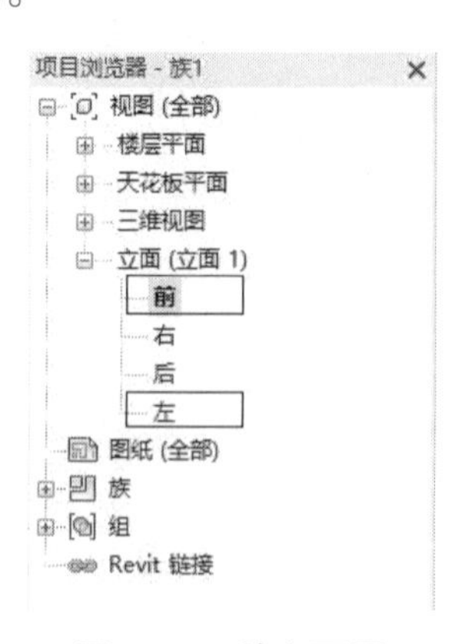

图 2-24　前立面图

（3）导入预先绘制好的 CAD 文件，选中 CAD 文件让它完全分解，并删除其他视图的图纸，将前立面的图纸移动到参照平面内，如图 2-25 所示。

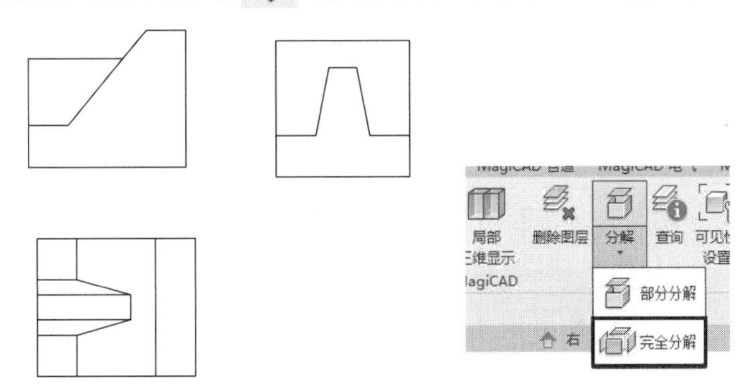

图 2-25　完全分解

（4）进入左立面，同理导入 CAD 文件并分解图层，删除多余图形，将左视图对应的 CAD 图形移动到如图 2-26 所示的位置。

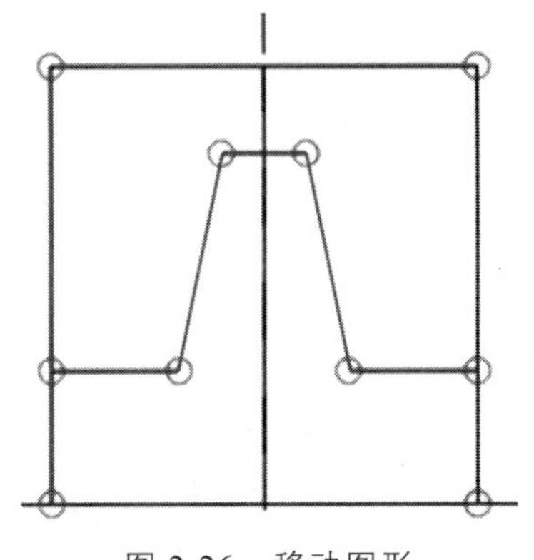

图 2-26　移动图形

（5）回到前立面，进行拉伸操作。在前视图中点击拉伸，选择二维轮廓，然后设置拉伸起点和终点分别是“-25.0”和“25”，点击对勾命令，第一个拉伸操作便完成了，如图 2-27 所示。

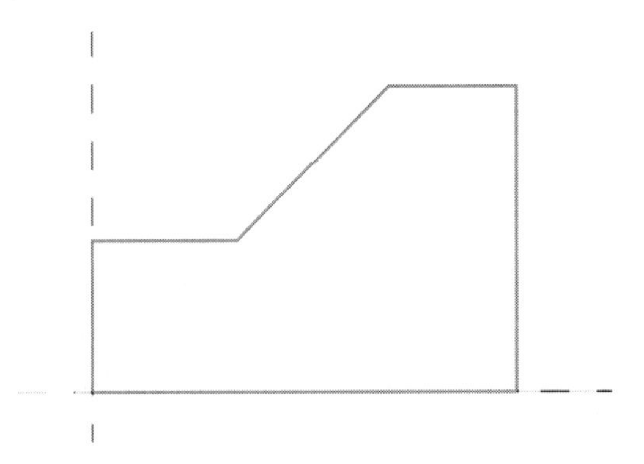

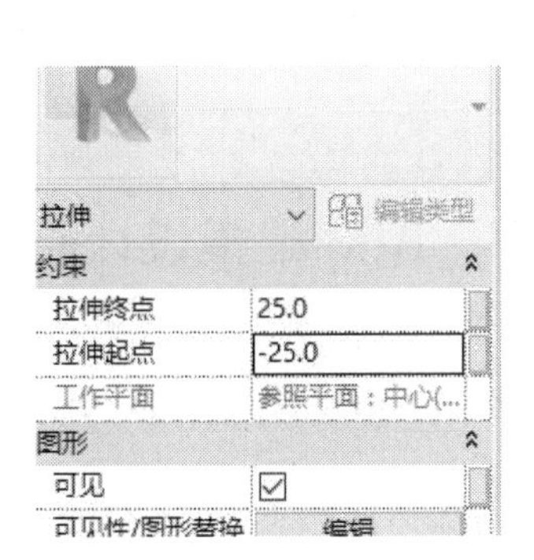

图 2-27　拉伸

（6）回到左立面，进行第二部分的拉伸。第二部分的拉伸有两种方法：

第一种是只拉伸上方的有效形状部分（因为在之前的操作中，我们已经将下方部分拉伸过了），如图 2-28 所示。

第二种是选取拉升整个左视图的图形，需要将左立面的全部轮廓绘制出来，如图 2-29 所示。

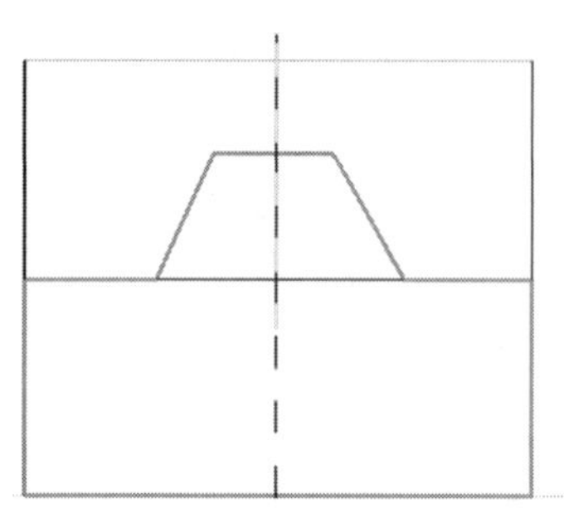

图 2-28　第一种拉伸方法

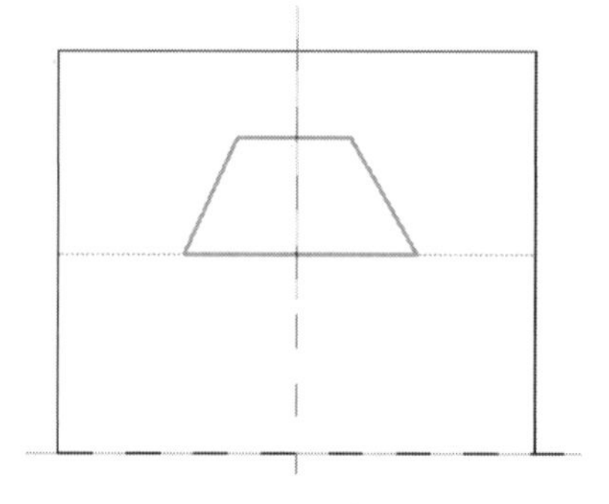

图 2-29　第二种拉伸方法

（7）有效形状绘制完毕后开始设置拉伸起点和拉伸终点。拉伸起点设置为 0，拉伸终点设置为 80，然后点击对勾命令。

（8）点击连接命令，将两个几何体连接在一起，一个组合体便创建完毕，最终效果如图 2-30 所示。

图 2-30　最终效果

2.4　BIM 建模设计原理

2.4.1　使用 BIM 技术手段应解决的问题

BIM 建模设计原理

（1）如何使用 BIM 技术表达精准高效的设计成果。

（2）如何利用 BIM 技术丰富设计成果的表现形式。

2.4.2 主要原因分析

（1）传统建筑设计方法不适应现代信息化、参数化设计方法。
（2）基于几何图元和面向对象的计算机表达方式的差异。
（3）既有工作模式和理念落后。

2.4.3 解决方法

1. 建筑构配件的信息化、参数化建模

采用建筑构配件信息化、参数化的手段来完成。所谓信息化，是在设计的时候，以模型为载体，将施工图内容、整个项目构件、材料，以及其分析的要素全部整合。同时，通过碰撞检测完成多个工种之间的协调修改，因此，我们可以用数值来控制模型的形状或者位置。

2. 建筑构配件按类别和类型划分的创建方法

建筑构配件根据类别和类型进行划分来创建。对不同的类别，采用不同的创建方法。这样就需要从理论和实际操作方面对深层次的架构，有一个比较清晰的认识。

2.4.4 教学内容框架

（1）学习建筑设计的原理。
（2）建筑构配件的信息化和参数化设计方法。
（3）Revit 系统内置构建模型。
（4）定义非常规异形结构。

2.4.5 建筑设计的原理

根据工作流程（即设计流程），采用建筑设计插件指导设计者依顺序展开工作，在创建的过程当中，利用预先创建好的构件进行搭建组装。因此，建筑设计原理主要有三种：工作流程菜单式、模块化的基本构件、形位分置的创建方法。

1. 形　状

要创建一个项目，我们要考虑形状和位置两个因素，在 Revit 软件里，形状是采用一个叫“族”的对象来实现的。

形状的确定要考虑属性和类别，通过属性设置实现信息化，通过类别实现模块化。

（1）属性：BIM 技术优于传统二维绘图的优势，不仅仅在于三维可视化视觉效果，更为重要的是在每个图元内部附加的属性，通过属性定义使信息在参建各方的传达一目了然。

（2）类别：作为创建的过程中最主要的一个纲领性文件，又分为系统已有的系统族和自行设定的自定义族。在族具体的类型方面，又分为可以独立使用的独立族和寄生于其他数组对象的寄生族。另外，除几何参数外，跟专业应用相关联的，如指导生产、加工、施工和运行维护的参数，也需要用信息化的手段来进行控制，而这些因素在系统里不具备，因此还需要学习如何添加这一部分的因素。

2. 位 置

当构件准备好后，需要在系统里用统一的坐标来对这些构件进行定位。可通过以下几种手段对位置进行控制。

第一种手段：利用楼层加轴网来实现模型定位，即在三维坐标体系中，*Z* 坐标定楼层标高，*X*，*Y* 轴定平面位置，这是 Revit 默认的操作方式。

第二种手段：用概念体量创建。当定位体系不能满足需求的时候，可以根据需要，采用概念体量（是一种特殊族）。它用二维平面作为定位依据，通过一定手段实现三维形体。

第三种手段：用函数来加以控制。在 Revit 中是采用一种专门的插件来完成的，可以用数学的方式来控制我们所创建的形体的形状和位置。

因此，在学习 BIM 的过程中，如果没有明确的指导思想和优选的方式手段，对于初学者将会是一个极大的挑战。

本章小结

本章主要介绍了基本建模技术、基本几何体建模、组合体建模以及 BIM 建模设计原理，通过对本章的学习希望读者能更全面、深入地了解使用 BIM 技术手段应解决的问题。

第 2 篇

BIM 建模

第 3 章 BIM 模型

本章重难点：掌握 BIM 模型的创建，主要包括标高、轴网、柱、梁、板、楼梯、门窗、栏杆扶手、坡道等图元的创建；了解 Revit 的三种族类型；掌握添加族的技巧；掌握创建标准构件族的常规步骤；掌握族的基本知识，门窗族的创建等内容；掌握体量的创建，能运用 Revit 软件完成基础建模及创建构件。

3.1 BIM 建筑建模基础操作（一）

BIM 建筑建模基础操作（一）

使用 Revit 创建模型的工具依据创建构件的不同而操作方法也不尽相同，比如场地地形创建、体量的创建、幕墙创建等，这些特有工具后面将陆续讲述。

本节将主要讲述一些通用的工具，主要包括绘制、编辑等工具。

3.1.1 Revit 的启动与设置

双击桌面按钮，启动软件，如图 3-1 所示。

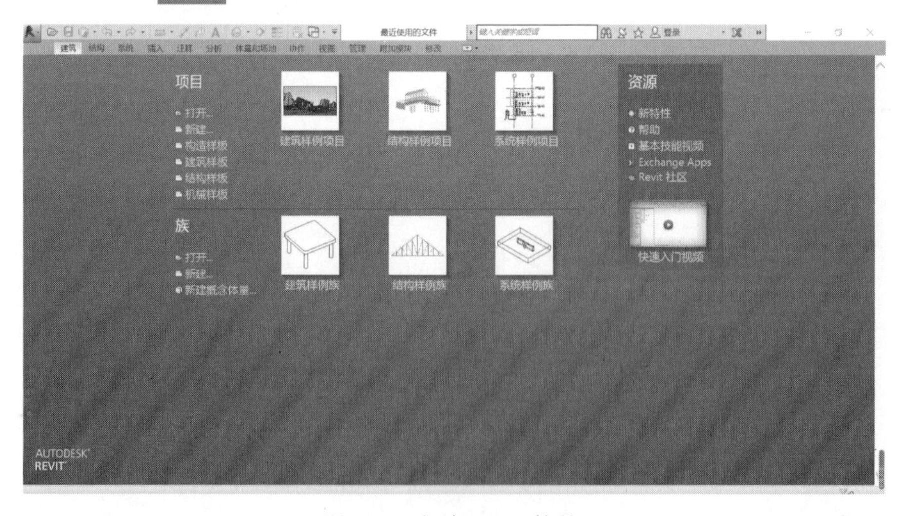

图 3-1 启动 Revit 软件

从图 3-1 中可以看出，Revit 启动界面同时显示了“建筑”“结构”“系统”等多个选项卡，若需要建立模型，可以通过以下操作方式来设定。

（1）启动软件后，单击左上角按钮，然后单击选项按钮，如图 3-2 所示。

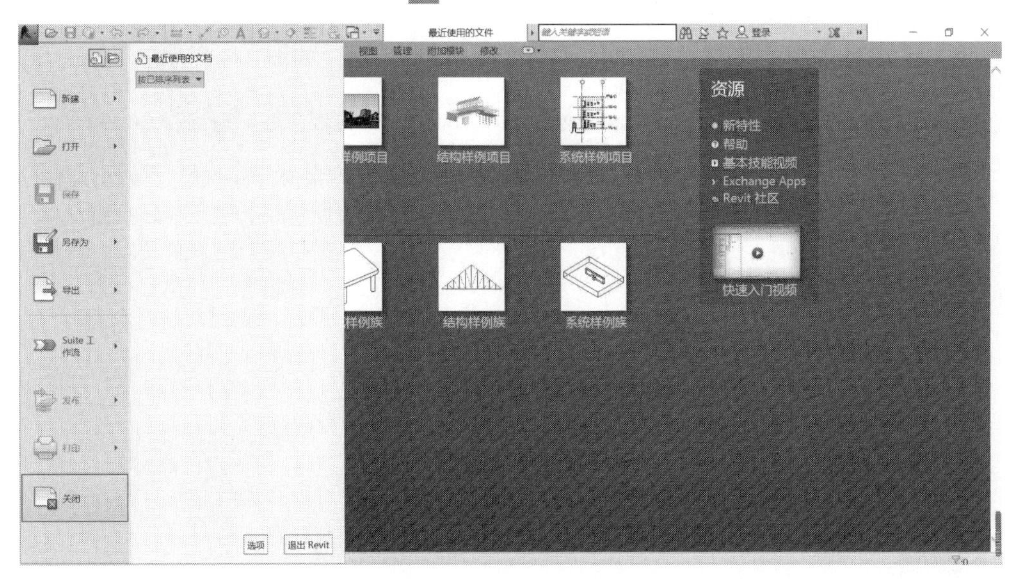

图 3-2 “选项”按钮

（2）单击“选项”按钮后，在弹出的对话框中单击【用户界面】，然后在右边的【配置】栏中采用勾选或取消勾选的方式完成选项设置，如图 3-3 所示。

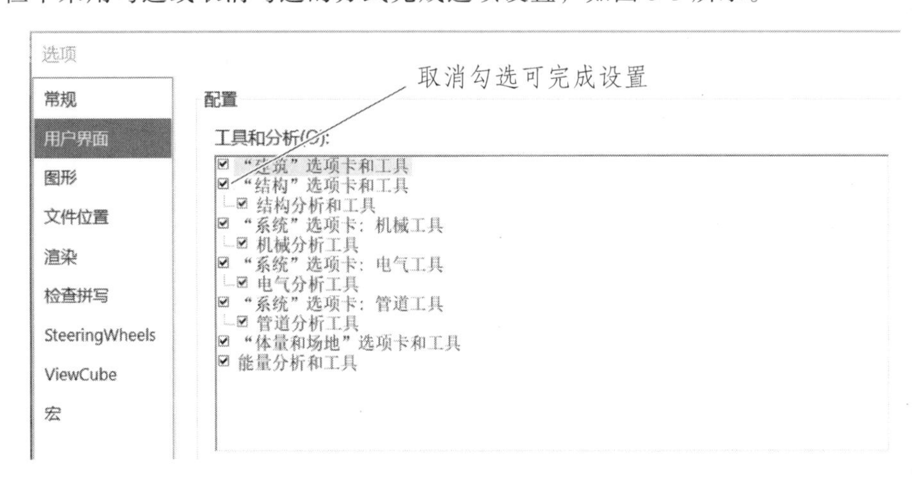

图 3-3 “选项”对话框中用户界面确定配置

在图 3-1 中，可以看到页面中包含有【项目】【族】等选项：

① 在【项目】选项中单击【打开】项，可以打开已有项目；单击【新建】选项，可以新创建一个项目；【构造样板】为各专业通用样式，而其后的【建筑样板】【结构样板】【机械样板】则为各专业独有样板。

② 在【族】选项中，可以通过单击【打开】选项来打开已有族；单击【新建】选项来新创建一个族；单击【新建概念体量】选项来创建一个概念体量族。

③ 如果直接创建建筑模型，可以直接选择【项目】选项中的【建筑样板】项即可。

3.1.2 Revit 界面介绍

点击【项目】中的【建筑样板】后，进入 Revit 界面，如图 3-4 所示。

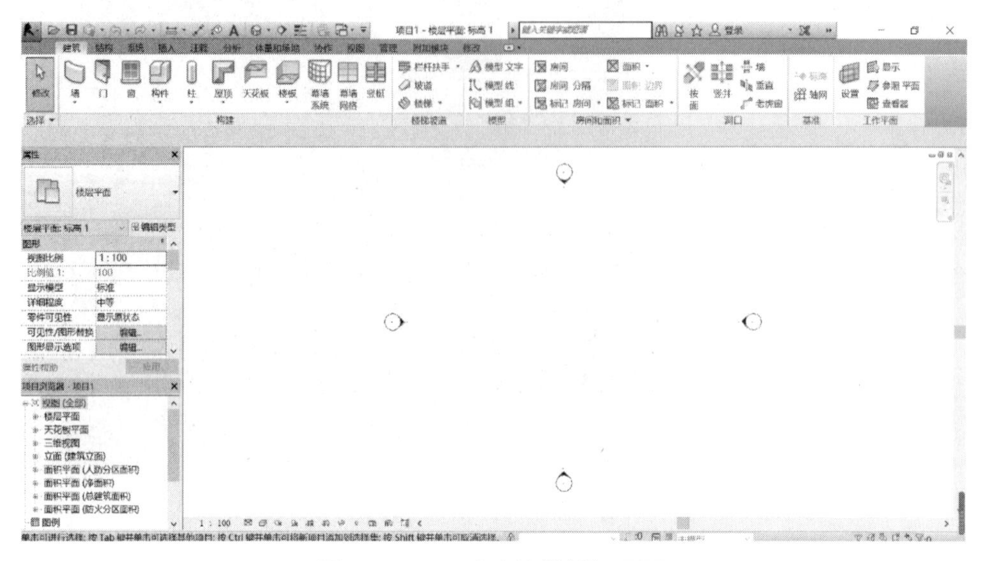

图 3-4 Revit“建筑样板”界面

进入界面后，移动鼠标至面板上的工具图标，稍作停留后能看到软件自动弹出了对该工具的使用说明小窗口，以方便用户能更加直观地了解该工具的使用方法。

1. 应用程序菜单

单击按钮，该菜单主要是访问常用文件操作，如【新建】【保存】【导出】【发布】等，移动鼠标，即可对相应的菜单进行选择，如图 3-5 所示。

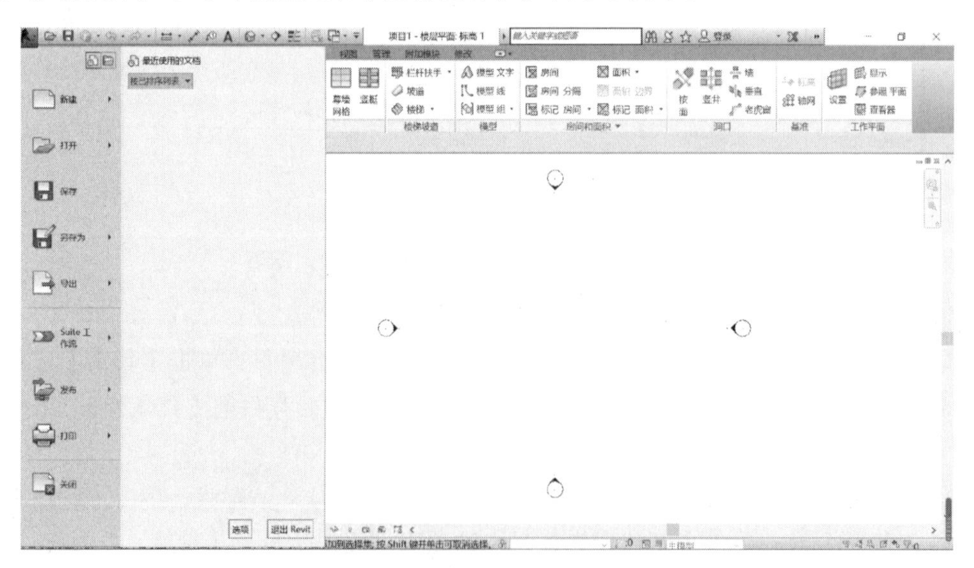

图 3-5 Revit 应用程序菜单

2. 快速访问工具栏

点击上方工具栏 按钮，在弹出的工具栏中勾选可对快速访问工具栏进行自定义，选择常用的工具，如图 3-6 所示。

图 3-6　自定义快速访问工具栏

另外，在面板上移动光标到相应工具后单击鼠标右键，在弹出的快捷菜单中选择“添加到快速访问工具栏”，则可以把该工具添加到快速访问工具栏右侧，如图 3-7 所示。

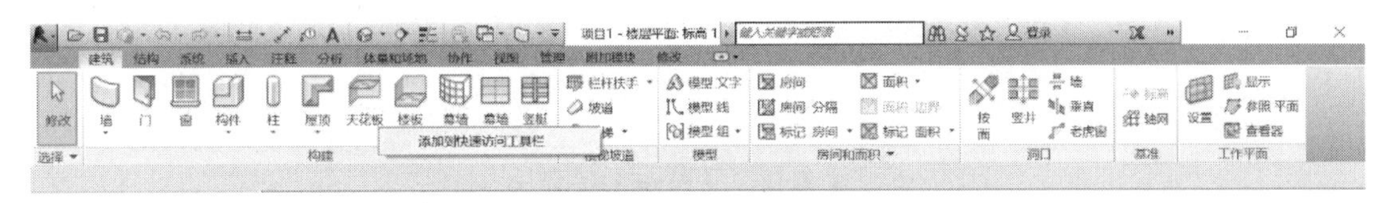

图 3-7　向快速访问工具栏中添加工具

移动鼠标到相应工具后单击右键，在弹出的快捷菜单中选择“从快速访问工具栏中删除”，就可以将该工具从快速访问工具栏中删除掉，如图 3-8 所示。

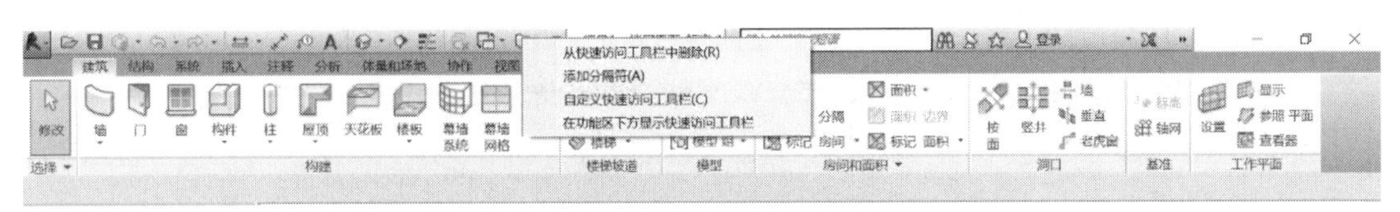

图 3-8　从快速访问工具栏中删除工具

3. 选项卡

当前 Revit 界面中有【建筑】【结构】【系统】【插入】【注释】【分析】【体量和场地】【协作】【视图】【管理】【附加模块】【修改】选项卡，如图 3-9~图 3-20 所示。

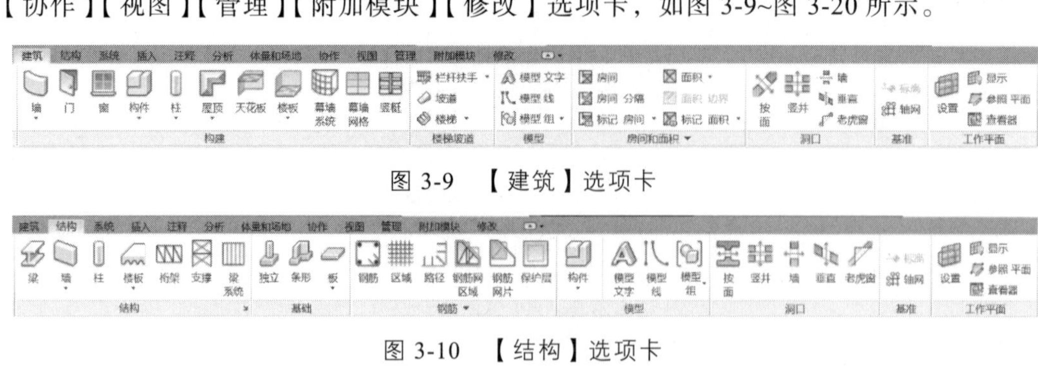

图 3-9 【建筑】选项卡

图 3-10 【结构】选项卡

图 3-11 【系统】选项卡

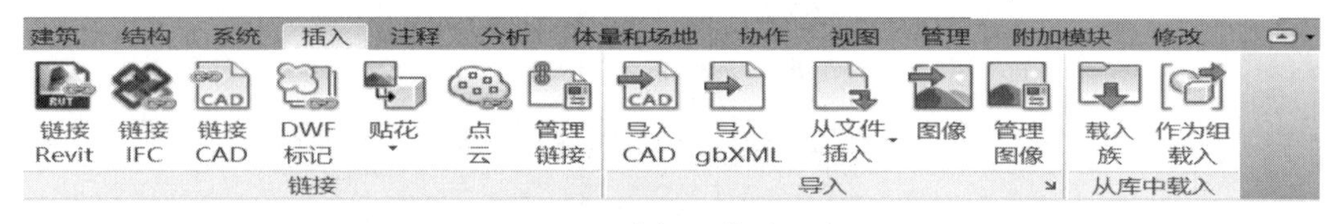

图 3-12 【插入】选项卡

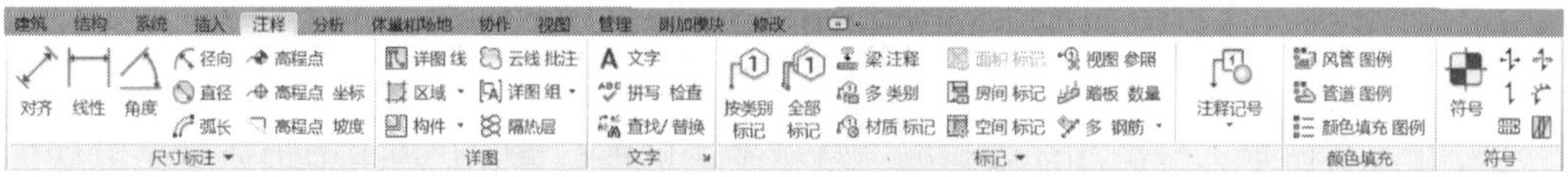

图 3-13 【注释】选项卡

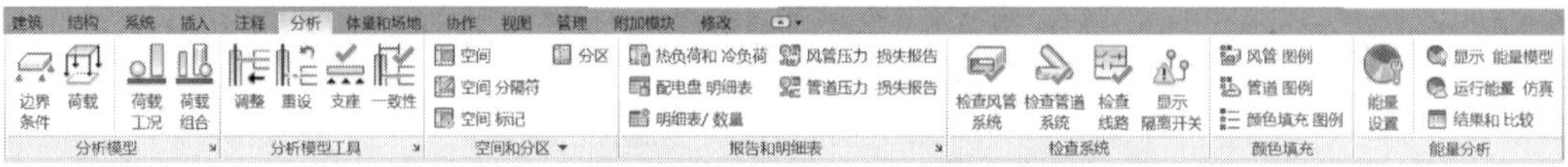

图 3-14 【分析】选项卡

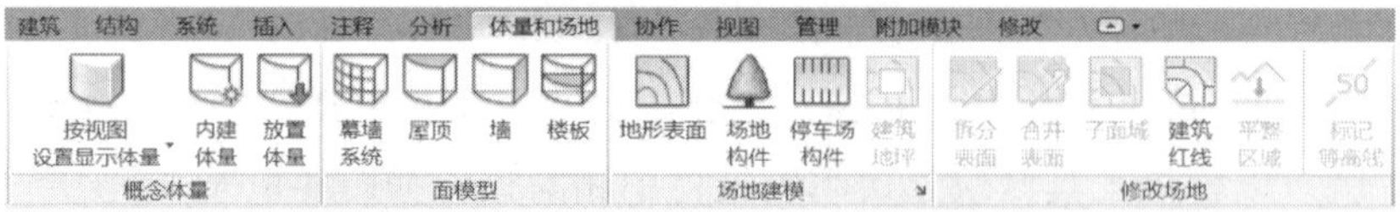

图 3-15 【体量和场地】选项卡

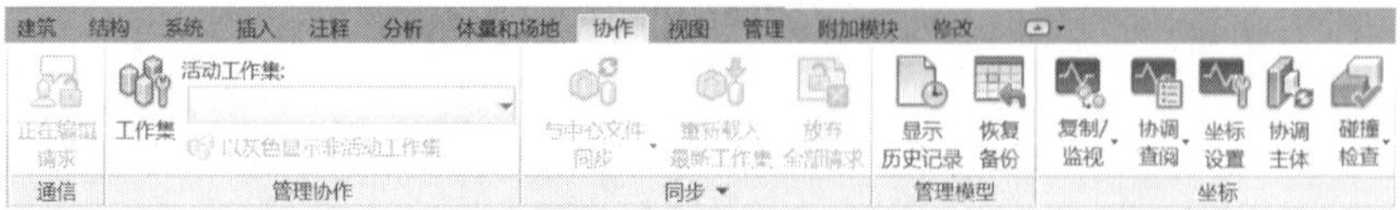

图 3-16 【协作】选项卡

图 3-17 【视图】选项卡

图 3-18 【管理】选项卡

图 3-19 【附加模块】选项卡

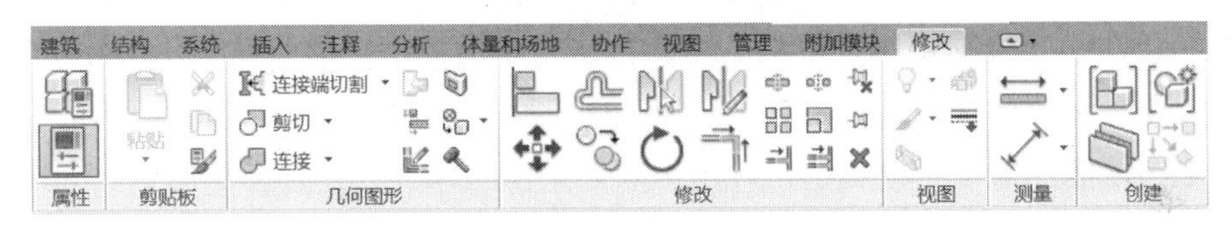

图 3-20 【修改】选项卡

在选项卡中，在一部分工具图标下方有一个黑色小三角，表示这个工具还有复选项，单击此小三角可以选择这类工具的其他工具，如图 3-21 所示。

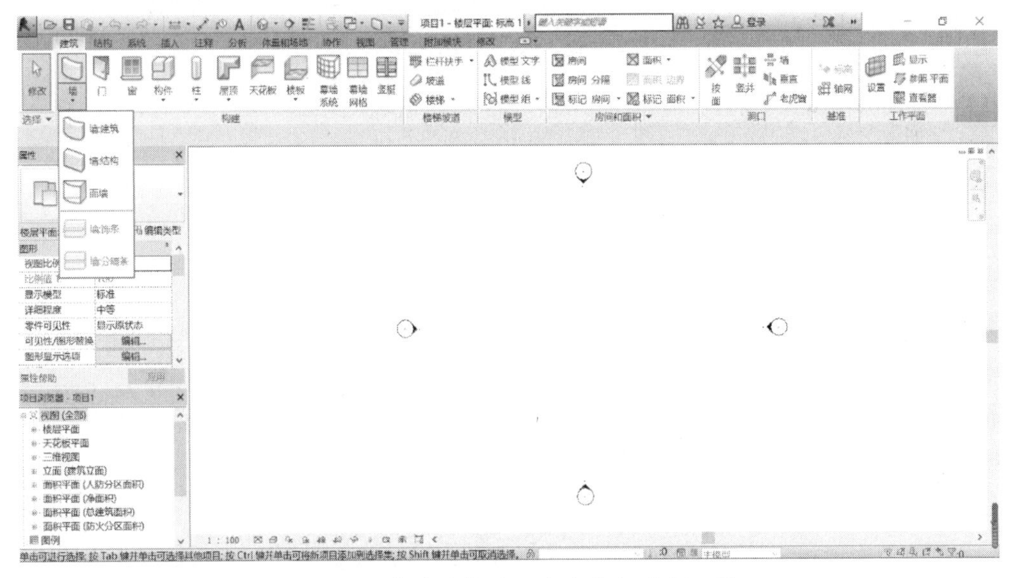

图 3-21 【建筑】选项卡中的复选项工具

4. 上下文选项卡

在 Revit 中单击面板的工具时，会增加一个上下文选项卡，在这个选项卡中将包含

与该工具有上下文关联的工具。若单击【建筑】选项卡中的【墙】工具，则会出现了修改|放置 结构墙选项卡，如图 3-22 所示。

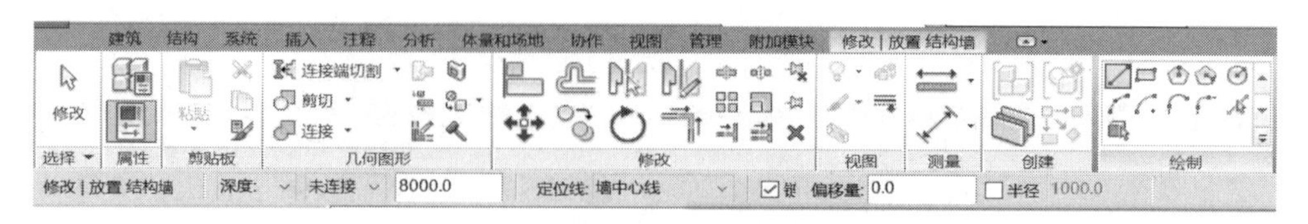

图 3-22 【修改|放置 结构墙】选项卡

在该选项卡中，除了包含有【属性】【几何图形】【修改】【视图】【测量】【创建】面板外，还有【绘制】面板，选择该面板中的直线、弧线等工具即可绘制直线墙、弧线墙。

5. 视图控制栏

在 Revit 中，每个视图窗口底部都有视图控制栏，用于控制该视图的显示状态。不同类别的视图，其视图控制栏不同。视图控制栏中的模型图形样式、阴影控制和临时隐藏图元是最常用的视图显示工具。

在绘图区域左下角有一组按钮，用于设置视图模式，叫作视图控制栏，如图 3-23 所示。

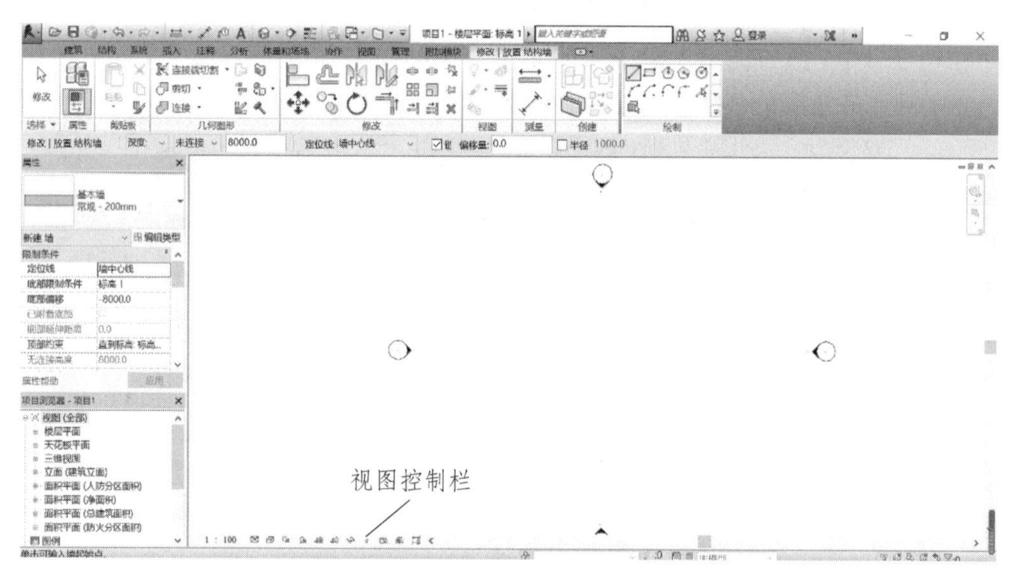

图 3-23 视图控制栏

1∶100 比例设置按钮：单击该按钮可选择当前视图显示比例。

精细度按钮：单击该按钮可以调整当前视图显示精细度，有粗略、中等、惊喜三个选项。

视觉样式按钮：单击该按钮可以选择当前视图的视觉样式，包含线框、隐藏线、着色、一致的颜色、真实、光线追踪等。

打开/关闭日光路径按钮：单击该按钮开启或关闭项目所在区位的日光路径。

打开/关闭阴影按钮：单击该按钮打开和关闭阴影效果。

裁剪视图按钮：单击该按钮选择裁剪和不裁剪当前视图。

显示裁剪区域按钮：单击该按钮可以将当前视图的裁剪区域显示或关闭。

临时隐藏/隔离按钮：单击该按钮可以将所选择的图元临时隐藏或隔离。这个按钮在建模过程中非常好用，可以将选择的图元隐藏，编辑剩下的图元；还可以将选择的图元隔离，而隐藏剩下的图元，这样就可以单独编辑被隔离的图元了。完成后点击该按钮中的“重设临时隐藏/隔离”选项即可。

显示隐藏图元按钮：单击该按钮可以显示被隐藏的图元。注意，前面临时隐藏和隔离后的对象，如果没有及时进行“重设临时隐藏/隔离”时，可以单击该按钮显示被隐藏的对象，在选择被隐藏的对象后单击“上下文选项卡”中的“取消隐藏图元”按钮，就可以将所选择对象的隐藏设置取消。

启用临时视图属性按钮：单击该按钮可以启用临时视图属性和样板，这一项目前应用不多，仅限于未对视图属性和样板设置的情况使用。

显示约束按钮：单击该按钮可以显示和关闭当前视图各图元的约束关系。

6. 属　性

在该软件中，大多数图元都有两组属性，用于控制外观和行为。

1）实例属性

实例属性应用于项目中的某种族类型的单个图元。实例属性会随图元在建筑或项目中位置的不同而不同。修改实例属性仅影响选定的图元或要放置的图元，即使该项目包含同一类型的图元，也不会被修改。【属性】对话框如图 3-24 所示。

2）类型属性

类型属性是族中多个图元的公共属性。在【属性】对话框中单击“编辑类型”按钮，将弹出如图 3-25 所示的【类型属性】对话框，在此对话框中修改类型属性会影响到整个项目中族的各个图元和任何将要在项目中放置的实例。也就是说，尽管只选择了某一图元，在该对话框的属性进行改动会影响到该类图元的属性。

图 3-24　【属性】对话框

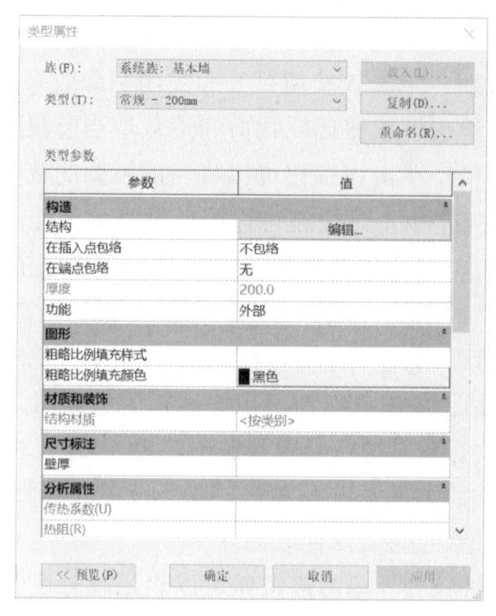

图 3-25 【类型属性】对话框

3）项目浏览器

项目浏览器用于组织和管理当前项目中包含的所有信息，包括项目中所有视图、明细表、图纸、族、组、链接的 Revit 模型等项目资源。Revit 按逻辑层次关系组织这些项目资源，方便用户管理。展开和折叠各分支时，将显示下一层级的内容。

默认情况下，项目浏览器显示在 Revit 界面的左侧且位于属性面板下方。关闭项目浏览器面板可以得到更多的屏幕操作空间。重新显示项目浏览器："视图"→"用户界面"按钮→勾选"项目浏览器"复选框。

通过【项目浏览器】对话框可以对整个项目的各个选项进行快速浏览，如楼层平面、立面、三维视图、图纸、族等，如图 3-26 所示。

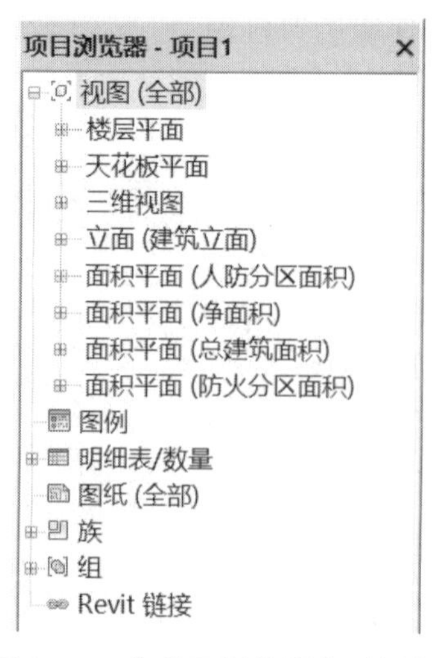

图 3-26 【项目浏览器】对话框

4）视图导航

视图控制是 Revit 中重要的基础操作之一。在 Revit 中，视图不同于常规意义上理解的 CAD 绘制的图纸，它是 Revit 项目中 BIM 模型根据不同的规则显示的模型投影或截面。

Revit 中常见的视图包括三维视图、结构平面视图、天花板视图、立面视图、剖面视图、详图视图等。

Revit 提供了多种视图导航工具，可以对视图进行诸如缩放、平移等操作控制。利用鼠标配合键盘功能键或使用 Revit 提供的用于视图控制的“导航栏”，可以分别对不同类型的视图进行多种控制操作，如图 3-27 所示。

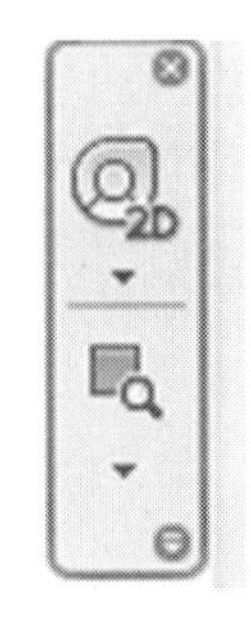

“控制盘”工具

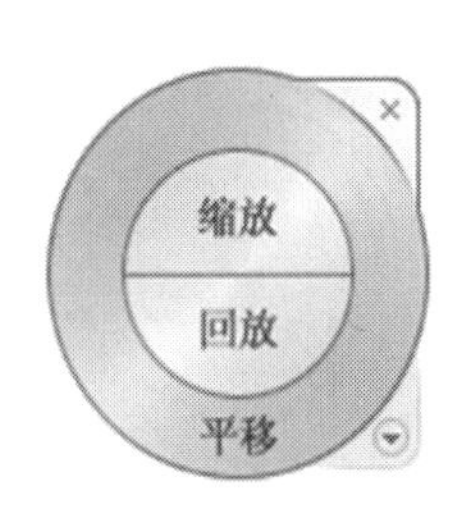

二维控制盘

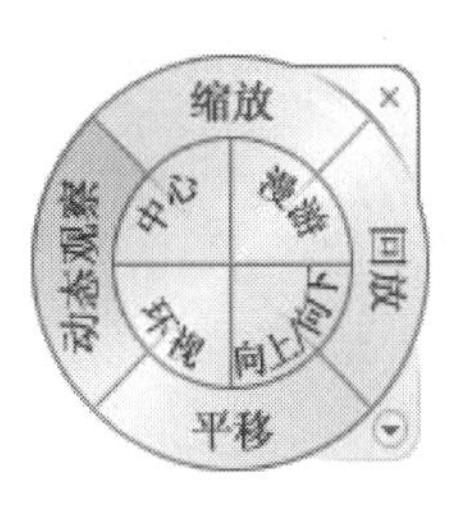

全导航控制盘

图 3-27 【视图导航】对话框

3.2 BIM 建筑建模基础操作（二）

3.2.1 图元选择与过滤

BIM 建筑建模基础操作（二）

1. 图　元

Revit 是基于 BIM 技术的核心建模软件，其设计项目实际上是由许多彼此关联的图元模型构成的。

Revit 项目包含了三种图元，即模型图元、基准图元和视图专用图元。

1）模型图元

该图元代表建筑的实际三维几何图形，如墙、柱、楼板、屋顶、门窗、家具设备等。

2）基准图元

该图元用于协助定义项目范围，如轴网、标高和参照平面。

（1）轴网：通常为有限平面，可以在视图中拖曳其范围，使其拓展；

（2）标高：为无限水平平面，可用作屋顶、楼板和顶棚等以层为主体的图元参照；

（3）参照平面：用于精确定位、绘制轮廓线条等的重要辅助工具。参照平面对于族的创建非常重要，有二维参照平面及三维参照平面，其中三维参照平面显示在概念设计环境中。在项目中，参照平面出现在各楼层平面中，但在三维视图不显示。

3）视图专用图元

该图元只显示在放置这些图元的视图中，对模型图元进行描述或归档，如尺寸标注、标记和二维详图。

2. 选择过滤器

点击右下角按钮，可以在图元较多的时候，按照需要选择某一类图元，单击该按钮，会弹出【过滤器】对话框，在该对话框中将多余的图元勾选掉，然后点击确定，就可以选中需要的图元，如图 3-28 所示。

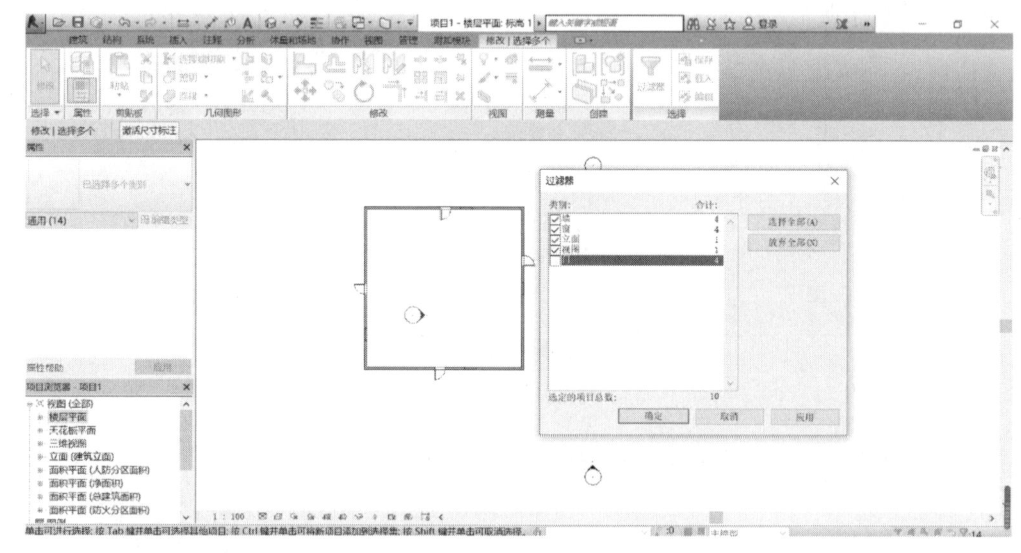

图 3-28 【过滤器】对话框

3.2.2 基本绘图工具

点击【墙】命令按钮，在【修改|放置 墙】界面右侧有绘图工具：绘制直线按钮、绘制矩形按钮、绘制内接多边形按钮、绘制外切多边形按钮、绘制圆形按钮、绘制起点-终点-端点弧按钮、绘制圆心-端点弧按钮、绘制相切-端点孤按钮、绘制圆角弧按钮、拾取线按钮、拾取面按钮，如图 3-29 所示。

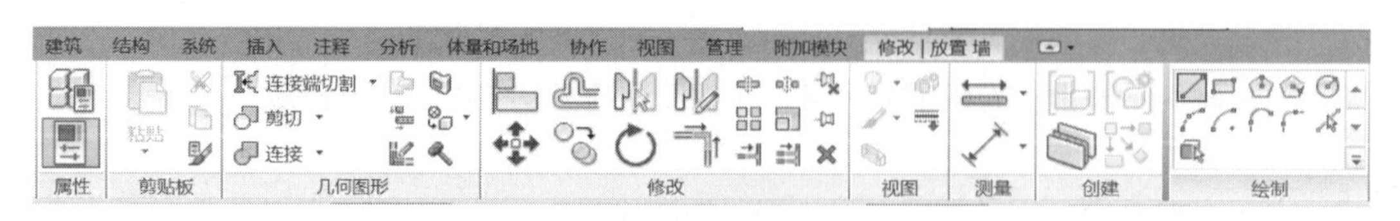

图 3-29 绘图工具

其中使用拾取线按钮 可以根据绘图区域中选定的墙、直线或边来创建一条直线；使用拾取面按钮 可以借助体量或普通模型的面来创建构件；而其他按钮的操作如同 CAD 软件。

3.2.3 基本编辑工具

单击【修改】命令，显示常用的编辑工具如图 3-30 所示。

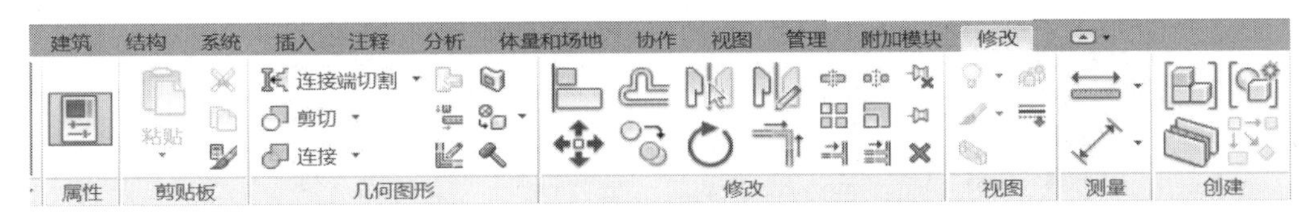

图 3-30 编辑工具

（1）对齐（AL）：“修改”选项卡下“修改”面板中的“对齐”按钮。

（2）偏移（OF）：“修改”选项卡下“修改”面板中的“偏移”按钮。

（3）镜像（MM/DM）：“修改”选项卡下“修改”面板中的“镜像-拾取轴|镜像-绘制线”按钮。

（4）移动（MV）：“修改”选项卡下“修改”面板中的“移动”按钮。

（5）复制（CO）：“修改”选项卡下“修改”面板中的“复制”按钮。

（6）旋转（RO）：“修改”选项卡下“修改”面板中的“旋转”按钮。

（7）修剪|延伸（TR，“修剪|延伸为角”）：“修改”选项卡下“修改”面板中的“修剪|延伸为角”按钮；“修改”选项卡下“修改”面板中的“修剪|延伸单个图元”按钮；“修改”选项卡下“修改”面板中的“修剪|延伸多个图元”按钮。

注：修剪|延伸只能单个对象进行处理。

（8）拆分（SL，拆分图元）：“修改”选项卡下“修改”面板中的“拆分图元”按钮；“修改”选项卡下“修改”面板中的“用间隙拆分”按钮。

（9）阵列（AR）：“修改”选项卡下“修改”面板中的“阵列”按钮。

（10）缩放（RE）：“修改”选项卡下“修改”面板中的“缩放”按钮。

3.3 标高与轴网

标高和轴网绘制方法

标高用来定义楼层层高及生成平面视图，轴网用于为构件定位，在 Revit 中轴网确定了一个不可见的工作平面。标高与轴网共同建立了模型的三维网络定位体系。

3.3.1 标高绘制方法

1. 创建标高

打开 Revit 软件后，单击【应用程序菜单】按钮，打开“新建项目”对话框，选择“建筑样板”，新建一个项目。进入项目界面后，单击【项目浏览器】里“立面（建筑立面）”下拉按钮，任意选择一个立面，如图 3-31 所示。

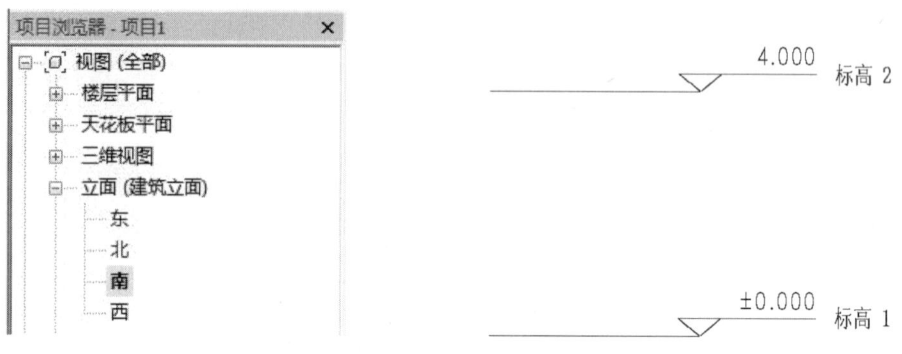

图 3-31　南立面

点击南立面后，绘图区域显示“南立面”视图效果，在绘图区域内可看到如图 3-31 所示的界面，样板已有标高 1、标高 2，系统预设标高为±0.000 和 4.000，标高均以“米”为单位。

1）绘制标高

单击【建筑】选项卡，选择面板上的 标高按钮，在绘图区域单击确定新建标高的起点，移动光标至标高终点再次单击，便完成了新建标高操作。

此时，在【项目浏览器】的“楼层平面”下拉菜单中，可以看到“标高 3”，如图 3-32 所示。

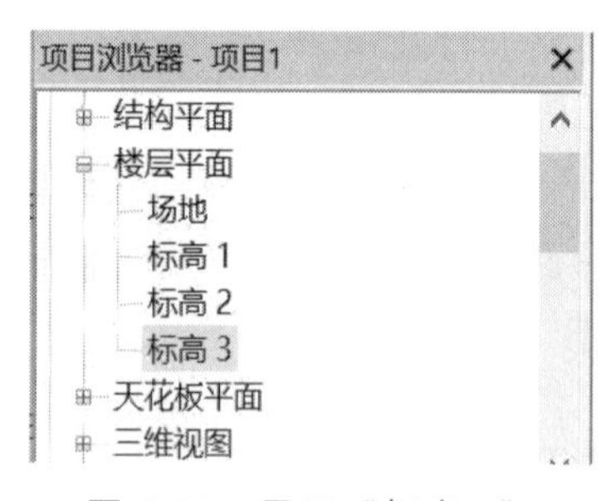

图 3-32　显示“标高 3”

2）复制新建标高

也可以利用“复制”编辑工具完成新建标高操作。选择“标高 2”，在 修改 | 放置 标高 中选择 复制按钮，单击“标高 2”上任意一点，移动光标至相应的位置后单击鼠标左键完成“标高 3”的新建。通过“复制”新建的标高不能直接显示在【项目浏览器】

的“楼层平面”下拉菜单中，需点击【视图】按钮，选择平面视图右下角下拉菜单按钮，选择“楼层平面”在弹出的对话框中将“标高 4”添加到“楼层平面”中去，如图 3-33 所示。

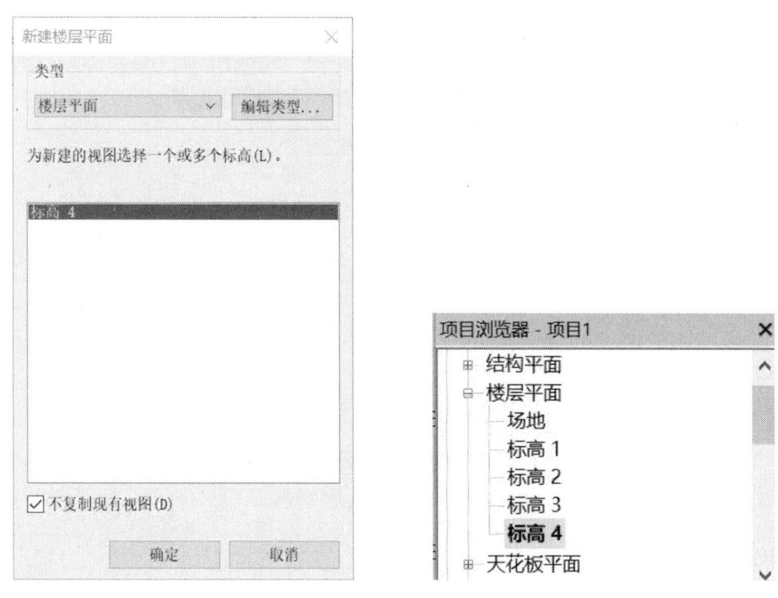

图 3-33　显示“标高 4”

2. 修改标高

完成标高创建后，可能存在对标高进行调整的情况，因此应按照实际需要修改标高信息。

1）批量调整

在选项卡上选择“修改|放置标高”，再单击“类型属性”按钮，打开对话框如图 3-34 所示。

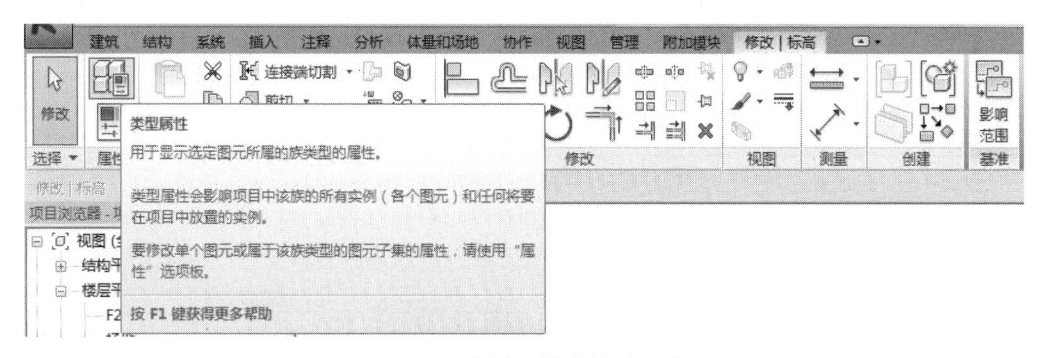

图 3-34　类型属性中修改标高

在属性面板里面修改相应参数，可以修改标高的“线型图案”“线宽”“颜色”“符号”等属性，如图 3-35 所示。

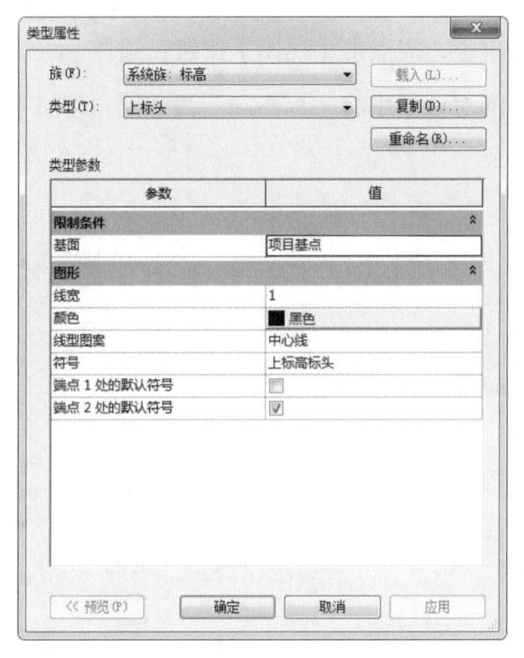

图 3-35 标高类型参数

2）手动修改

（1）修改名称，例如，双击“标高 3”，修改为“F2”，或修改为“二层”，效果如图 3-36 所示。

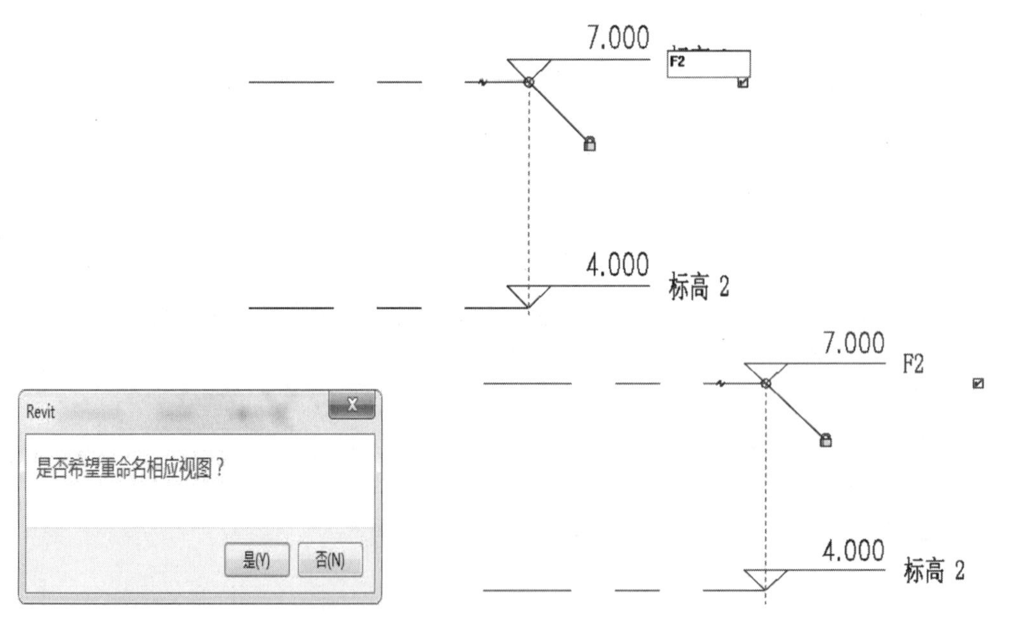

图 3-36 修改标高名称

（2）修改标高标头位置。单击标头，调整至时即可拖动需要调整的标头，如图 3-37 所示。

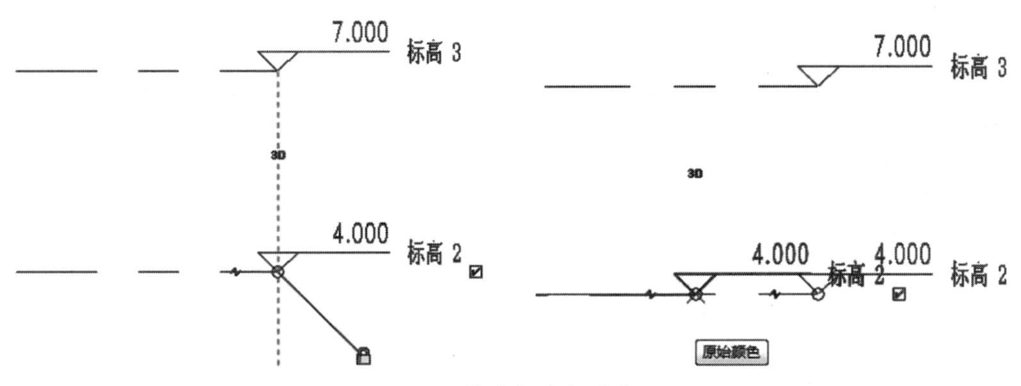

图 3-37　修改标高标头位置

（3）隐藏/显示标头。单击标高名称旁的小方块☑，取消勾选后，则隐藏标高符号，如图 3-38 所示。

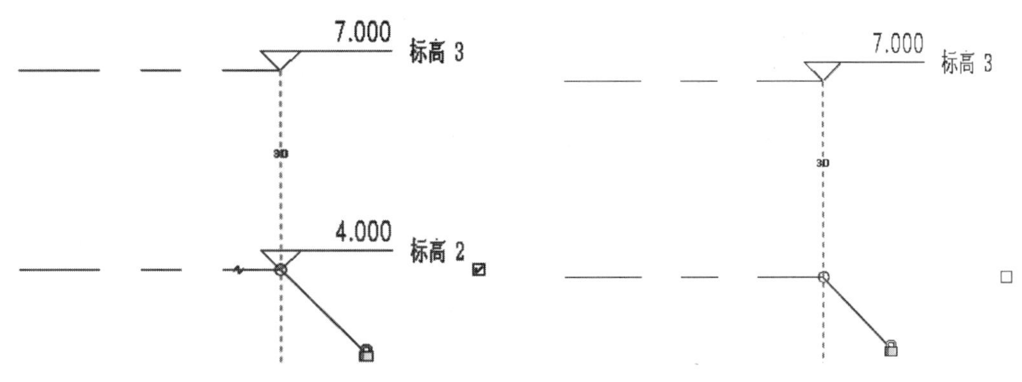

图 3-38　隐藏/显示标头

（4）修改标高值。如需修改标高数值，则单击标高线上的数值，输入修改数据即可，如图 3-39 所示。

图 3-39　修改标高数值

（5）3D/2D 切换。点击标高线时，在线周围会显示 3D 文字提示，当点击 3D 时，会切换到 2D，若此时对该标高进行调整，则只对此时所在视图生效，而不再对其他视图中该标高的属性生效。

（6）添加弯头。当两条线间距过小，可能导致标高标头重叠，不利于视图效果，此时可以通过添加弯头来解决这一问题。

在需要添加弯头处单击标高线，此时标高线上会显示弯头标志，单击弯头标志，则实现了标高名称偏移，如图 3-40 所示。

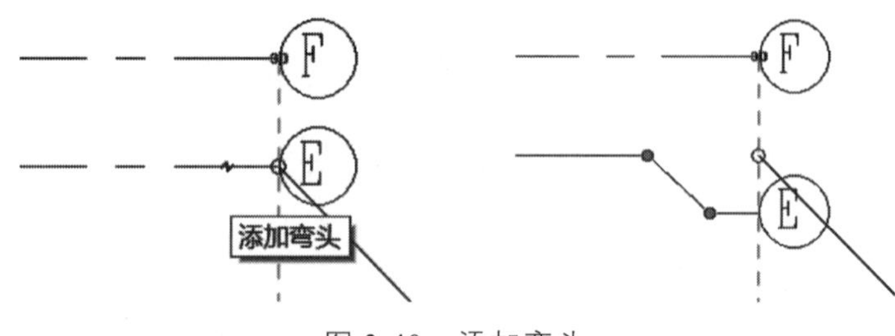

图 3-40　添加弯头

创建的某三层办公楼项目标高如图 3-41 所示。

图 3-41　某三层办公楼标高

3.3.2　轴网绘制方法

1. 创建轴网

轴网的作用是确定构件在平面图中的位置关系，因此在创建好标高后，需切换回到任意标高楼层平面视图中完成轴网创建。

1）绘制轴网

（1）点击【建筑】选项卡中的 轴网 按钮，进入【修改|放置 轴网】上下文选项卡中。

（2）在绘图区域绘制第一条横向定位轴线（单击选择轴网起点，按住 Shift 键使其正交后至终点再次单击），可以采用相同的方法绘制后面的轴网，在光标移动时，会显示临时尺寸标注，以帮助确定轴网绘制位置。

（3）当采用“复制”工具完成轴网绘制时，在【修改|放置 轴网】面板中选中“复制”按钮后选中一根轴线。在左上角 修改|轴网 □约束 分开□多个 根据需要勾选“约束”或“多个”选项，其中“约束”表示是否正交，“多个”表示可以连续复制多个轴线，如图 3-42 所示。

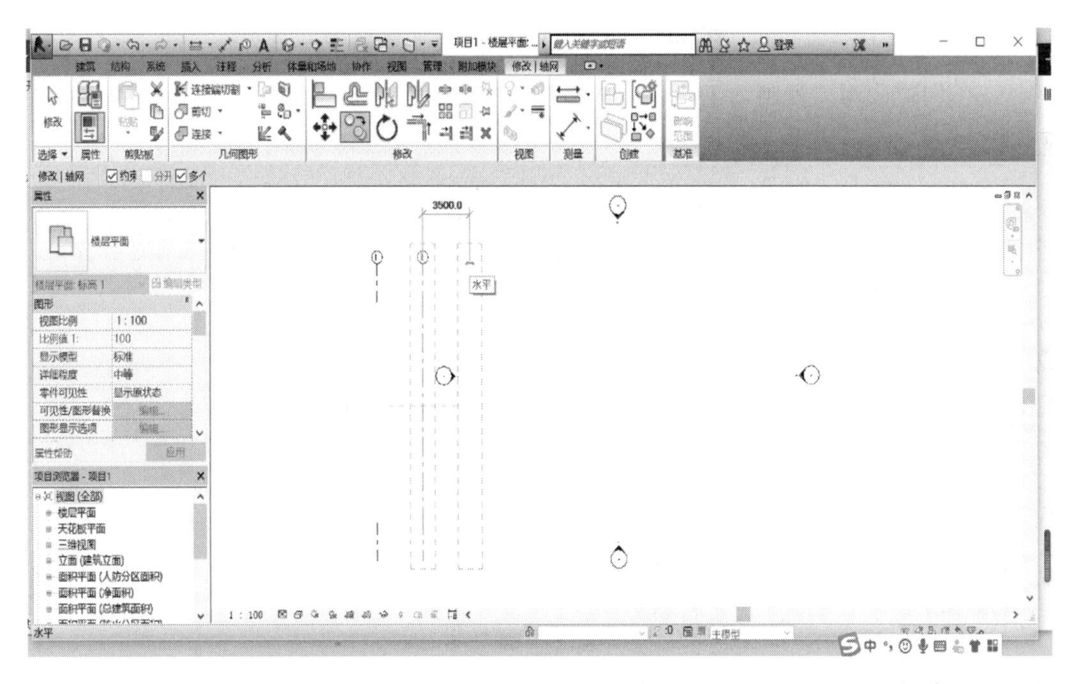

图 3-42　复制轴线

（4）勾选了“约束”和“多个”选项后，单击轴线上的任意一个点即可移动光标，当光标移动时，则会出现提示数据，该数据即为两轴线之间的间距，再次单击鼠标，即可完成下一条轴线的复制，重复以上操作，直至全部轴线绘制完成后，按两次 Esc 键即可退出当前操作。

（5）再次点击【建筑】选项卡中的 轴网 按钮，进入【修改|放置 轴网】上下文选项卡中。选择按钮在绘图区域绘制一条纵向定位轴线，一般可从下方绘制第一条纵向定位轴线，并将该轴线的轴号改为“A”来表示，如图 3-43 所示。

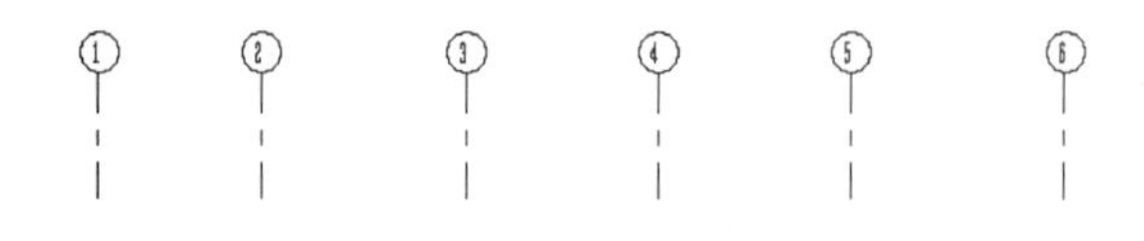

图 3-43　绘制第一条纵向定位轴线

（6）同样采用“复制”工具，完成接下来的纵向定位轴线绘制，如图 3-44 所示。

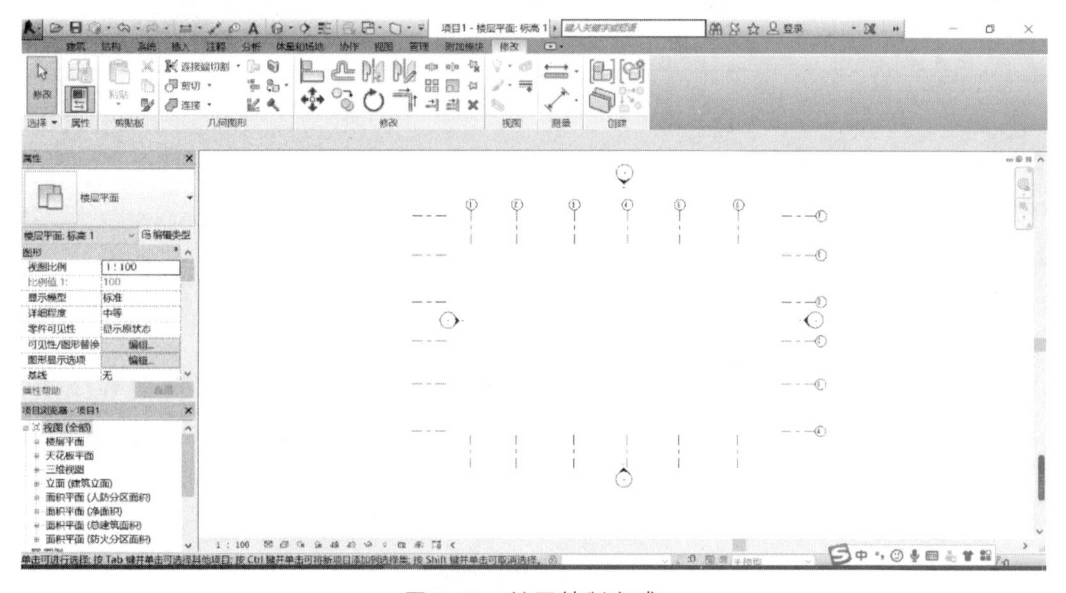

图 3-44　轴网绘制完成

（7）此时，在【项目浏览器】楼层平面视图中切换到其他标高层，如切换到“标高 2”，同样也能看到该轴网。

2）修改轴网

（1）修改轴号。

当出现了不连贯的现象时，则应手动修改轴号。轴号的修改方式和标高名称类似，仍然是选中需要修改的轴线后单击轴号，在弹出的对话框中删除轴号并输入新的轴号即可，修改时应注意轴号的不重复性，因此可从后向前修改。

（2）轴号显示。

在 Revit2019 软件中，通常默认只显示轴线一端的轴号，如果需要在轴线两端同时显示轴号，可以通过点击【属性】浏览器中的 编辑类型 按钮，弹出对话框后，勾选“平面识图轴号端点 1（默认）”，之后绘制出来的轴线就可以在两端均显示轴号，如图 3-45 所示。

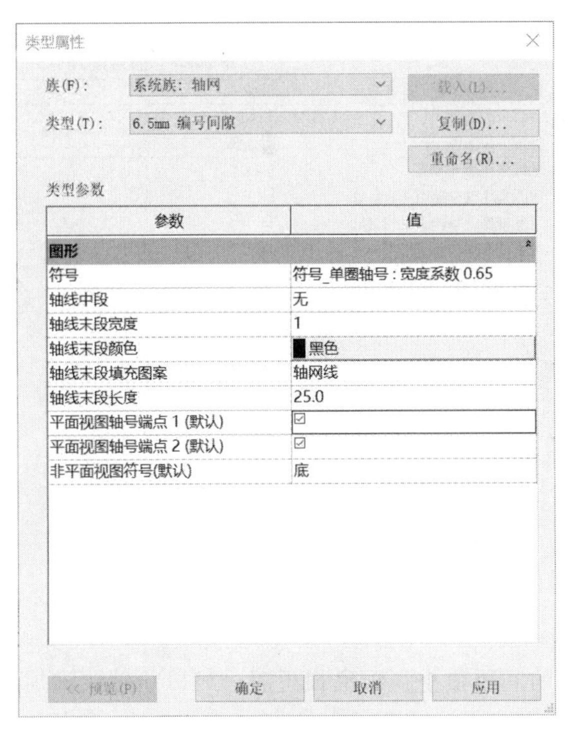

图 3-45　勾选两侧显示轴号

此外，也可以通过点击轴线另一端的小方框 □，勾选之后，即可显示该侧轴号，如图 3-46 所示。

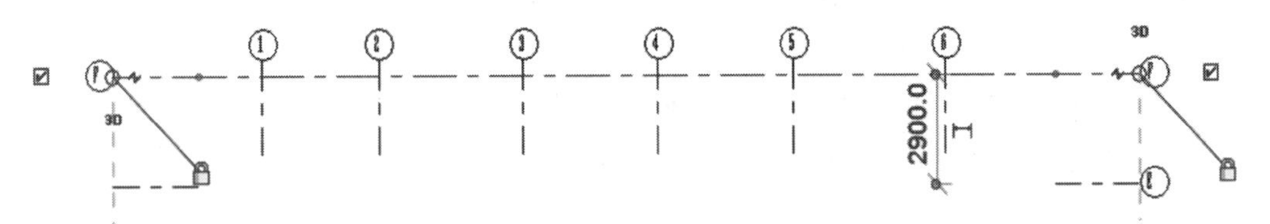

图 3-46　勾选小方框显示轴号

（3）显示轴线。

目前，绘制完成的轴网，轴线中段默认未显示。后期绘制墙体时，将受到影响。因此，需要将中段的轴线显示出来。选中任意一根轴线，单击【属性】浏览器中 编辑类型 按钮，在弹出的对话框中选择将“轴线中段”值设置成“连续”，即可使轴线中段正常显示出来，如图 3-47 所示。

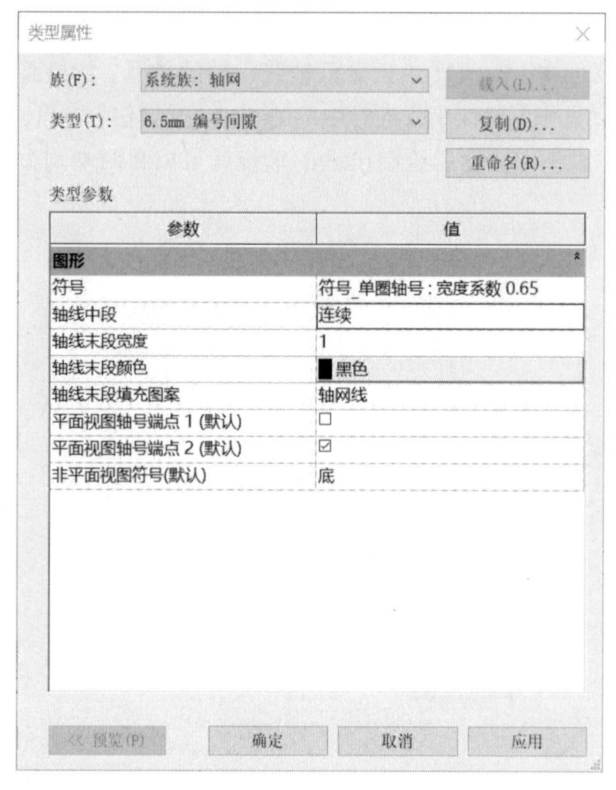

图 3-47　显示轴线

（4）添加弯头。

当两根轴线之间的间距很小，距离很近时，可以给轴线添加弯头，其设置方式与标高一致。

2. 拾取轴网

除了直接绘制轴网，还能通过导入 CAD 图形，通过拾取的方式来创建轴网。这种方式比绘制轴网快捷简单。

切换到任意一楼层平面视图来创建轴网，如标高 1，点击【插入】选项卡，然后点击【导入 CAD】按钮，在弹出的对话框中选择需要导入的 CAD 文件的路径，将图纸移动到立面符号中间，锁定图纸。

在【建筑】选项卡下点击 轴网 按钮，在“修改”面板中单击“拾取线”，将光标移动到 CAD 图纸中的轴线上，单击鼠标左键即可拾取该条轴线，重复上述操作，即可完成其余轴线拾取，完成创建轴网。

项目实战——标高和轴网

当出现非轴网线条与轴线重叠时，应按 Tab 键不断切换选择，直至选中轴线显示高亮时再单击鼠标左键进行拾取，如图 3-48 所示。

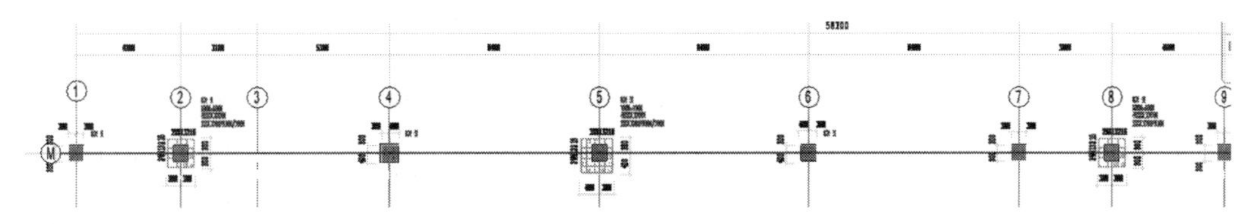

图 3-48 拾取创建轴网

最后创建的某三层办公楼项目轴网如图 3-49 所示。

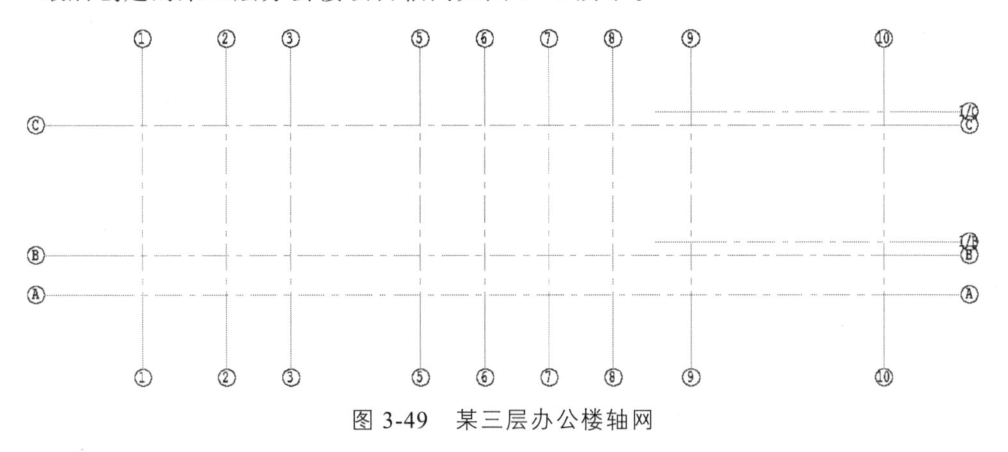

图 3-49 某三层办公楼轴网

3.4 绘制墙体

墙体基本知识

墙体主要包括承重墙与非承重墙，主要起围护、分隔空间的作用，是建筑设计中的重要组成部分。在实际工程中墙体根据材质、功能分为多种类型，如隔墙、防火墙、复合墙、幕墙等，所以在绘制时，需要综合考虑墙体的高度和厚度、构造做法、立面显示，以及内外墙体的区别等。随着高层建筑的不断涌现，幕墙及异性墙体的应用越来越广泛，而通过 Revit 软件能有效地建立直观的三维信息模型。本节将介绍墙体模型的创建。

3.4.1 墙体基本知识

在 Revit 中，墙体属于系统族，可以根据指定的墙结构参数定义与生成三维墙体模型。墙体创建是在平面视图中进行的，所以可以在项目浏览器里面选择楼层平面来创建墙体。

1. 墙体的类型

在 Revit 中进行墙体模型的创建，可通过功能区“墙”命令来创建。Revit 提供了建筑墙、结构墙和面墙 3 种不同的墙体创建方式。

（1）建筑墙：主要用于创建建筑的隔墙。建筑墙有 3 种类型，即基本墙、叠层墙和幕墙。

（2）结构墙：创建方法与建筑墙完全相同，需使用结构墙体工具创建墙体，可以在结构专业中为墙图元指定结构受力计算模型，并为墙配置钢筋，因此该工具可以用于创建剪力墙等墙图元。

（3）面墙：根据创建或者导入的体量表面生成异形的墙体图元。

2. 墙体的创建方法

墙体创建的一般步骤是：

第一步，先定义好墙体的类型、墙厚、做法、材质、功能等；

第二步，指定墙体的平面位置、高度等参数。

对于墙体的创建，Revit 提供了四种方法。

（1）直接绘制：利用直线工具、弧线工具或者是圆形矩形来绘制，该方法是一种最常见的创建墙体的方法。

（2）拾取线：利用 CAD 图纸，拾取图纸中的墙体线段，生成墙体。

（3）拾取面：先做一个体量，然后基于这个体量面，拾取并生成墙面。

（4）内建：在项目内部，通过内建模型这种方式，可以创建一些不规则的墙体。

对于常规墙体的创建，如四四方方比较横平竖直的一些墙，一般是用绘制或拾取线的方式进行创建。而拾取面、内建则适用于一些异形墙体、不规则墙体的创建。一般绘制墙体时，常使用直线、弧线、矩形、圆形、正方形来创建墙体。

创建墙体的时候还需要区分墙体的内墙面与外墙面，以保证绝对的平面位置。首先，遵守左手法则，即外圈就是外墙面。第二，遵守顺时针方向原则，绘制墙体时，按照顺时针的方向进行绘制的，外圈为外墙面；反过来，如果是逆时针绘制，则外墙面跟内墙面就会反转，即所绘制的墙面的外侧变成内墙面，内侧变成外墙面。

3. 墙体参数

1）高度

在墙体创建的过程中可以选择高度，也可以选择深度。高度创建是在当前平面往上创建，而深度是在当前平面往下创建。在墙体创建过程中，一般情况下选择高度进行创建，如图 3-50 所示。

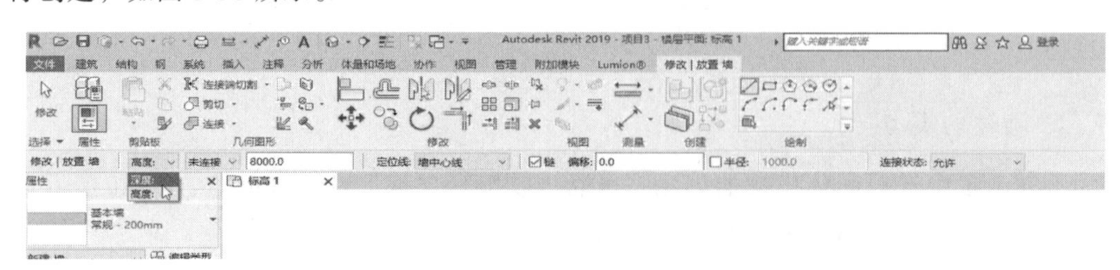

图 3-50　高度

2）平面定位

（1）定位线：系统提供了 6 种定位线的方法，即墙中心线、核心层中心线、面层面的外部、面层面的内部、核心层的外层、核心层的内部，如图 3-51 所示。在实际的项目过程中，可以选择不同的定位方法对墙体进行创建。

（2）链：如果勾选上，可以对墙体进行连续的绘制；如果不勾选，则只能绘制一面墙体。

（3）偏移量：指在绘制的过程中是否需要进行偏移，偏移量可正可负，当偏移量为正值时，墙体沿绘制方向向左；为负值时，沿绘制方向向右。

（4）半径：在项目创建的过程中一般用得较少。

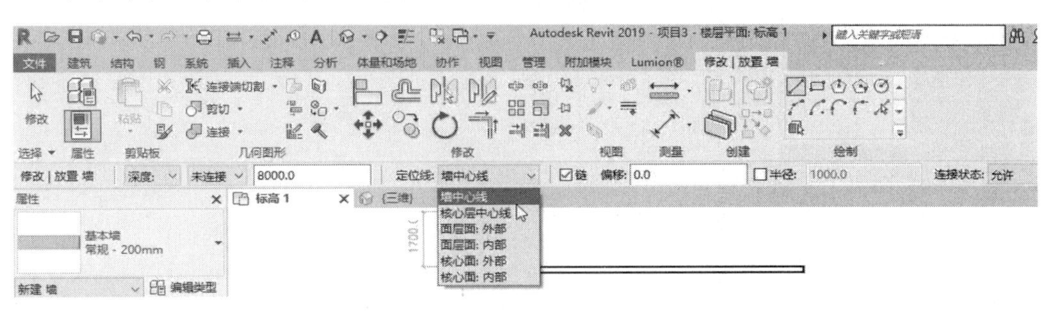

图 3-51　平面定位

3）属性工具栏

在属性面板里面，可以设置墙体的高度定位。

（1）基准限制条件，设置墙体的底部约束，如处于标高 1 或者标高 2。

（2）底部偏移，设置墙体底部的偏移量。

（3）顶部限制条件和顶部偏移量，设置墙体的顶部高度及顶部偏移量。

（4）无连接高度，当顶部限制条件没有指定绝对的标高位置时，即可选择未连接状态，自定义设置无连接高度参数，以此确定墙体高度，如图 3-52 所示。

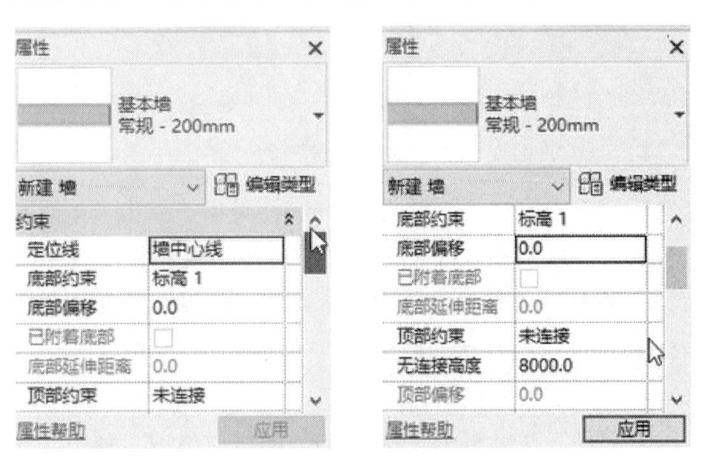

图 3-52　属性工具栏

3.4.2 基本墙建模方法

基本墙建模方法

1. 定义墙体

在创建墙体前需要根据墙体构造对墙的结构参数进行定义。墙结构参数包括墙体的厚度、做法、材质、功能等。接下来介绍如何定义墙体类型。

（1）单击“建筑”选项卡下“构件”面板中的“墙：建筑”工具，进入绘制状态，自动切换至“修改|放置墙”，如图 3-53 所示。这时在“绘制”面板上会默认选择“直线”命令。也可用“拾取线”的方式来创建墙体。

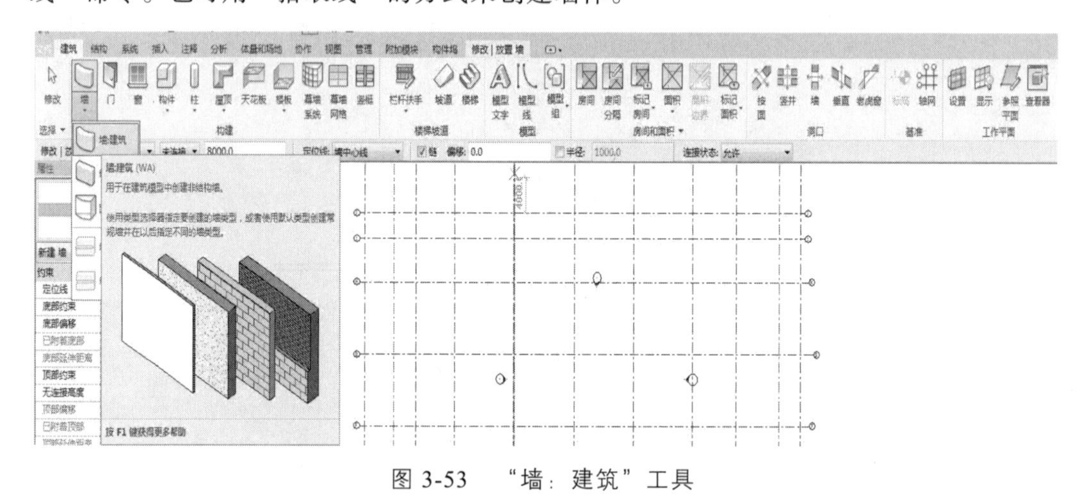

图 3-53 “墙：建筑”工具

（2）在选项栏中依次设置“高度”为“2F”，如图 3-54 所示。也可以对墙体的定位线、底部限制条件、底部偏移等墙体的实例属性进行设置。

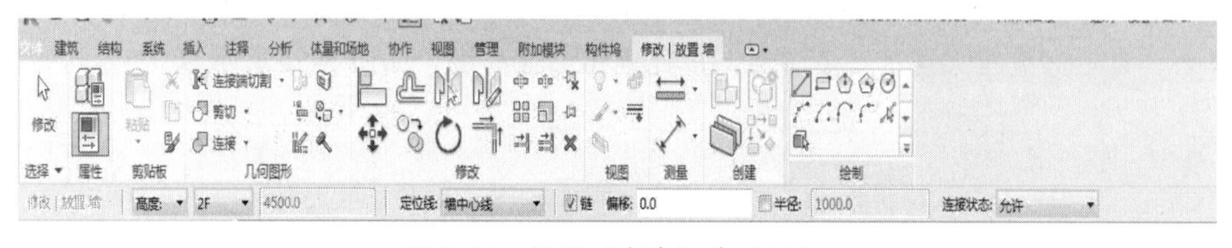

图 3-54 设置“高度”为“2F”

（3）在“属性”面板中，找到“常规-200mm”类型，点击“编辑类型”按钮，打开“类型属性”对话框。复制并修改名字为“科研楼 1 楼外墙”，如图 3-55 所示。

（4）单击“类型参数”列表中“结构”参数的“编辑”按钮，弹出“编辑部件”对话框，如图 3-56 所示，系统默认的墙体已有的功能只有结构[1]部分，在此基础上可插入其他功能结构层，来定义墙体的构造。

（5）单击“编辑部件”对话框中“结构[1]”的材质选项，弹出“材质浏览器”进行材质的定义，例如，选择“砌体-普通砖”，如图 3-57 所示。

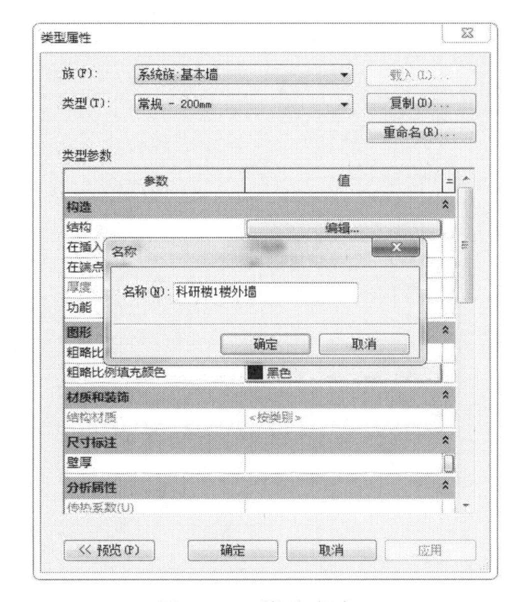

图 3-55　修改名字

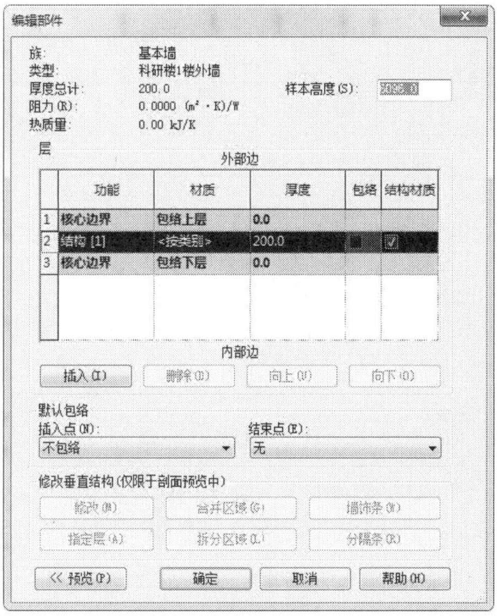

图 3-56　编辑部件

图 3-57　材质浏览器

（6）单击“编辑部件”对话框中的“插入”按钮，在结构定义中为墙体创建新的构造层。更改该层为“面层 1[4]”，同时修改厚度值为“5”，单击层编号，单击“向上”按钮，将该层移至“1”处，如图 3-58 所示。

（7）进行面层材质编辑，选择材质浏览器左下角的“新建材质”，重命名为“外墙饰面砖 2”，然后根据内容修改材质的外观和图形信息，完成后单击“确定”按钮，如图 3-59 所示。

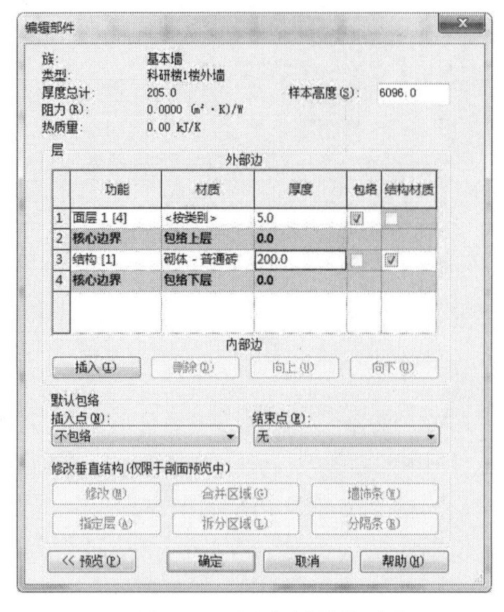

图 3-58 创建新的构造层

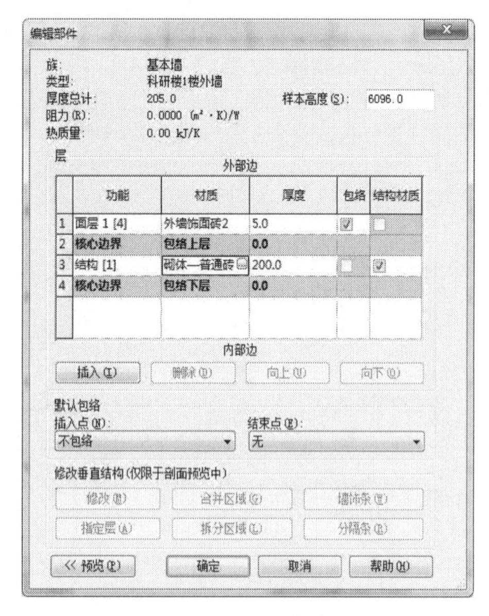

图 3-59 重命名

2. 绘制墙体

定义好墙体后，便可以进行墙体的绘制。

（1）在属性面板中进行参数设定，例如，设定底部限制为标高 1，顶部约束为标高 2，平面定位线默认是墙中心线。

（2）在“修改|放置墙”选项卡下“绘制”面板中找到绘制工具，如直线工具，进行绘制即可。绘制时注意沿着顺时针方向进行，这样能保证墙体的外侧跟内侧面层的位置准确，绘制完成后，按下键盘上的 Esc 键退出。

3. 创建 1F 建筑墙

按照上述定义墙体和绘制墙体的步骤要求，以及三层办公楼项目建筑墙体实际情况，最终绘制出 1F 建筑墙的平面图如图 3-60 所示，三维视图如图 3-61 所示。

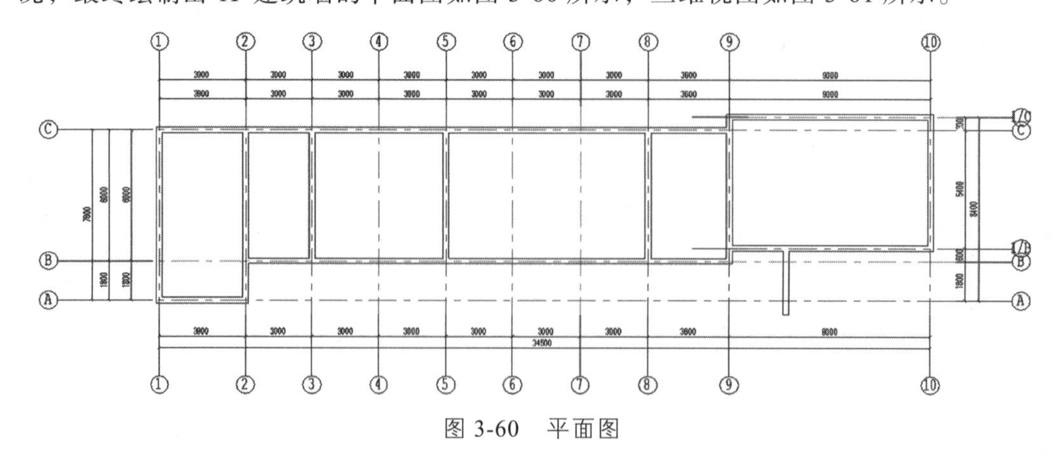

图 3-60 平面图

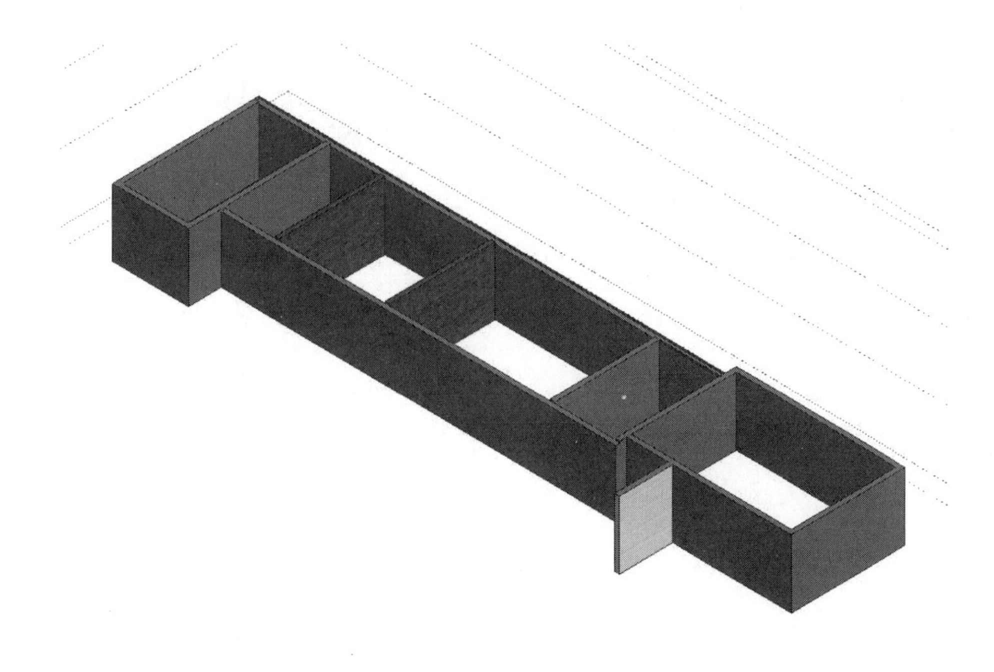

图 3-61　三维视图

3.4.3　层叠墙建模方法

在“建筑”选项卡下“构件”面板中的“墙：建筑”工具中，系统提供了三个选项：“基本墙”系统族、“叠层墙”系统族和“幕墙”系统族。把“基本墙”系统族中的墙类型作为子墙，两面或者多面子墙叠放在一起，子墙在不同的高度可以具有不同的墙厚度及墙体材质，即为叠层墙。接下来，对叠层墙的创建方法进行介绍。

叠层墙建模方法

1. 定义叠层墙

（1）单击“建筑”选项卡下“构件”面板中的“墙：建筑”工具，进入绘制状态，自动切换至“修改|放置墙”。

（2）在选项栏中依次设置“高度”、定位线、底部限制条件、底部偏移等墙体的实例属性。

（3）在“属性”面板，点击“编辑类型”按钮，打开“类型属性”对话框，选择“基本墙”系统族。复制三个子墙并重新命名，复制并命名为“地下室外墙”“一楼外墙”“二楼外墙”。

（4）在“属性”面板中点击“编辑类型”按钮，打开“类型属性”对话框，选择“叠层墙”系统族。复制并重新命名，复制并命名为“墙 1”，如图 3-62 所示。

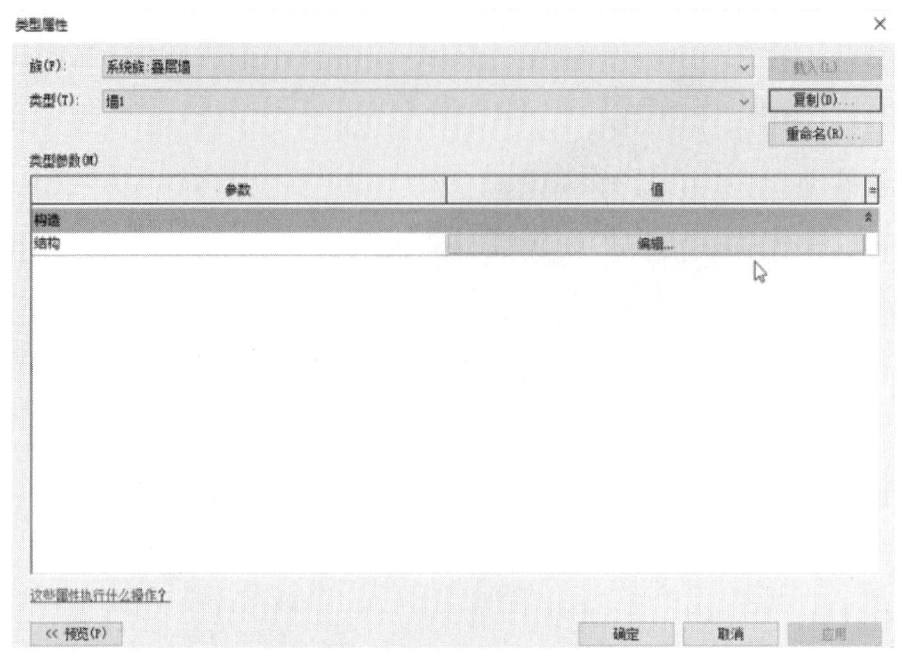

图 3-62 复制并命名为“墙 1”

（5）单击“类型参数”列表中“结构”参数的“编辑”按钮，弹出“编辑部件”对话框，如图 3-63 所示。然后在叠层墙中可以下拉选择：底部设置为地下室外墙，中间设置为一楼外墙，顶部设置为二楼外墙，同时设置不同子墙的高度等参数，如图 3-64 所示。

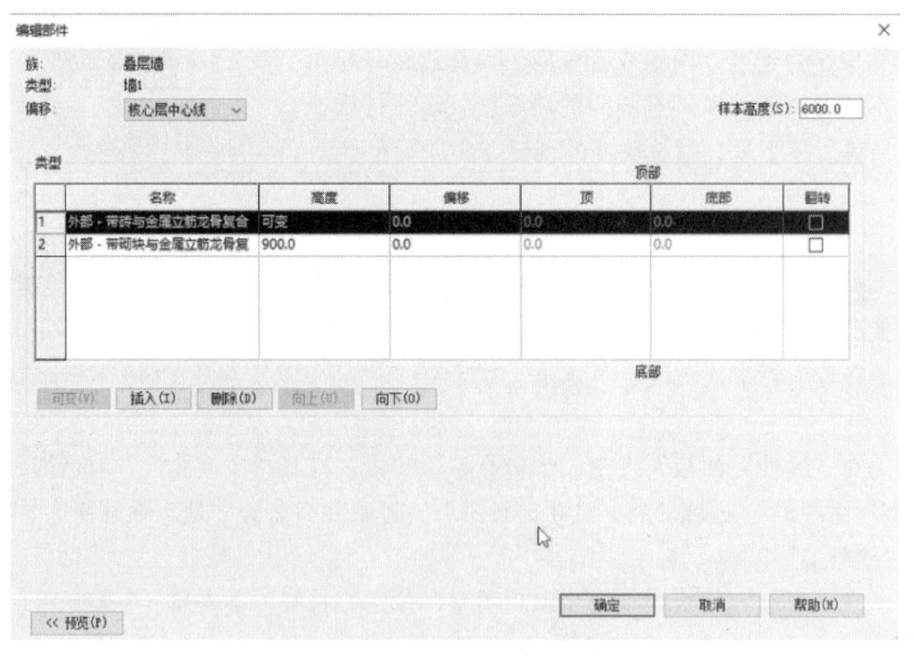

图 3-63 “编辑部件”对话框

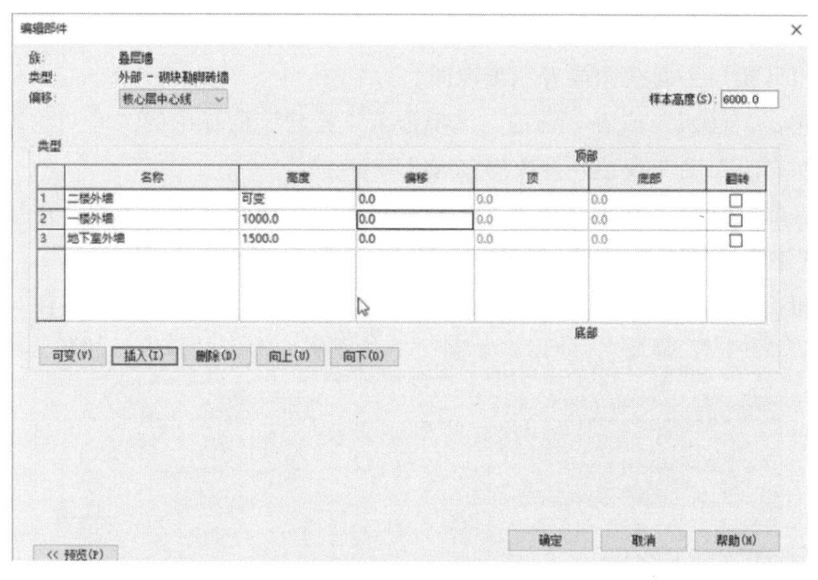

图 3-64 设置参数

2. 绘制叠层墙

设置好叠层墙的结构之后，点击“确定”按钮，即可在项目上对叠层墙进行绘制。

在“修改|放置墙”选项卡中，在“绘制”面板上找到绘制工具，如直线工具，进行绘制即可。

由于叠层墙是可以由不同的基本墙组合而成的，所以可以利用叠层墙工具创建更加复杂的墙体。

3.4.4 幕墙建模方法

幕墙建模方法

幕墙是现代大型和高层建筑常用的带有装饰效果的轻质墙体，是由面板和支承结构体系组成的一种墙类型。绘制幕墙时，Revit 会将嵌板按网格分割规则在长度和高度方向自动排列。常见的玻璃幕墙结构形式有隐框、半隐框、明框、点式、全玻璃等。

幕墙按创建方法的不同，可以分为常规幕墙和幕墙系统两大类。常规幕墙的创建与编辑方法与墙类似；幕墙系统则分为规则幕墙系统和面幕墙系统，可以用来快速地创建异形曲面幕墙。

幕墙由幕墙嵌板、幕墙网格、幕墙竖梃三大部分组成。幕墙嵌板是构成幕墙的基本单元，幕墙由一块或多块嵌板组成。嵌板的大小由划分幕墙的幕墙网格决定。

1. 创建幕墙

创建幕墙的方式和墙体一样，可以使用以下方法创建：绘制墙、拾取线、拾取面的方式进行。注意幕墙绘制的方向和内外方向。

（1）打开楼层平面视图或者三维视图。

（2）单击“建筑”或者“结构”选项卡下“构建”面板中的“墙：建筑”工具，进入绘制状态，自动切换至“修改|放置墙”。

（3）在属性面板“类型选择器”下拉列表中，选择“幕墙”类型，在属性面板上或者选项栏中可对幕墙的“高度”进行设置，如图 3-65 所示。

（4）单击“属性”面板中，点击“编辑类型”按钮，打开“类型属性”对话框，当前族为“系统族：幕墙”，使用“复制”工具复制一个新的幕墙，如图 3-66 所示。

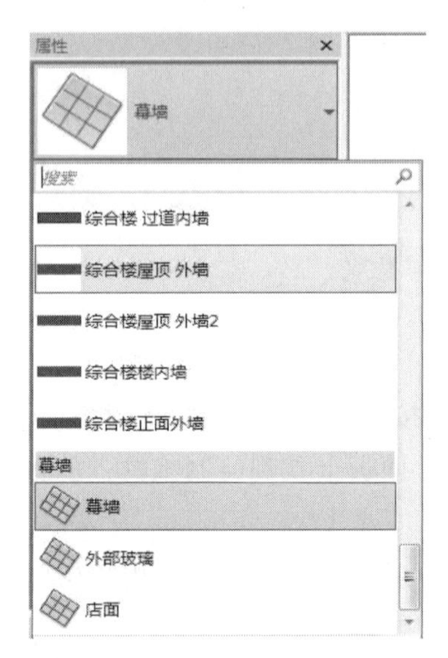

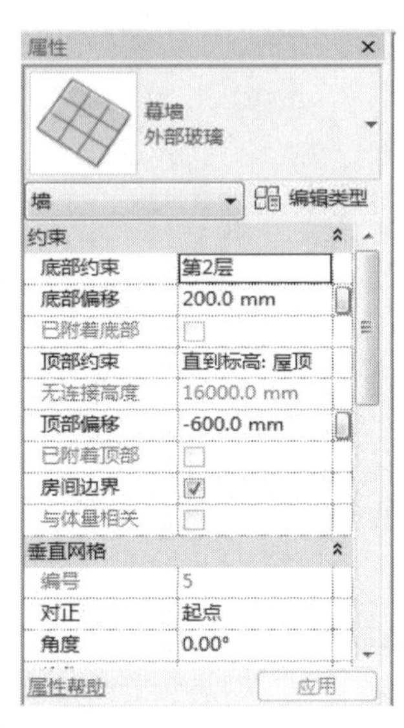

图 3-65　属性

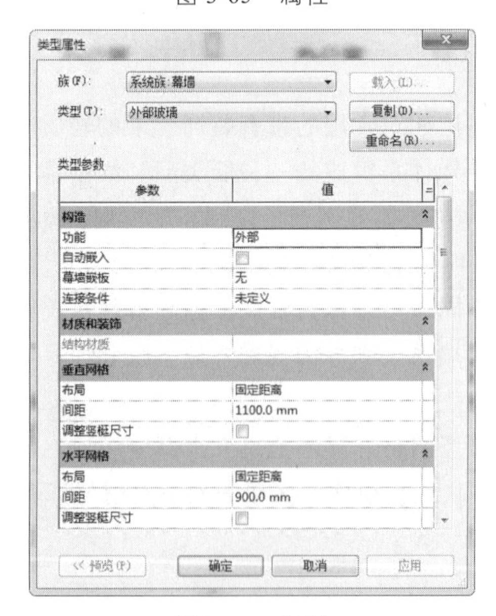

图 3-66　复制

2. 编辑幕墙

1）编辑实例属性

幕墙的实例属性设置见图 3-65。

（1）限制条件。

基准限制条件/底部偏移：用于确定幕墙的底部标高。

顶部限制条件/顶部偏移：用于确定幕墙的顶部标高。

（2）垂直/水平网格样式。

对正：对齐位置，可选择起点、终点、中心。

角度：幕墙网格的倾斜角度。

偏移：幕墙嵌板在与墙垂直方向上的偏移距离。

2）编辑类型属性

幕墙的类型属性设置见图 3-66。

（1）构造。

功能：可选择内部或外部。

自动嵌入：当在常规墙体内部绘制幕墙时，将在幕墙位置自动创建洞口，本功能可将幕墙作为带形窗来使用。

幕墙嵌板：设置嵌板类型。当设为空时，则只剩下竖梃，可用来创建空网格模型。

连接条件：控制竖梃的连接方式是边界和水平网格连续还是边界和垂直网格连续。

（2）垂直/水平网格样式。

参数“布局”可以设置幕墙网格线的布置规则为固定距离、最大间距、最小间距、固定数量、无。选择前三种方式要设置参数“间距”值来控制网格线距离，选择“固定数量”则要设置实例参数“编号”值来控制内部网格线数量，选择“无”则没有网格线需要用“幕墙网格”命令手工分割。

（3）垂直/水平竖梃。

内部类型、边界 1 类型、边界 2 类型：分别设置幕墙内部和左右（上下）边界竖梃的类型，如果选择“无”，则没有竖梃，也可用“竖梃”命令手工添加。

3. 创建办公楼项目幕墙

下面以办公楼项目幕墙为例，介绍如何创建幕墙。

实战练习——墙体绘制

（1）在 Revit 中切换至 2F 楼层平面视图，将分割出来的 2F 平面图导入并定位到正确位置。

（2）单击“建筑”或者“结构”选项卡下“构建”面板中的“墙：建筑”工具，进入绘制状态，自动切换至“修改|放置墙”。在属性面板“类型选择器”下拉列表中选择“外部玻璃”，单击属性栏中的“编辑类型”，弹出“类型属性”对话框，

将“垂直网格”的间距由“1830mm”改为“1100mm”“水平网格”的间距由“4000mm”改为“900mm”“垂直竖梃”和“水平竖梃”下的“内部类型”也均改为“无”，如图3-67所示，单击“确定”。

（3）将属性栏中的“底部约束”“底部偏移”“顶部约束”“无连接高度”“顶部偏移”等按照项目实际情况修改，如图3-68所示。

（4）添加竖梃。单击“建筑”选项卡下“构建”面板中的“竖梃”，在属性栏上单击“编辑类型”，在弹出的对话框中单击“复制”，将复制的新竖梃命名为“50mm×150mm”，其属性中的“边2上的宽度”和“边1上的宽度”均设置为“25.0mm”，如图3-69所示。

办公楼项目幕墙的效果如图3-70所示。

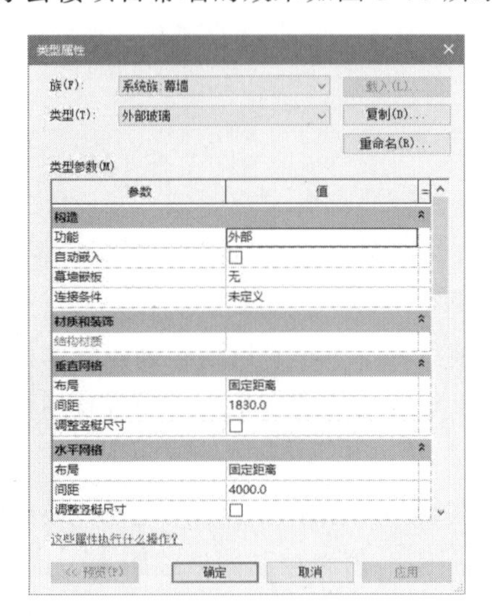

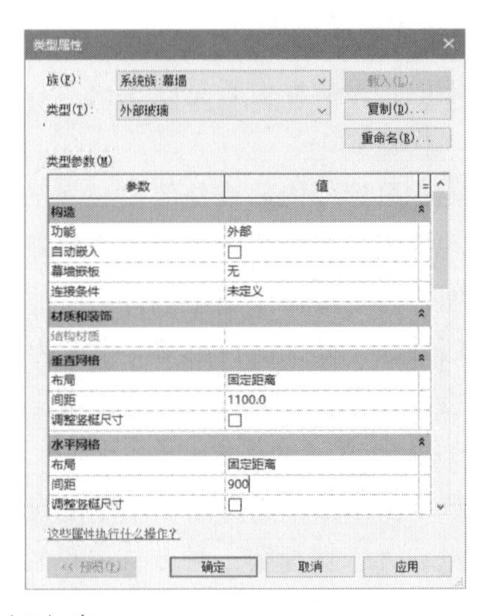

图3-67　第（2）步

图3-68　第（3）步

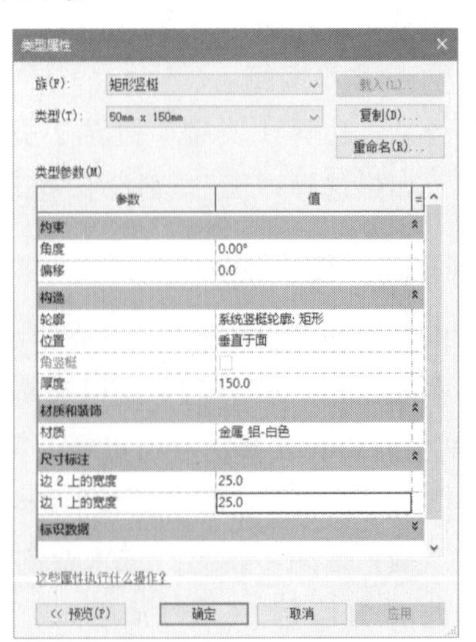

图3-69　第（4）步

图 3-70　效果

3.5　绘制门窗柱、梁

3.5.1 门和窗

门窗建模方法

在 Revit 中，使用门、窗工具可以方便地在项目中添加任意形式的门、窗。在三维模型中，门窗的模型与它们的平面表达并不是对应的剖切关系，在平面图中与 CAD 图表达一致，这说明门窗模型与平立面表达可以相互独立。Revit 中门和窗都是属于外部族，因此，在创建门窗之前必须先在项目中载入所需的门窗族。

1. 插入门

门是基于主体的构件，可添加到任何类型的墙体上，在平、立、剖及三维视图下均可添加门，且门会自动剪切墙体放置。

（1）单击“建筑”选项卡下“构建”面板中的“门”工具，进入绘制状态，自动切换至“修改|放置门”，如图 3-71 所示。

（2）在“类型选择器”的下拉列表中选择需要的门类型，如果需要更多的门类型，可以通过“载入族”命令从族库载入或者和新建墙一样新建不同尺寸的门。

Revit 软件打开“载入族”对话框，然后选择并打开“China”→“建筑”→“门”→“普通门”→“平开门”→“双扇”→“双面嵌板镶玻璃门 3-带亮窗”，如图 3-72 所示。

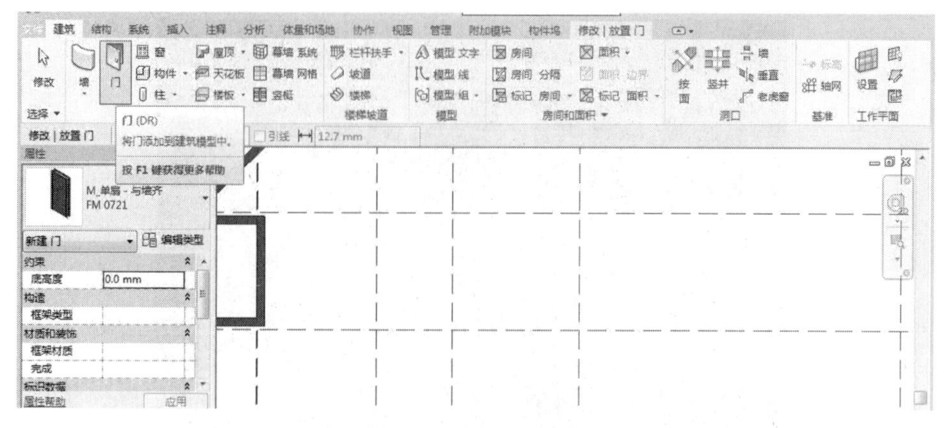

图 3-71 “门”工具

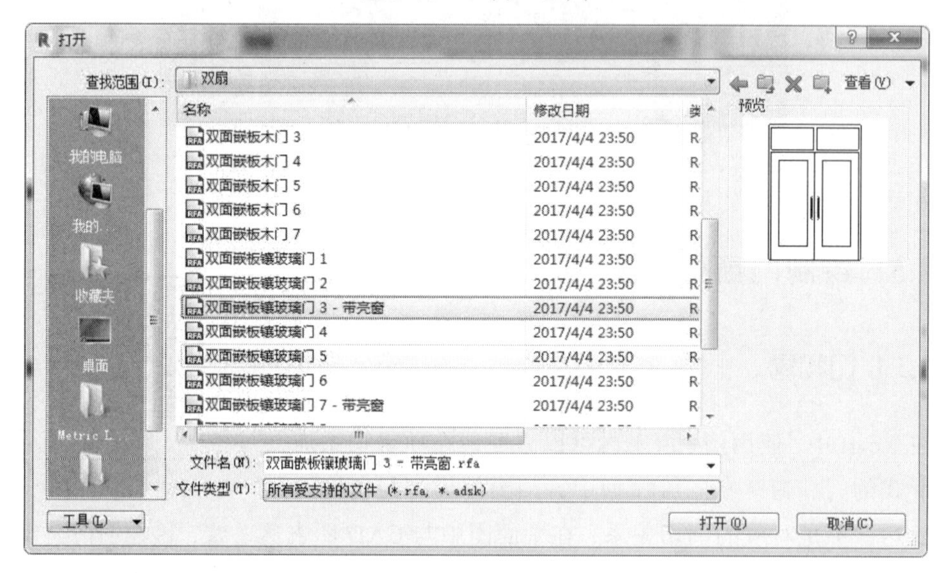

图 3-72 添加门类型

（3）如图 3-73 所示，放置前，在“选项栏”中选择“在放置时进行标记”，则软件会自动标记门，选择引线可设置引线长度，门只有墙体上才会显示，在墙主体上移动光标，参照临时尺寸标注，当门位于正确的位置时单击“确定”。

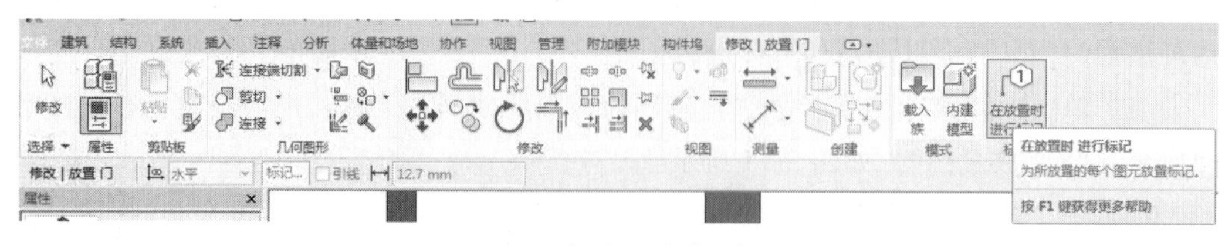

图 3-73 在放置时进行标记

（4）在墙上放置门时，拖动临时尺寸线修改临时尺寸的值可以准确地修改门的放置位置，如图 3-74 所示。单击 ⇅ 控件按钮，可以翻转门的开向。其三维视图如图 3-75 所示。

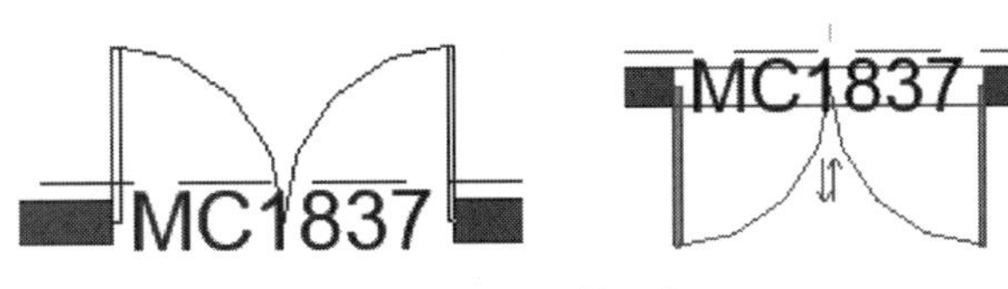

图 3-74　放置门

图 3-75　门的三维视图

2. 编辑门

1）修改门类型参数

单击“属性”面板中，点击“编辑类型”按钮，打开“类型属性”对话框。在“类型属性”中以“1800×2600mm”为基础复制并修改名字为“MC1837”新建门类型，如图 3-76 所示。

2）修改门实例参数

选择门窗，并在“属性”选项卡中设置所需门窗的标高、底高度等实例参数，如图 3-77 所示。

图 3-76　MC1837

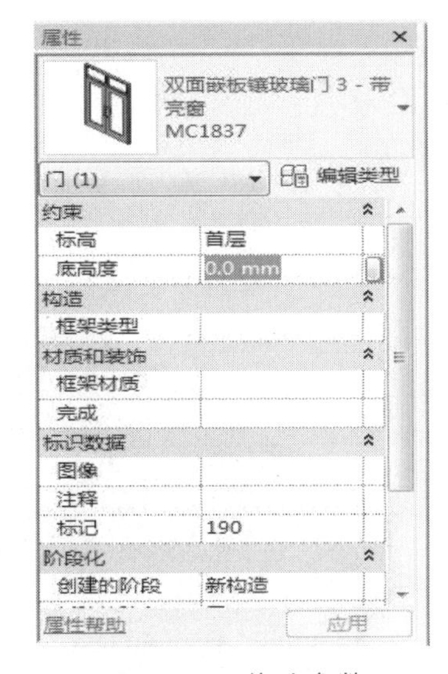

图 3-77　修改参数

3）开启方向及临时尺寸控制

选择门，软件将显示临时尺寸和方向控制按钮，如图 3-78 所示，单击临时尺寸文字，可编辑尺寸数值，门位置也将随着尺寸的改变而自动调整；单击翻转方向符号，可调整门的左右、内外开启方向。

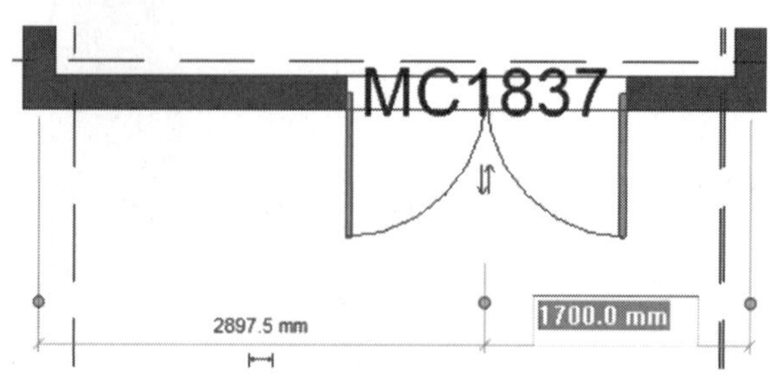

图 3-78　开启方向及临时尺寸控制

3. 创建办公楼项目 1F 门

按照编辑门与插入门的步骤进行操作，办公楼项目 1F 门的效果如图 3-79 所示，平面图如图 3-80 所示。

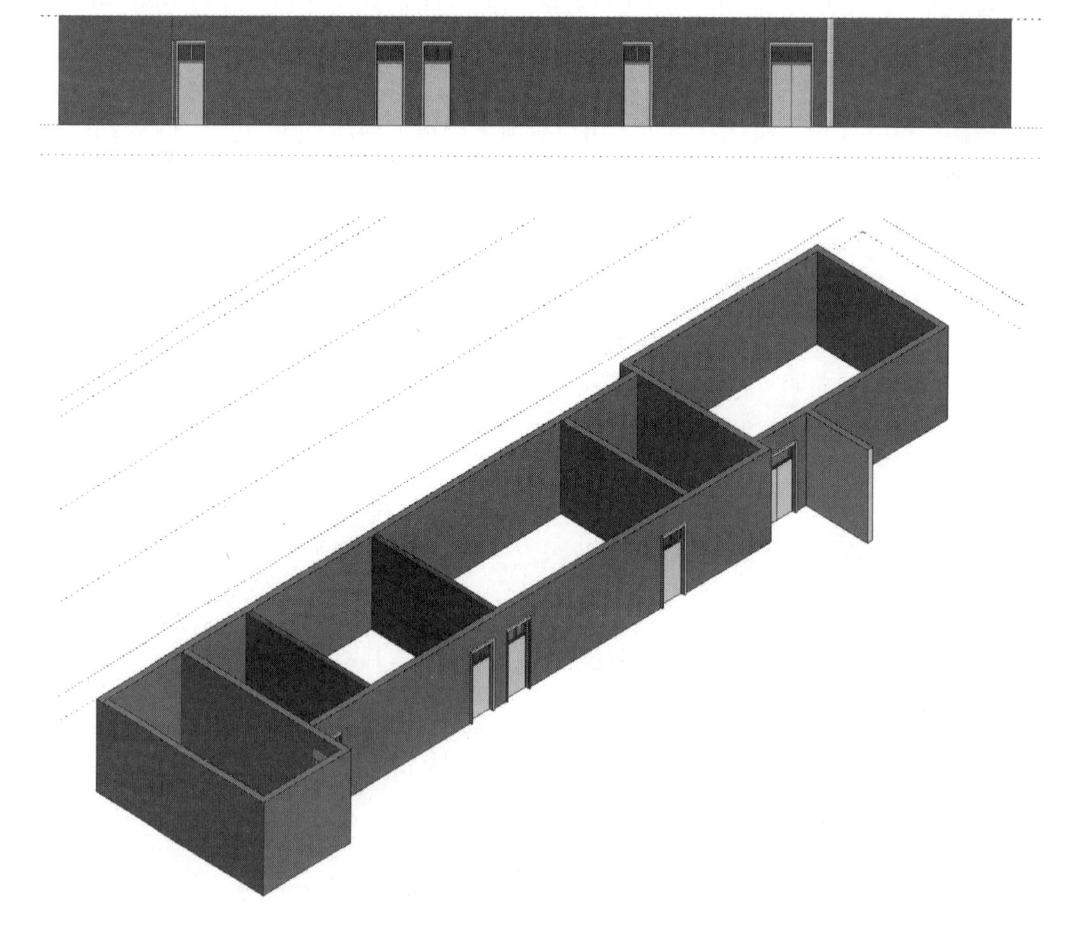

图 3-79　三维效果

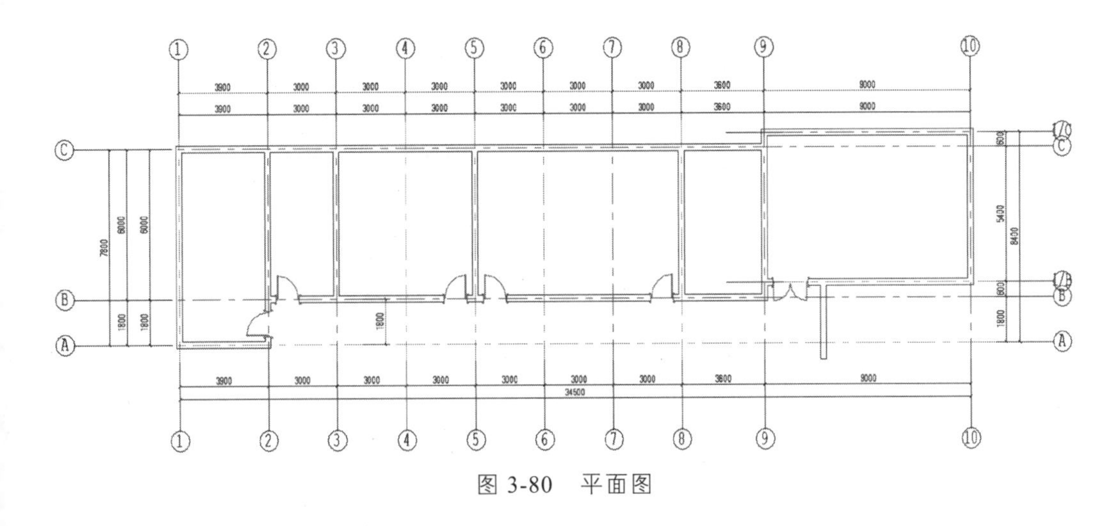

图 3-80　平面图

4. 插入窗

窗是基于主体的构件，可添加到任何类型的墙体上，在平、立、剖及三维视图下均可添加窗，且窗会自动剪切墙体放置。创建窗的方法与创建门基本相同，不同点在于创建窗时需要考虑窗台的高度。

（1）单击“建筑”选项卡下“构建”面板中的“窗”工具，进入绘制状态，自动切换至“修改|放置窗”，如图 3-81 所示。

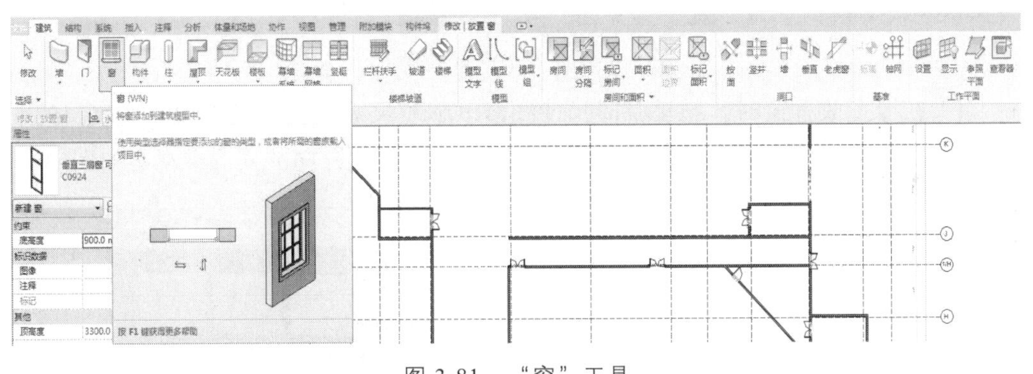

图 3-81　“窗”工具

（2）在“类型选择器”的下拉列表中选择需要的窗类型，如果需要更多的窗类型，可以通过“载入族”命令从族库载入或者和新建墙一样新建不同尺寸的窗。

单击“属性”面板中，点击“编辑类型”按钮，打开“类型属性”对话框。在“类型属性”中“族”下拉列表中找到“三层三列”“类型”下拉列表中选择“C1835”，然后点击“确定”，退出“类型属性”对话框，如图 3-82 所示。

（3）如图 3-83 所示，放置前，在“选项栏”中选择“在放置时进行标记”，则软件会自动标记门，选择引线可设置引线长度，门只有墙体上才会显示，在墙主体上移动光标，参照临时尺寸标注，当门位于正确的位置时单击“确定”。

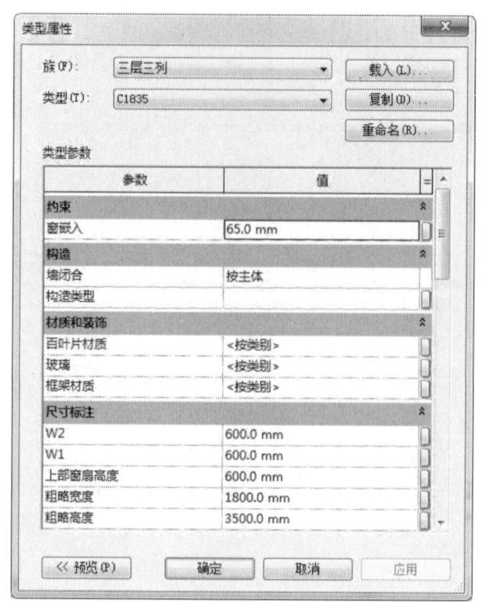

图 3-82　类型属性

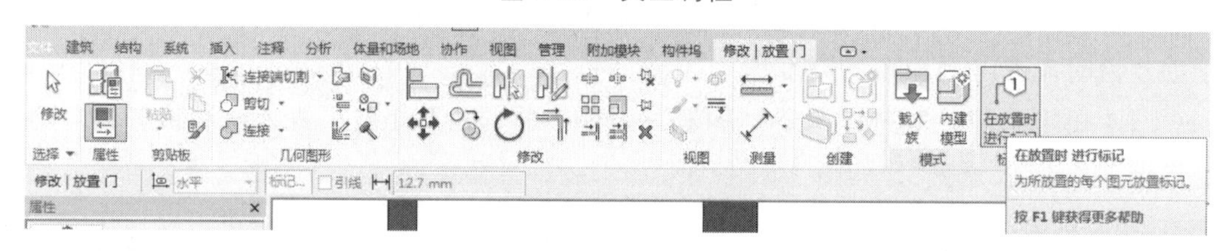

图 3-83　在放置时进行标记

（4）在墙上放置窗时，拖动临时尺寸线修改临时尺寸的值可以准确地修改门的放置位，如图 3-84 所示。单击⇅控件按钮，可以翻转窗的开向。其三维视图如图 3-84 所示。

C1835

图 3-84　窗的放置位置及效果图

5. 编辑窗

1）修改门窗实例参数

选择门窗，并在“属性”选项卡中设置所需门窗的标高、底高度等实例参数，如图 3-85 所示。

2）开启方向及临时尺寸控制

选择窗，软件将显示临时尺和方向控制按钮，如图 3-86 所示，单击临时尺寸文字，可编辑尺寸数值，窗位置也将随着尺寸的改变而自动调整；单击翻转方向符号，可调整窗的左右、内外开启方向。

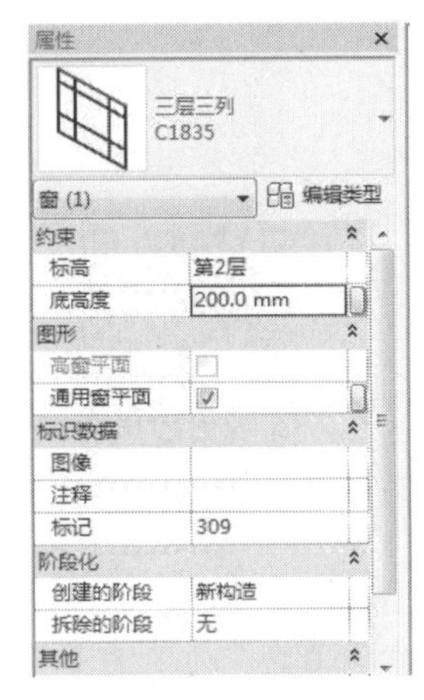

图 3-85 修改参数

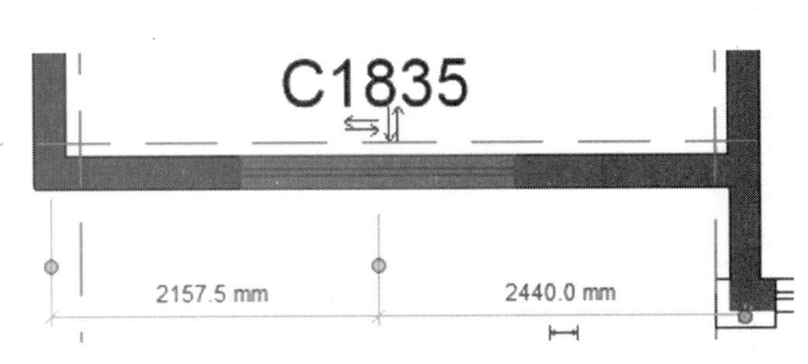

图 3-86 开启方向及临时尺寸控制

6. 创建办公楼项目 2F 窗

按照编辑窗及插入窗的步骤进行操作，办公楼项目 2F 窗的效果如图 3-87 所示，平面图如图 3-88 所示。

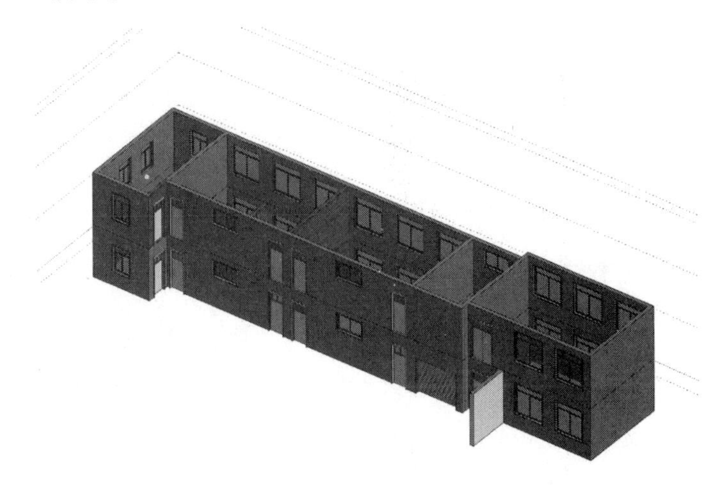

图 3-87 三维效果

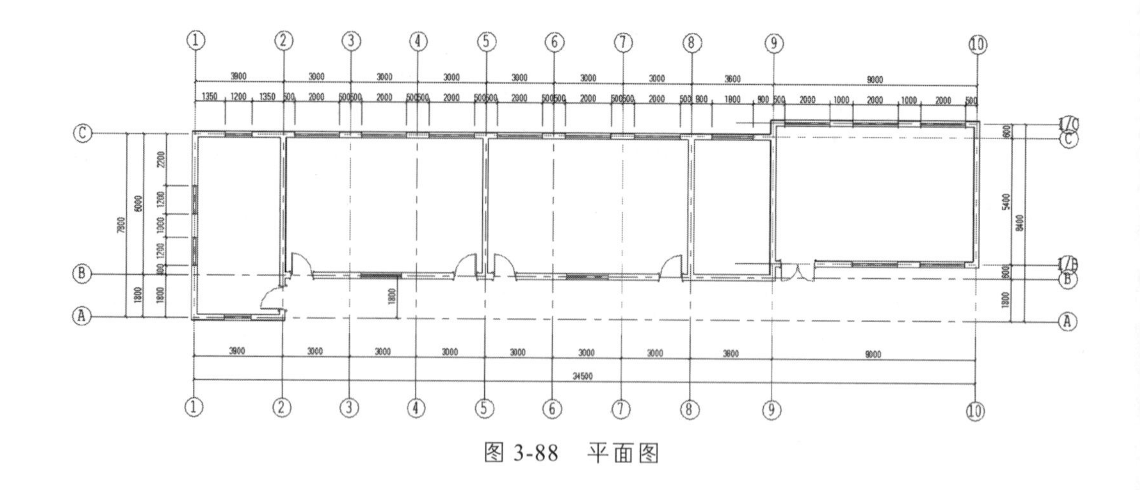

图 3-88　平面图

3.5.2　柱建模方法

柱建模方法

3.3.1 节和 3.3.2 节中完成了标高和轴网的绘制，确定了各构件的定位，3.4 节中完成了墙体的绘制，3.5.1 节中完成了门窗的绘制，本节将介绍结构柱的创建方法。

1. 创建结构柱

（1）项目浏览器切换到结构平面视图，如图 3-89 所示，选择“结构”选项卡下“柱”面板中的“垂直柱”命令，如图 3-90 所示。

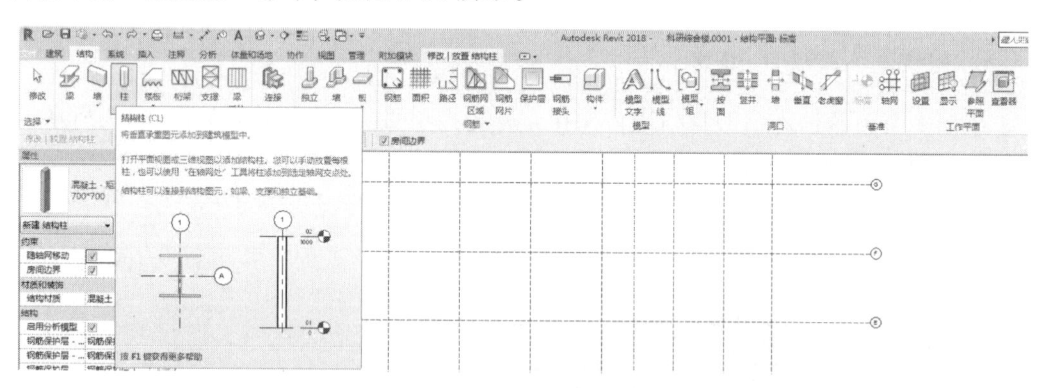

图 3-89　平面视图

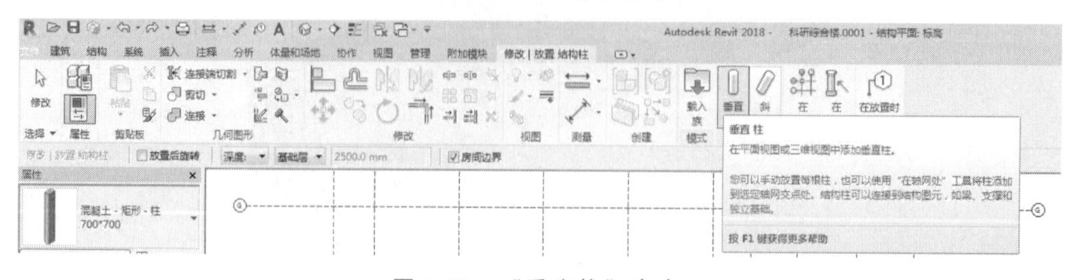

图 3-90　“垂直柱”命令

（2）确认“属性”面板中“类型选择”列表中当前柱族名称为“矩形柱”，如图 3-91 所示，单击“属性”面板中的“编辑类型”，打开“类型属性”对话框。

（3）如图 3-92 所示，在“类型属性”对话框中，单击“复制”按钮，在弹出的“名称”对话框中输入“400×450mm”作为新类型名称，完成后单击“确定”按钮返回“类型属性”对话框。

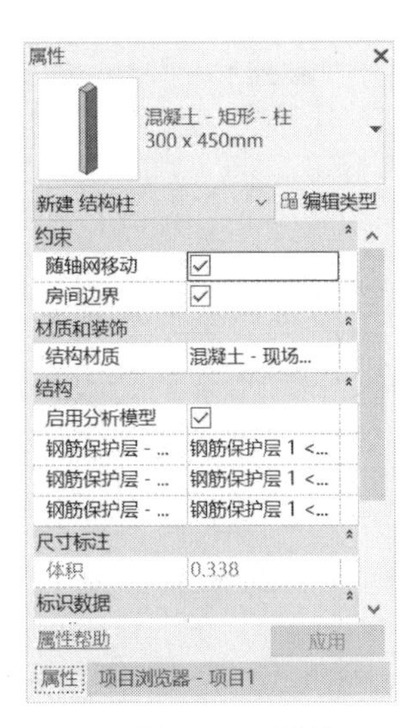

图 3-91 属性

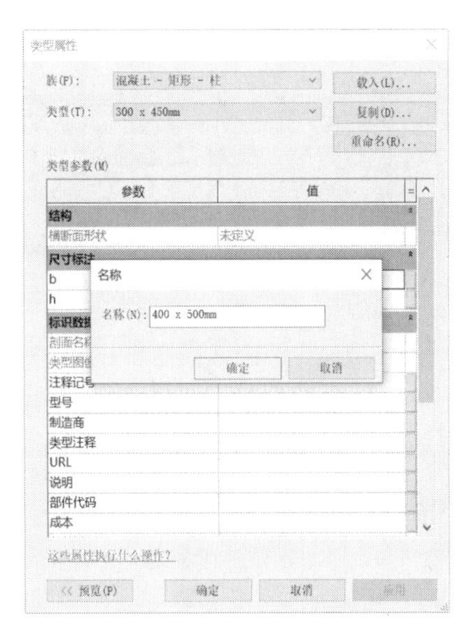

图 3-92 类型属性

（4）修改类型参数：截面宽度“b”和截面深度“h”的值，分别改为“400”和“450”。完成后单击“确定”按钮退出“类型属性”对话框，完成设置。

（5）确认“放置”面板中柱的生成方式为“垂直柱”；修改选项栏中结构柱的生成方式为“高度”，在其后的下拉列表中选择结构柱到达的标高为“2F”。

注解：

“高度”是指创建的结构柱将以当前视图所在标高为底，通过设置顶部标高的形式生成结构柱，所生成的结构柱在当前楼层平面标高之上。

“深度”是指创建的结构柱以当前视图所在标高为顶，通过设置底部标高的形式生成结构柱，所生成的结构柱在当前楼层平面标高之下。

（6）单击功能区“多个”面板中的“在轴网处”工具，进入“在轴网交点处”放置结构柱模式，自动切换到“修改|放置结构柱”的“在轴网交点处”上下文选项卡。移动光标至轴线交点位置，生成虚线选择框，则上述被选择的轴线显示成蓝色，并在选择框内所选轴线交点处出现结构柱的预览图形，单击“多个”面板中的“完成”按钮，Revit 将在预览位置生成结构柱，如图 3-93 所示。

通过选项栏指定结构柱标高时，还可以选择“未连接”选项。该选项允许用户在后面高度值栏中输入结构柱的实际高度值。

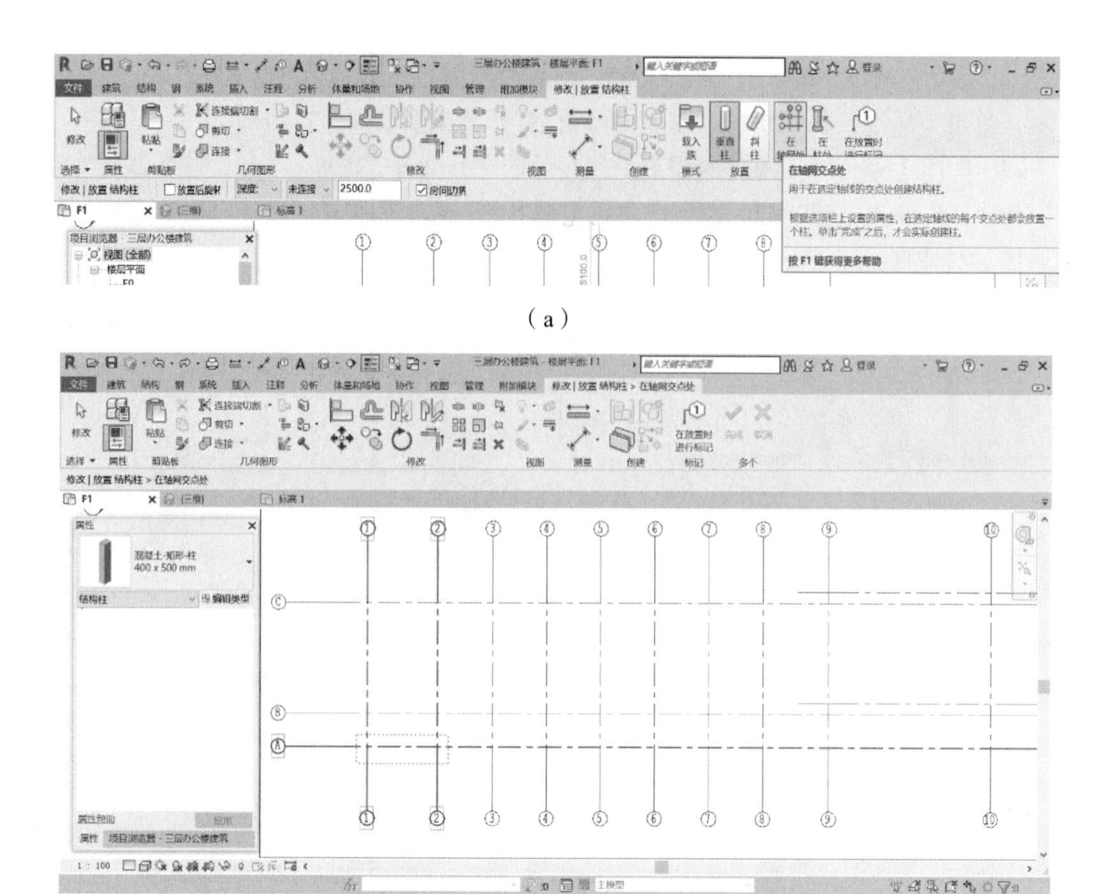

（a）

（b）

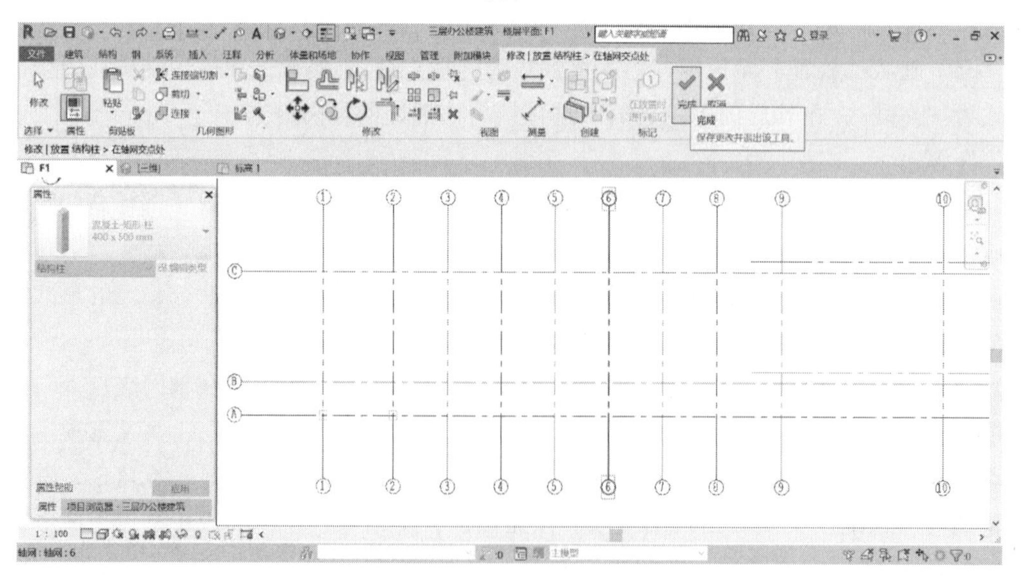

（c）

图 3-93　速成结构柱

2. 手动放置结构柱

手动放置结构柱，可使用复制、阵列、镜像等修改工具对结构柱进行修改。

（1）项目浏览器切换到结构平面视图，选择“结构”选项卡下“柱”面板中的“修改|放置结构柱”命令，确认“放置”面板中柱的生成方式为“垂直柱”，不勾选选项栏“放置后旋转”选项，设置结构柱的生成方式为高度，设置结构柱到达标高为“2F”。

（2）确认当前结构柱类型为已创建的“400×500”。移动光标，分别捕捉至Ⓐ轴线和②轴、③轴线交点位置，单击放置 2 根 400mm×500mm 结构柱。按 Esc 键两次结束“结构柱”命令，如图 3-94 所示。

（3）选择第（2）步中创建的 2 根结构柱。自动切换到“修改|放置结构柱”上下文选项卡。单击“修改”面板中的“复制”工具，勾选选项栏“约束”选项，同时勾选选项栏“多个”选项，捕捉Ⓐ轴线任意一点单击作为复制的基点，水平向右移动光标，捕捉到④轴、⑤轴交点位置，将会出现结构柱的预览图形，单击鼠标左键完成复制。按 Esc 键两次退出“复制”工具。

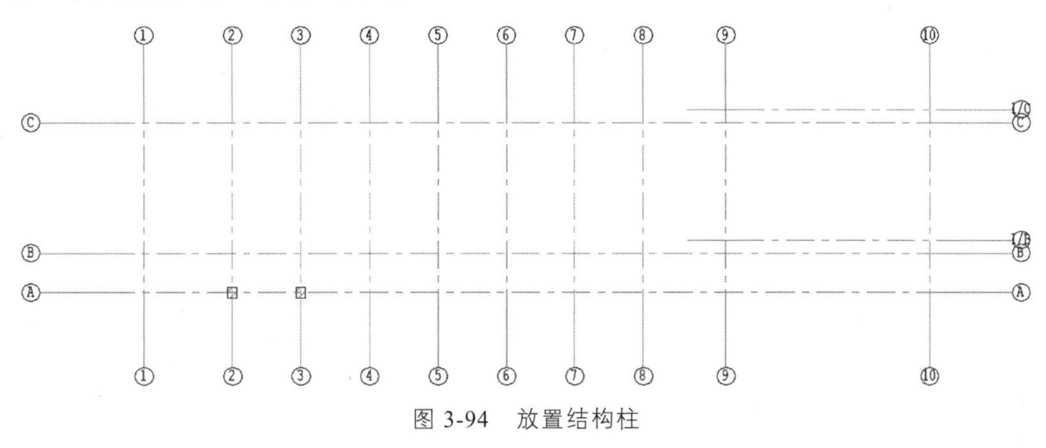

图 3-94 放置结构柱

（4）选中 1F 楼层平面视图中所有的结构柱。单击“修改|放置结构柱”选项卡下“剪贴板”面板中的“复制”命令，再单击区“剪贴板”面板中“粘贴”工具下方的下拉三角箭头，从下拉列表中选择“与选定标高对齐”选项，弹出“选择标高”对话框。在列表中选择“2F”，单击“确定”按钮，将结构柱对齐粘贴到 2F 标高位置，如图 3-95 所示。

（5）切换到 2F 楼层平面视图，可以看到已在当前标高中生成相同类型的结构柱图元。选择所有结构柱，将结构柱“属性”面板中“底部标高”与“顶部标高”分别设置为“2F”与“3F”“底部偏移”和“顶部偏移”均为“0.00”。

（6）保存该项目文件。

创建结构柱时，默认会勾选“属性”面板中的“房间边界”选项。计算房间面积时，将自动扣减柱的占位面积。Revit 软件还会默认勾选结构柱的“随轴网移动”选项，勾选该选项后，当移动轴网时，位于轴网交点位置的结构柱将随轴网一起移动。

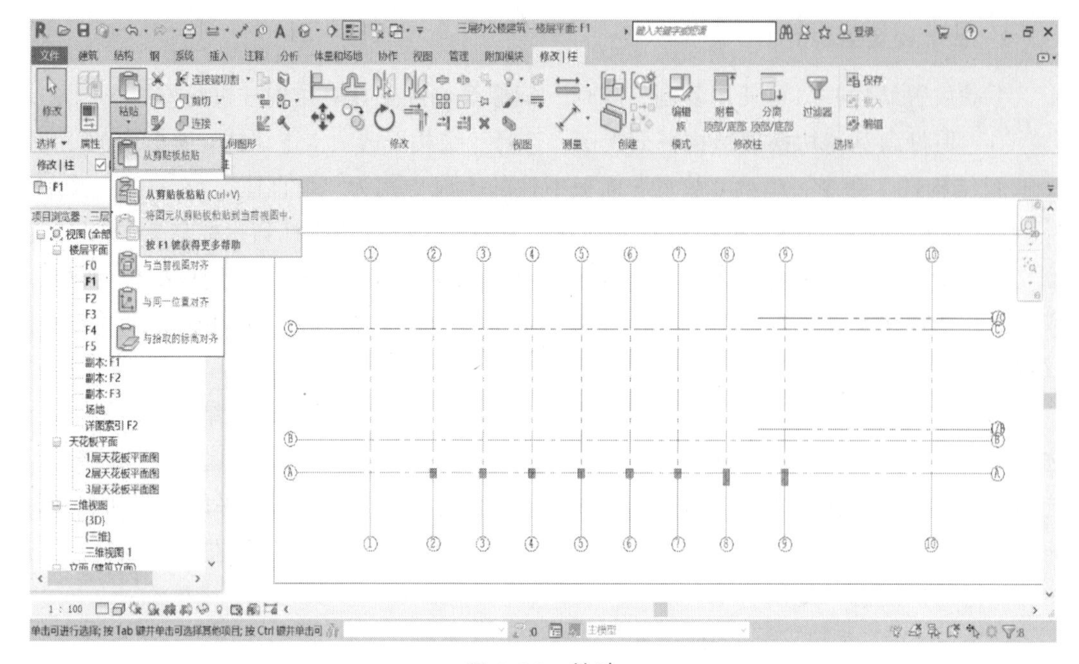

图 3-95　粘贴

3. 创建 1F 结构柱

项目实战——柱、梁、门窗

下面将介绍如何创建三层办公楼项目 1F 的结构柱（共 8 根柱子）。

（1）绘制②~⑦轴和Ⓐ轴处柱子。

① 单击“结构”选项卡下“柱”面板中的“修改|放置结构柱”命令，确认“放置”面板中柱的生成方式为“垂直柱”。

② 在“类型属性”对话框中，选择“混凝土-矩形-柱”的结构柱类型。

单击“复制”按钮，在弹出的“名称”对话框中输入“1F_ KZ1_400X500 C30”作为新类型名称，并将尺寸标注下的“h”和“b”的数值分别改为“500”和“400”，单击“确定”，如图 3-96 所示。

③ 单击属性栏中“结构材质”后方的输入框，单击“新建材质”，如图 3-97 所示。并在新建的材质上单击鼠标右键，选择“重命名”，将材质名称改为“C30 现浇混凝土”。

④ 如图 3-98 所示，选择新建的该材料，单击“打开/关闭资源浏览器”，然后在搜索框内输入“混凝土”，在搜索列表中找到“混凝土-现场浇筑混凝土”并双击，即将该材料的外观属性赋予给新建的“C30 现浇混凝土”，最后单击“确定”，完成结构柱混凝土强度等级的设置，如图 3-99 所示。

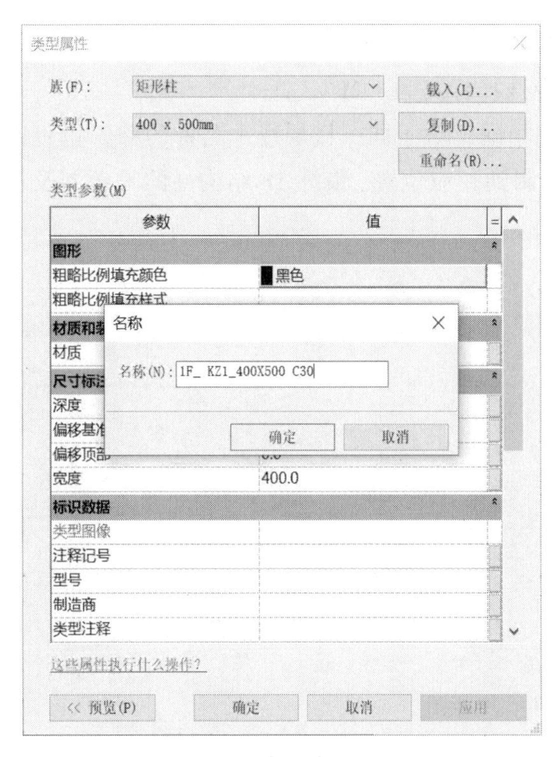

图 3-96　修改类型属性

图 3-97　新建材质

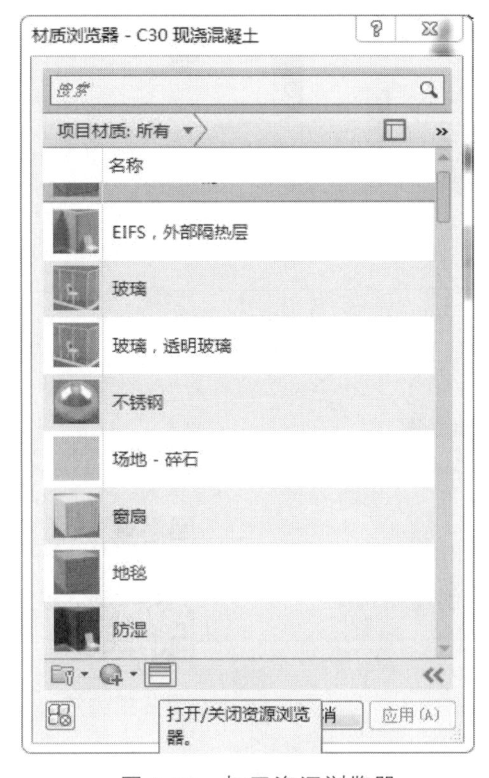

图 3-98　打开资源浏览器

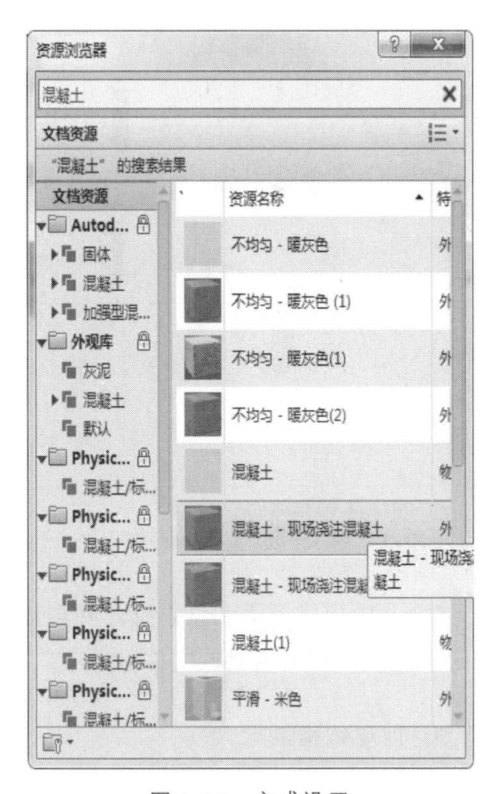

图 3-99　完成设置

⑤ 在选项栏上指定柱的相关属性内容，不勾选“放置后旋转”“深度/高度”处选择为“高度”，“标高/未连接”下拉列表中选择标高为“2F”。

（2）其他部位结构柱的创建方式与此相同，对于同一楼层统一名称的柱，也可以用复制的方法将已绘制的同名称的实例复制到相应位置。最终 1F 结构柱的平面图及三维视图如图 3-100 和图 3-101 所示。

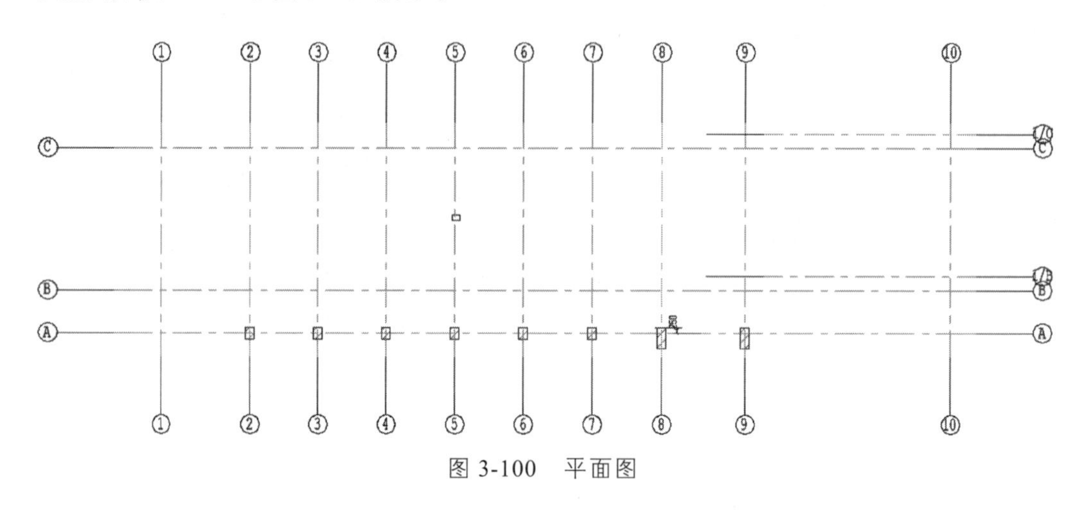

图 3-100　平面图

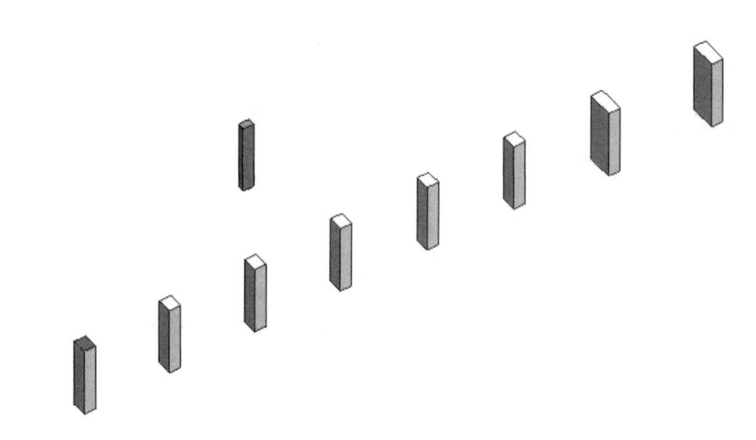

图 3-101　三维视图

3.5.3　梁建模方法

梁建模方法

Revit 中提供了梁和梁系统两种创建模式，创建结构梁之前必须先载入相关的梁族文件。

1. 创建结构梁

（1）项目浏览器切换到结构平面视图，选择“结构”选项卡下的“梁”命令，如

图 3-102 所示。属性面板中的属性为一根梁，这根梁是当前系统默认的梁。点击属性面板中的编辑类型选项，弹出对话框，如图 3-103 所示。

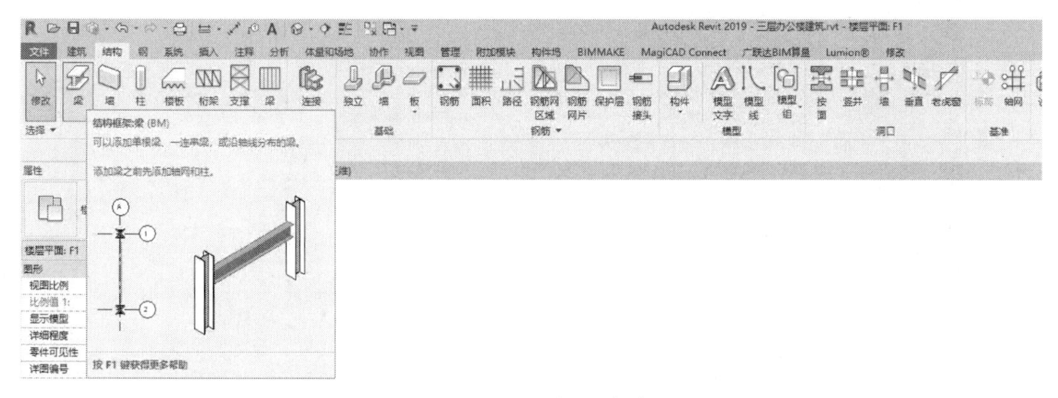

图 3-102 “梁”命令

类型属性

族(F): 混凝土-矩形梁 载入(L)...

类型(T): 250 x 300 mm 复制(D)...

重命名(R)...

类型参数(M)

参数	值
材质和装饰	
结构材质	粉刷 - 米色, 平滑
结构	
横断面形状	未定义
尺寸标注	
b	250.0
h	300.0
标识数据	
部件代码	
类型图像	
注释记号	
型号	
制造商	
类型注释	
URL	

这些属性执行什么操作？

<< 预览(P) 确定 取消 应用

图 3-103 “类型属性”对话框

首先更改族对话框中的梁的种类，如果没有选项可以点击后面的“载入”按钮，载入相应的族“混凝土-矩形梁”族即可，如图 3-104 所示。当然，前提是我们有族文件，不过对于普通的族，Revit 软件自带的族就可以胜任。

图 3-104　载入梁族

（2）在“类型属性”对话框中，单击“复制”按钮，在弹出的“名称”对话框中输入“300 × 600 mm”作为新类型名称，并将尺寸标注下的“h”和“b”的数值分别改为“300”和“600”，单击“确定”，如图 3-105 所示。

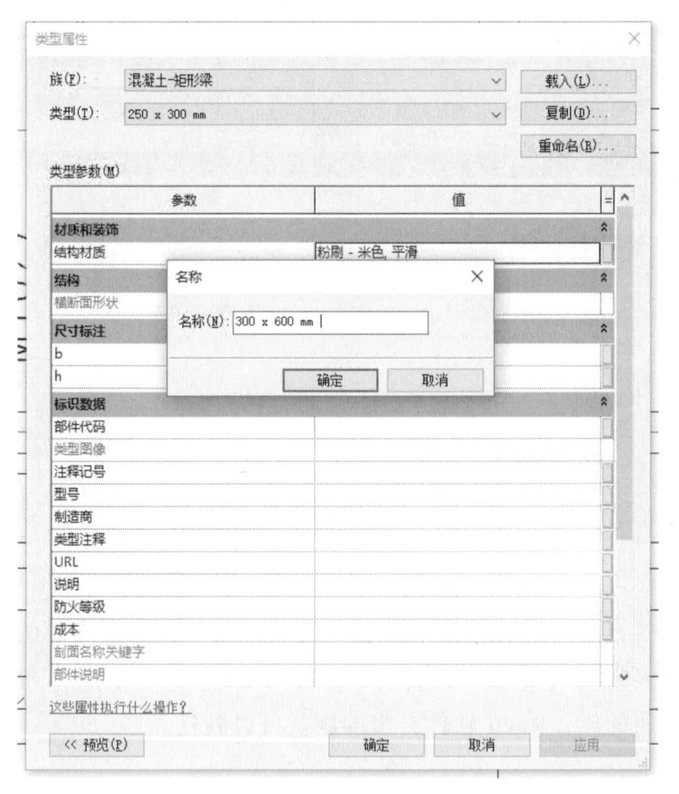

图 3-105　输入新类型名称

（3）由于“混凝土-矩形梁”是边梁，需要与柱外边缘对齐，使用“对齐”命令将梁边对齐柱边缘。另外，“混凝土-矩形梁”应与板顶齐平，如图 3-106 和图 3-107 所示。

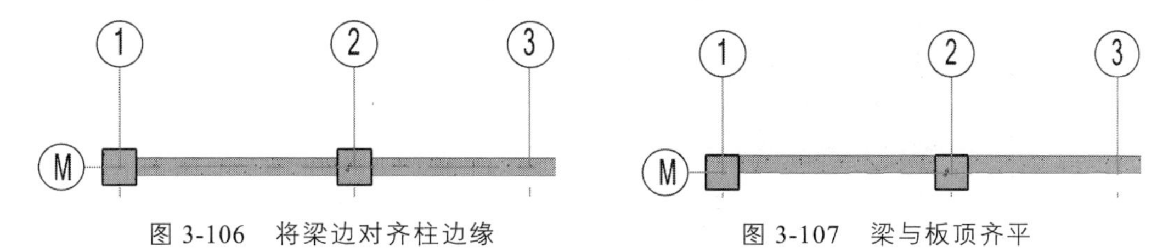

图 3-106　将梁边对齐柱边缘　　　　图 3-107　梁与板顶齐平

2. 创建 1F 结构梁

下面创建办公楼项目 1F 的结构梁，此处以混凝土-矩形梁 250×300 mm 为例，介绍 1F 结构梁的创建方法。直接在导入的 CAD 图纸上创建结构梁。

由办公楼项目首层梁平法施工图可知，1F 混凝土-矩形梁 250×300 mm 尺寸为 250 mm×300 mm。由楼层标高表可知，1F 梁的混凝土等级为 C30。

创建 1F 混凝土-矩形梁 250×300 mm 的具体步骤如下：

（1）导入 CAD 图纸到 Revit 中并定位到合适位置，在此基础上创建结构梁。

（2）将视图切换到 1F 楼层平面，在属性栏中点击“视图范围”后的“编辑”按钮，将视图范围设置成如图 3-108 所示的数值，以确保所创建的梁在 1F 平面视图中可见。

（3）按 3.5.3 节“1. 创建结构梁”中第（2）步的方法创建结构梁。

（4）将选项栏中“放置平面”的标高选择为“标高：2F”。

（5）在属性栏中点击“结构材质”后的“设置材质”按钮，将梁的材质设置为“C30 现浇混凝土。”

（6）在底图 KL3 的位置依次点取梁的起点和终点以绘制混凝土-矩形梁 250×300 mm 构件。绘制完成后按 Esc 键退出绘制状态即可。

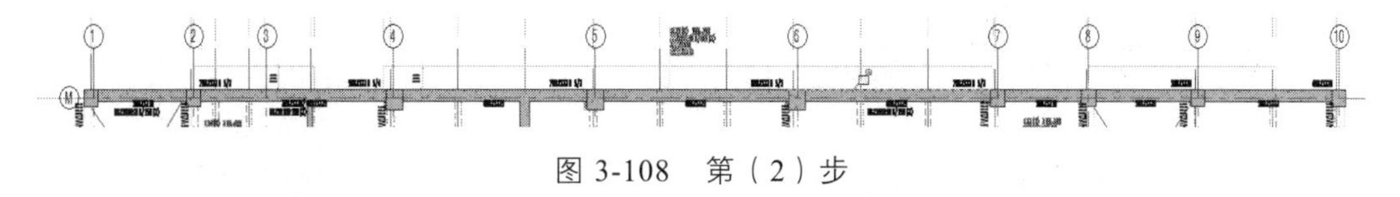

图 3-108　第（2）步

其他部位结构梁的创建方式与此相同，对于同一楼层统一名称的梁，也可以用复制的方法将已绘制的同名称的实例复制到相应位置。最终 1F 结构梁的平面图及三维视图如图 3-109~图 3-111 所示。

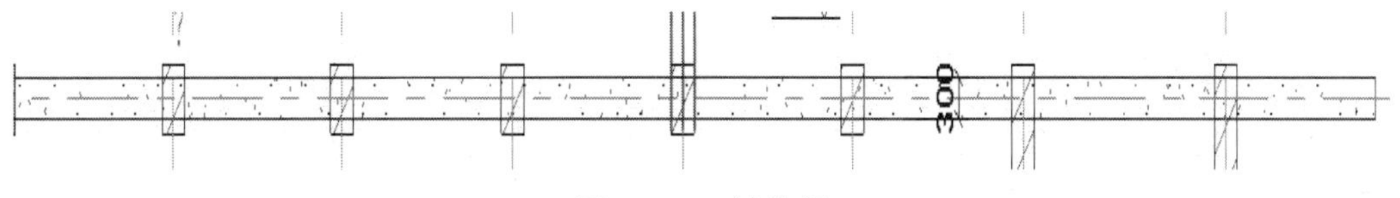

图 3-109　结构梁

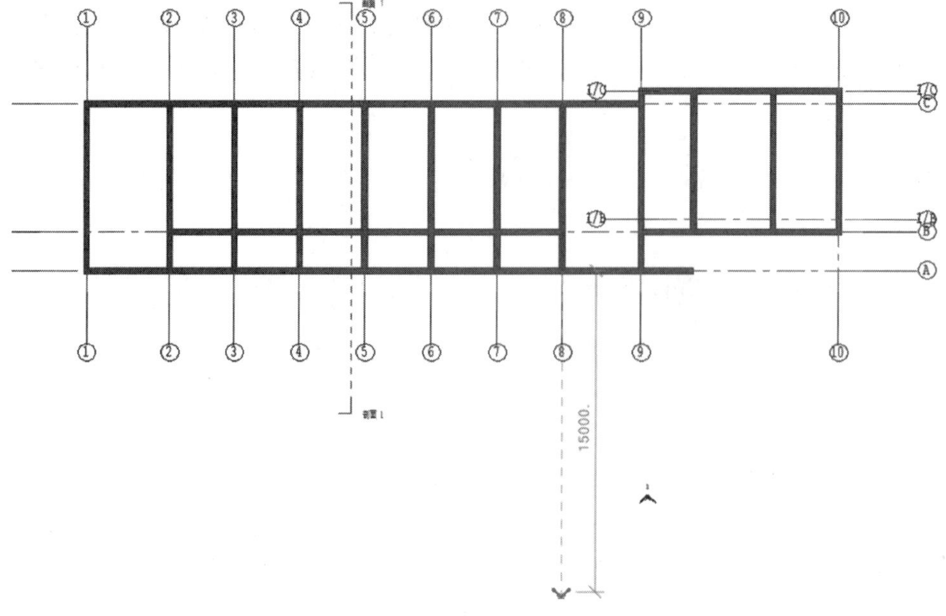

图 3-110　平面图

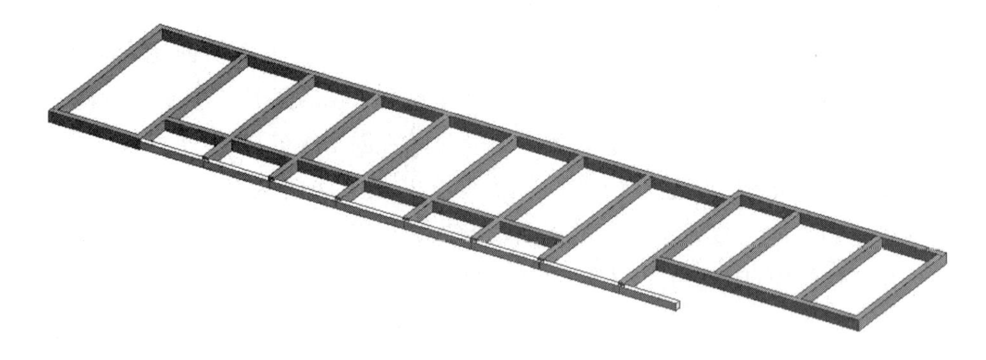

图 3-111　三维视图

3.6　绘制天花板、楼板、屋顶

楼板、天花板基本知识及创建方法

Revit 中创建结构板和建筑板的方法类似，本节通过创建办公楼项目 1F 顶板来介绍板的创建方法。

3.6.1　楼板、天花板、屋顶基本知识

1. 楼板层的基本组成

楼板层通常由面层、楼板和顶层三部分组成。多层建筑中的楼板层往往还需设置管道敷设、防水隔声、保温等各种附加层。

面层又称楼面或地面，位于楼板层的最上层，起着保护楼板、承受并传递荷载的作用，同时对室内起美化装饰作用。

楼板是楼板层的结构层，其主要功能是承受楼板层上的全部荷载，并将这些荷载传给墙或柱，同时还对墙身起水平支撑作用，以加强建筑物的整体刚度。

顶棚位于楼板层最下层。其主要作用是保护楼板，安装灯具，遮挡各种水平管线，改善使用功能，装饰美化室内空间。

2. 楼板层的基本类型

根据使用材料的不同，楼板分为木楼板、钢筋混凝土楼板、压型钢板组合楼板等。

（1）木楼板。木楼板在由墙或梁支撑的木搁栅间，是由设置增强稳定性的剪刀撑构成的。木楼板具有自重轻、保温性能好、舒适、有弹性、节约钢材和水泥等优点。木楼板只在木材产地采用较多，但耐火性和耐久性均较差，且造价偏高，为节约木材和满足防火要求，现较少采用。

（2）钢筋混凝土楼板。钢筋混凝土楼板具有强度高、刚度好、耐火性和耐久性好、可塑性好的优点，在我国便于工业化生产，应用最广泛。按施工方法不同，其可分为现浇式、装配式和装配整体式三种。

（3）压型钢板组合楼板。压型钢板组合楼板是截面为凹凸形的压型钢板与现浇混凝土面层组合形成的整体性很强的一种楼板结构。压型钢板既为面层混凝土的模板，又起结构作用，从而增加楼板的侧向和竖向刚度，使结构的跨度加大，梁的数量减少，楼板自重减轻，加快施工进度，在高层建筑中得到广泛的应用。

3.6.2 楼板建模方法

（1）项目浏览器切换到结构平面视图，选择“结构”选项卡下的“楼板”命令，如图 3-112 所示。自动切换到“修改|创建楼层边界”选项卡，如图 3-113 所示，可使用“边界线”“拾取线”“多边形”“直线”等其他方式绘制楼板范围的外边线。

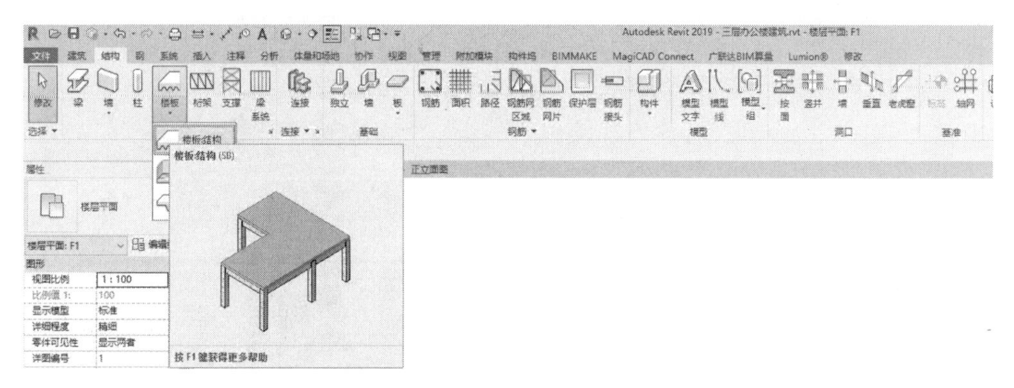

图 3-112　“楼板”命令

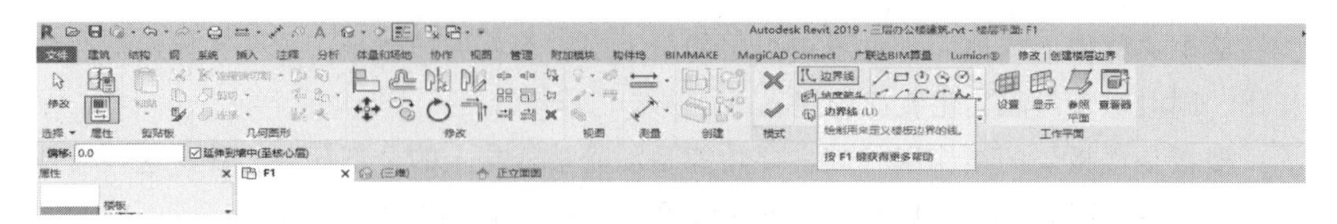

图 3-113　边界线

（2）单击“属性”面板，点击“编辑类型”按钮，打开“类型属性”对话框。在“类型属性”中以“现场浇筑混凝土 225mm”为基础复制并修改名称为“混凝土-板 C30”，创建新的楼板类型，如图 3-114 所示。单击“类型参数”列表中“结构”参数的“编辑”按钮，弹出“编辑部件”对话框，修改“结构”厚度为 100mm。修改材质，命名为“常规-100mm”，参数如图 3-115 和图 3-116 所示。其他不同属性的楼板也根据这种方法进行添加、修改。

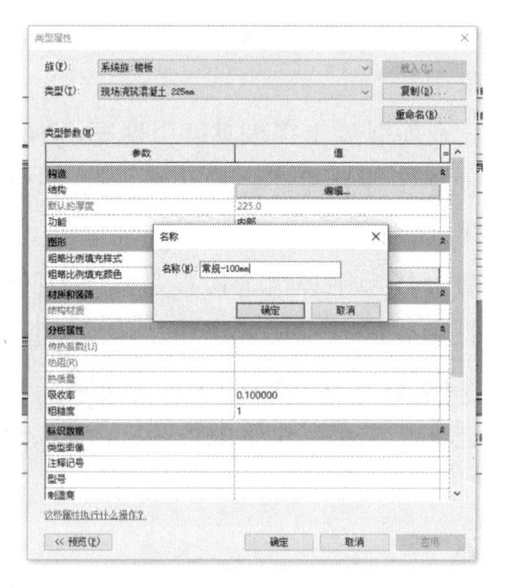

图 3-114　修改名称

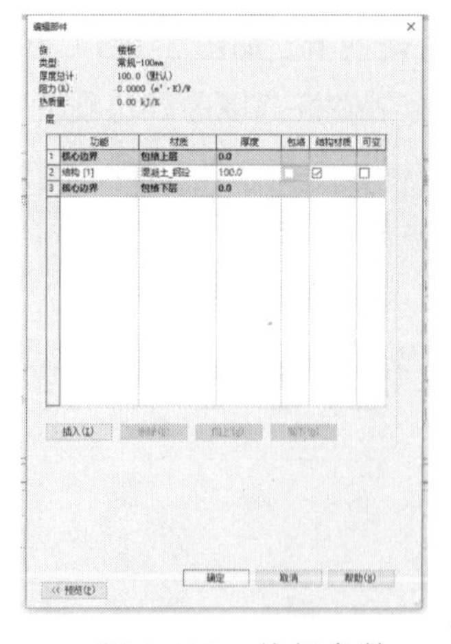

图 3-115　编辑参数

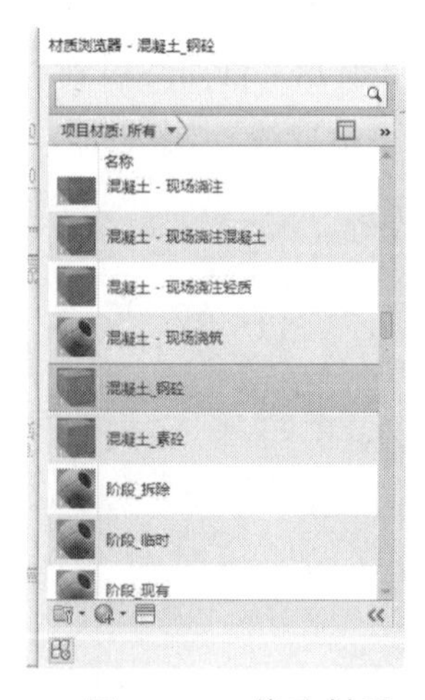

图 3-116　修改材质

（3）创建 1F 结构板。

下面创建办公楼项目 1F 的结构板，此处以②轴、⑤轴和Ⓑ轴、Ⓒ轴围成的板为例，介绍 1F 结构板的创建方法。

项目实战——天花板、楼板、屋顶

① 将视图切换到 1F 楼层平面。

② 导入 CAD 图纸，并在 Revit 中定位好。

③ 单击“结构”选项卡下“楼板”面板中的“楼板：结构”命令，自动切换到“修改|创建楼层边界”选项卡，在“绘制”面板中，单击“拾取线”工具，拾取导入的 CAD 图纸上的边线作为楼板的边界，然后单击“编辑”面板中的“修剪”工具，使楼板边界闭合，如图 3-117 和图 3-118 所示。

④ 单击“属性”面板，点击“编辑类型”按钮，打开“类型属性”对话框。在“类型属性”中以“现场浇筑混凝土 225mm”为基础复制并修改名称为“常规-100mm”，创建新的楼板类型，如图 3-119 所示。

⑤ 单击“类型参数”列表中“结构”参数的“编辑”按钮，弹出“编辑部件”对话框，修改“结构”厚度为 100mm，如图 3-120 所示。修改材质，命名为“混凝土_钢砼”。其他不同属性的楼板也根据这种方法进行添加修改。

⑥ 单击“修改”选项卡下“模式”面板中的“√”，完成板的创建，如图 3-121 所示。

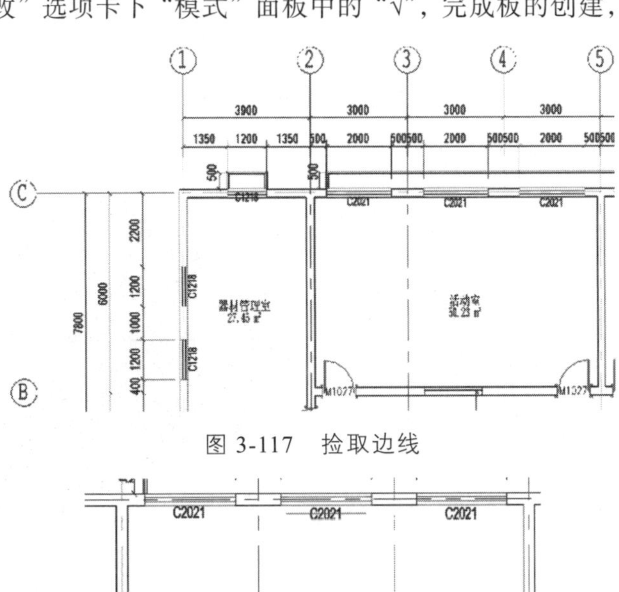

图 3-117　拾取边线

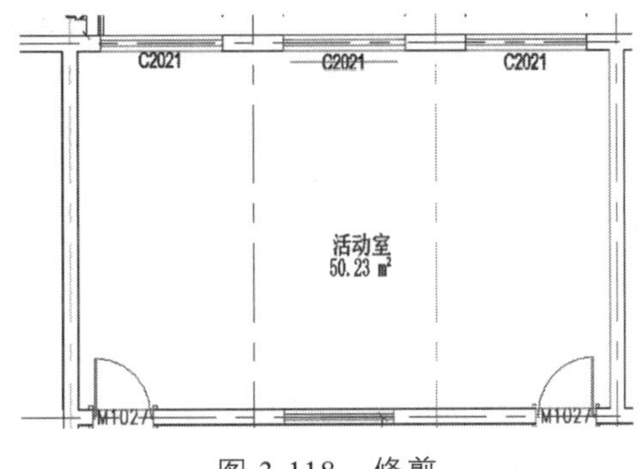

图 3-118　修剪

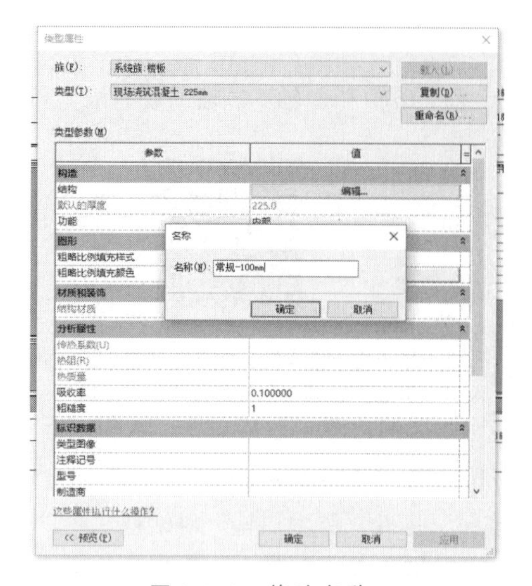

图 3-119　修改名称

图 3-120　修改参数

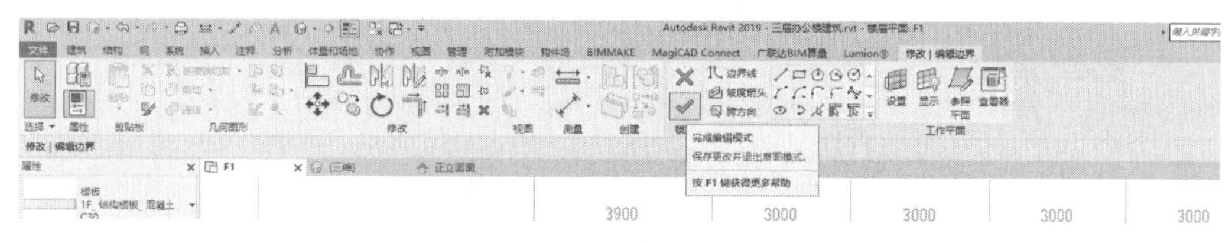

图 3-121　完成板的创建

⑦ 1F 的其他结构顶板均可采取此方法绘制，根据项目实际情况也可采用多种方法配合使用，最终效果如 3-122 所示。

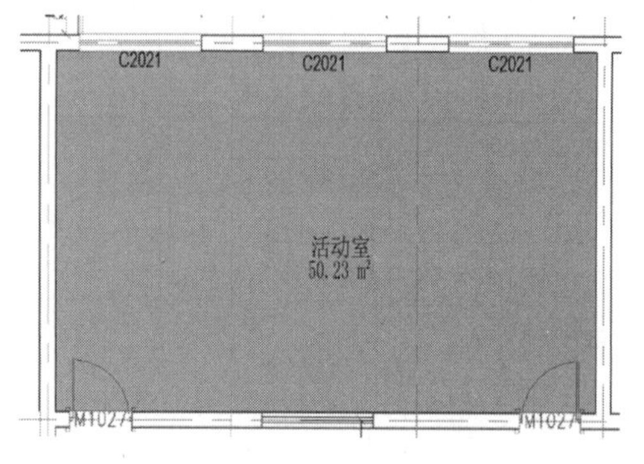

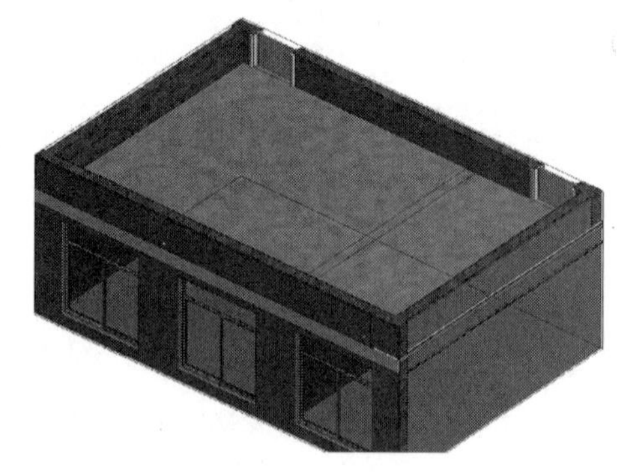

图 3-122　最终效果

3.6.3　天花板建模方法

1. 自动创建天花板

选择“建筑”选项卡，单击“构建”面板上的“天花板”工具，“自动创建天花板”工具处于活动状态，可以在以墙为界限的区域内创建天花板，单击完成即可，如图 3-123

所示。

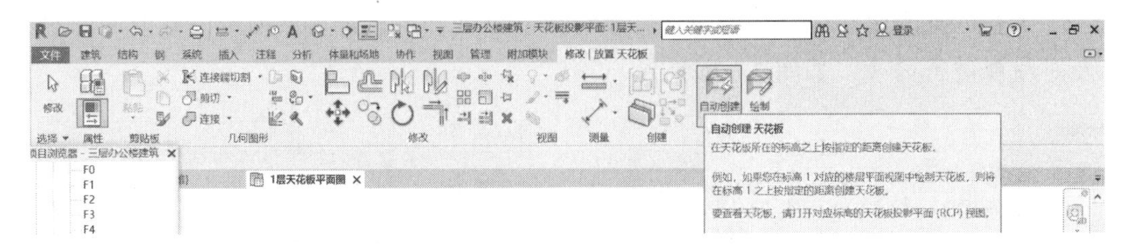

图 3-123　自动创建天花板

2. 绘制天花板

单击绘制天花板工具，进入“修改/放置天花板”上下文选项卡，单击“绘制”面板中的“边界线”工具，选择边界线类型后就可以在绘图区域绘制天花板轮廓了。

3.6.4　屋顶建模方法

屋顶建模方法

屋顶是房屋最上层起覆盖作用的围护结构，根据屋顶排水坡度的不同，常见的有平屋顶、坡屋顶两大类，其中坡屋顶具有很好的排水效果。在 Revit 中提供了多种建模工具，如迹线屋顶、拉伸屋顶、面屋屋顶、玻璃斜窗等创建屋顶的常规工具。

本节通过创建某办公楼项目屋顶来介绍屋顶的创建方法。由于本项目屋顶为平屋顶，采用迹线屋顶的使用方式与楼板类似，通过在平面视图中绘制屋顶的投影轮廓边界的方式创建屋顶，并在迹线中指定屋顶坡顶，形成复杂的坡屋顶。因此本节内容以平屋顶为例来介绍屋顶的创建，其余方法不作介绍。

（1）单击“建筑”选项卡下“构建”面板中的“屋顶”工具，选择“迹线屋顶”选项，如图 3-124 所示。自动切换至“修改|创建屋顶迹线”选项卡。

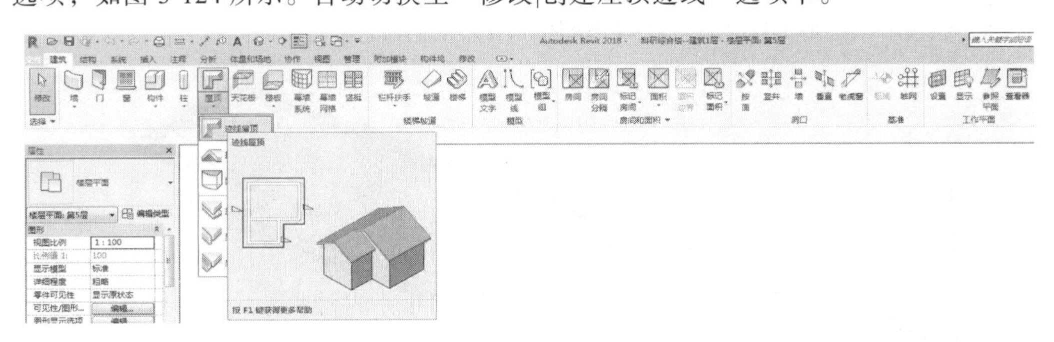

图 3-124　迹线屋顶

（2）在“属性”面板中，点击“编辑类型”按钮，打开“类型属性”对话框。在“类型属性”中以“木椽 184mm-沥青屋面板”为基础复制并修改名称为“科研楼屋顶”，创建新的屋顶类型，如图 3-125 所示。

（3）在“类型属性”对话框中，修改结构层厚度，可在这里添加不同厚度的面层，以及对材料进行修改，如图 3-126 所示。

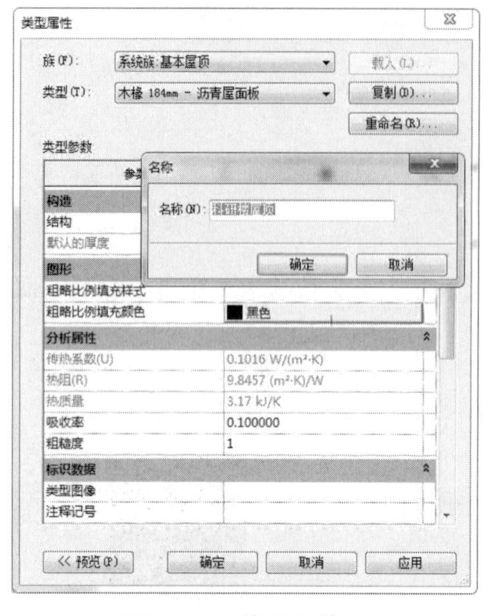

图 3-125　修改名称

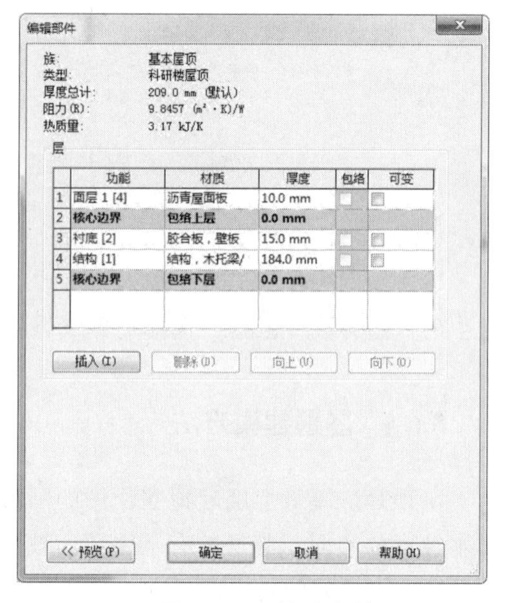

图 3-126　修改参数

（4）在绘制面板中选择“边界线”，确认生成边界线的方式为“拾取线”，不勾选“定义坡度”选项。选项栏中的“悬挑”设置为“400mm”。

（5）依次沿着外墙外边线单击拾取，将沿外墙生成屋顶迹线。可以把光标移至墙的位置，按键盘上 Tab 键，连续按几次，直到把外围的墙选中再单击。

（6）确认“属性”面板中“底部标高”设置为“屋顶”，在 Revit 中，屋顶工具创建的屋顶图元底面将与所指定的楼层标高对齐。

（7）完成后单击功能区“模式”面板中的“完成编辑模式”按钮。

某三层办公楼项目屋顶的三维效果如图 3-127 所示。

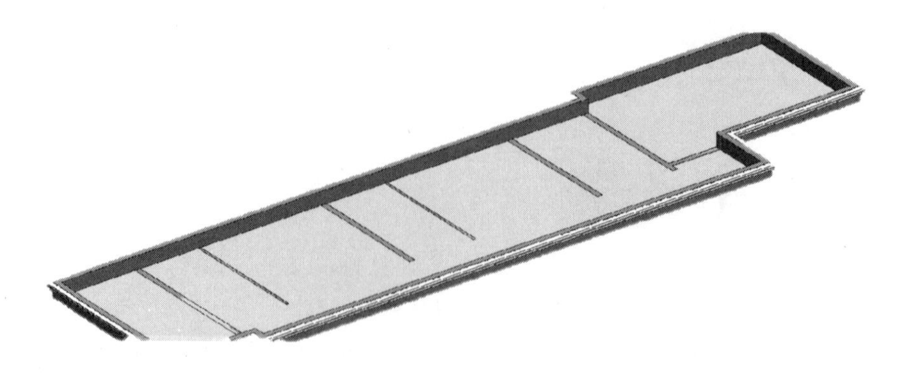

图 3-127　三维效果

3.7 绘制楼梯、栏杆扶手、坡道、洞口

3.7.1 栏杆扶手建模方法

栏杆扶手、坡道建模方法

创建栏杆扶手的方法有两种：一是通过绘制路径的方法；二是通过放置在楼梯/坡道上的方法。

1. 通过绘制路径创建

（1）新建一个建筑项目，单击“建筑”选项卡→“楼梯坡道”面板→“栏杆扶手”按钮，选择“绘制路径”选项，如图 3-128 所示。

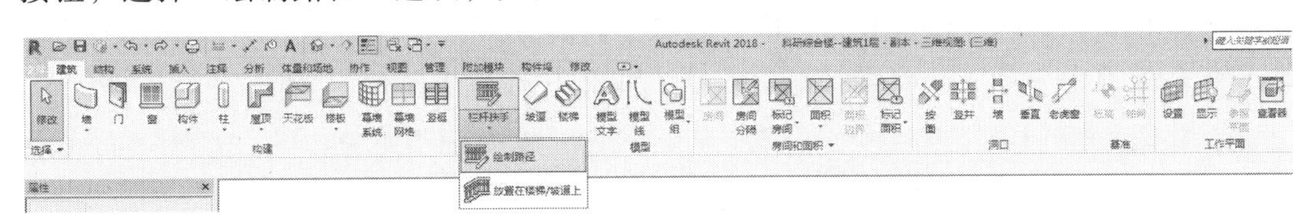

图 3-128 绘制路径

（2）在“属性”面板中点击“编辑类型”按钮，打开“类型属性”对话框。在“类型属性”中以“900mm 圆管”为基础复制并修改名称为“1200mm”，创建新的栏杆扶手类型，将顶部扶栏高度设置为 1200mm，如图 3-129 所示。

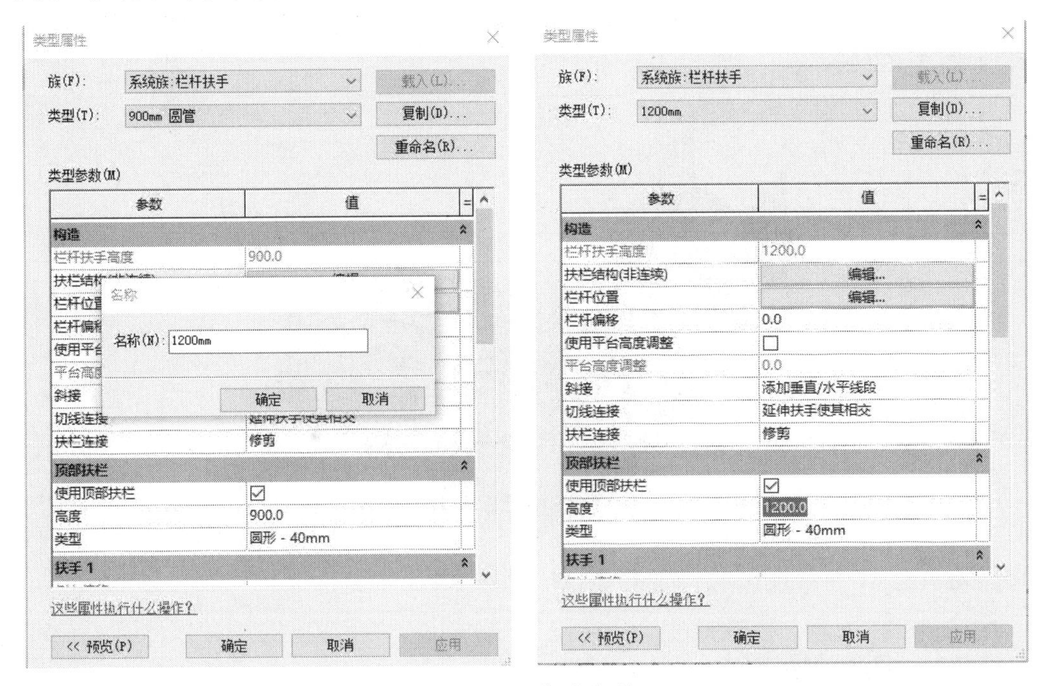

图 3-129 修改参数

（3）对扶栏结构（非连续）及栏杆位置根据实际情况进行编辑。

（4）完成参数设置后单击“确定”按钮退出对话框，在绘制区域，绘制出想要的路径，切换至三维视图，如图 3-130 所示。

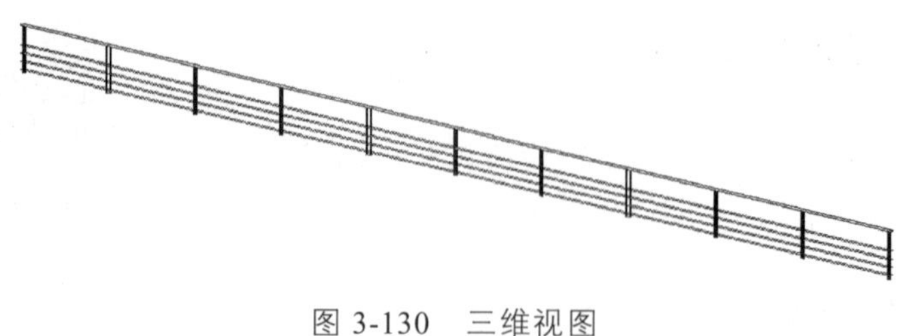

图 3-130　三维视图

2. 通过放置在楼梯/坡道上创建

（1）单击“建筑”选项卡下“楼梯坡道”面板中的“栏杆扶手”工具，选择“放置在楼梯/坡道上”选项，自动切换至“修改|创建栏杆扶手路径”，如图 3-131 所示。

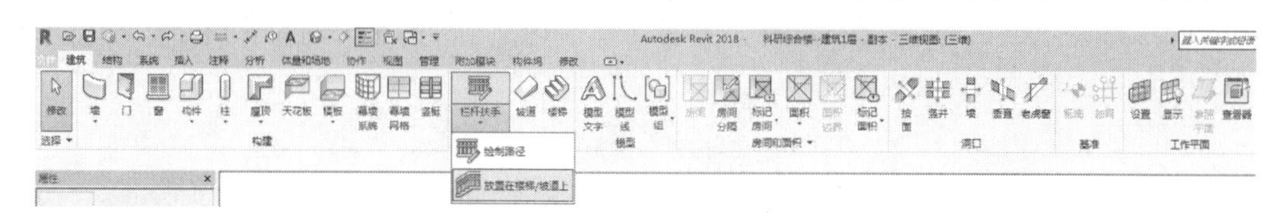

图 3-131　放置在楼梯/坡道上

（2）在属性面板中，点击“编辑类型”按钮，打开“类型属性”对话框，定义栏杆扶手的各参数。在三维视图中，选择需要设置栏杆的楼梯，即可完成栏杆扶手的创建，如图 3-132 所示。

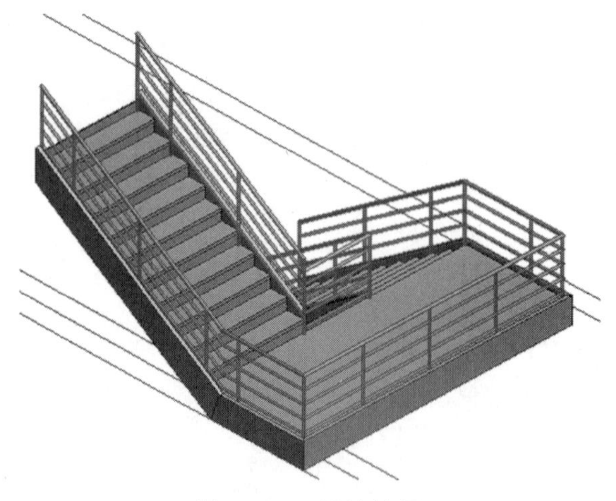

图 3-132　最终效果

3.7.2　坡道建模方法

坡道在建筑中的应用范围比较广泛，如地下车库、商场、超市、飞机场等公共场合。

（1）打开平面视图或三维视图界面。

（2）单击“建筑”选项卡下“楼梯坡道”面板中的“坡道”工具，自动切换至“修改|创建坡道草图”选项卡，如图 3-133 所示。

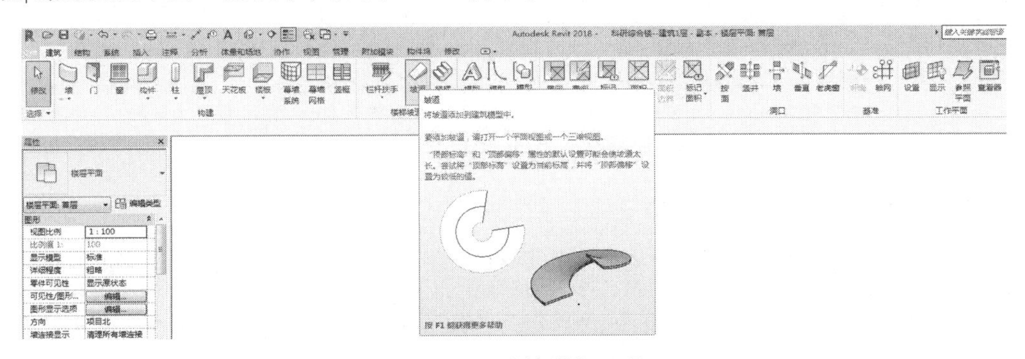

图 3-133　“坡道”工具

（3）选择“绘制”面板上的“梯段”命令，点击“线”或“圆心-端点弧”。跟绘制楼梯的方法一样，在绘图区域中按要求绘制。

（4）在“属性”对话框中，将“宽度”修改为 1200mm，如图 3-134 所示。

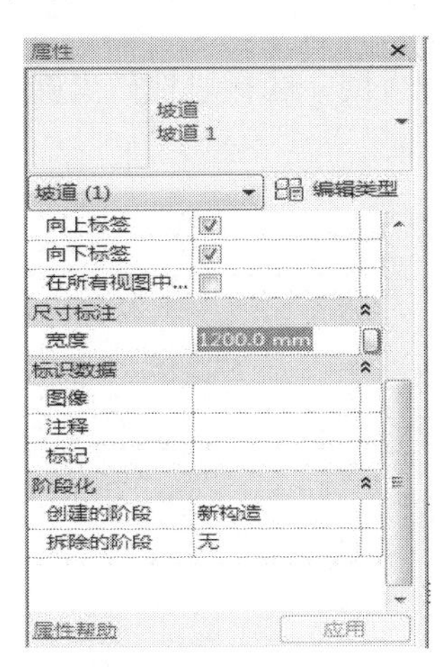

图 3-134　修改宽度

（5）绘制完成后，单击“完成编辑模式”按钮，完成创建。

3.7.3　楼梯建模方法

楼梯主要由梯段、梯梁、休息平台、斜梁等组成，在 Revit 可以通过梯段、平台、支座三种途径创建楼梯。

楼梯建模方法

按梯段创建楼梯：

（1）新建建筑项目，在默认的标高 1 楼层平面创建。

（2）在“建筑”选项卡中选择“楼梯坡道”工具面板，

单击“楼梯”工具，再单击“梯段”，如图 3-135 所示。梯段这里又有直梯、全踏步螺旋、圆心-单点螺旋、L 形转角和 U 形转角这几种形式。

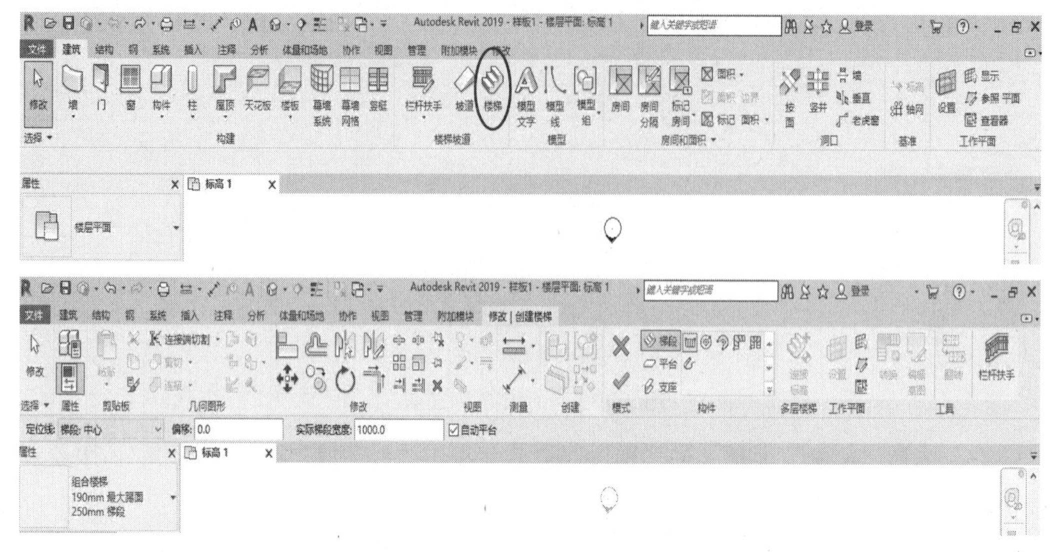

图 3-135　“梯段”工具

（3）以普通的现浇双跑楼梯为例，选择属性栏里的“编辑”，可以定义楼梯的各部分尺寸类型参数，如图 3-136 所示。

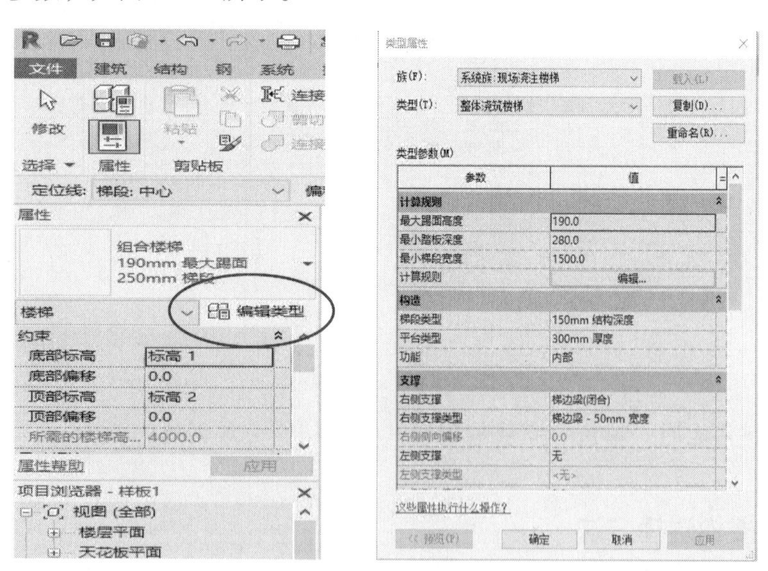

图 3-136　修改参数

（4）在绘图区域任意位置单击，往水平方向移动光标，当灰色数字显示“创建了 11 个梯面，剩余 11 个时”的时候单击，再垂直移动光标，找到另一跑起步位置再单击，往水平移动光标，在与上梯段平齐的地方单击，创建完成，如图 3-137 所示。

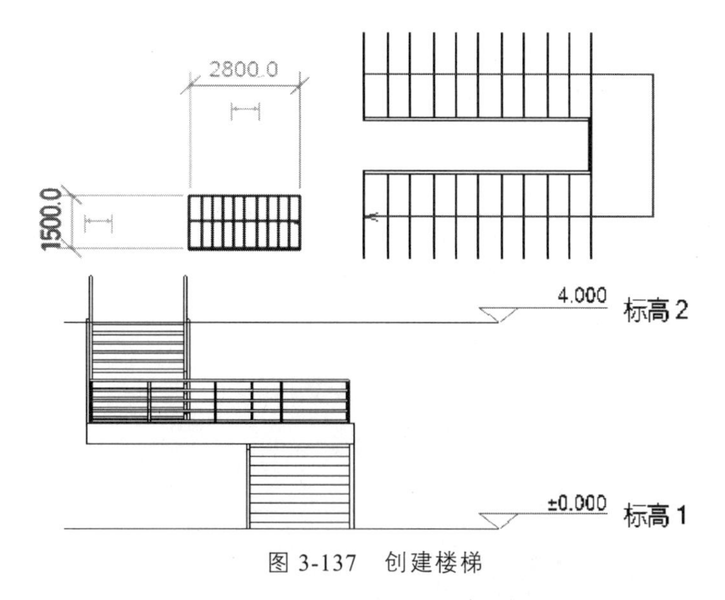

图 3-137 创建楼梯

（5）多层楼梯的创建：进入任意一个立面视图，创建项目所需的多个标高，如图 3-138 所示。选中楼梯（注意避开栏杆），单击“选择标高”按钮，如图 3-139 所示，框选所需标高，点击“确定”，创建完成。

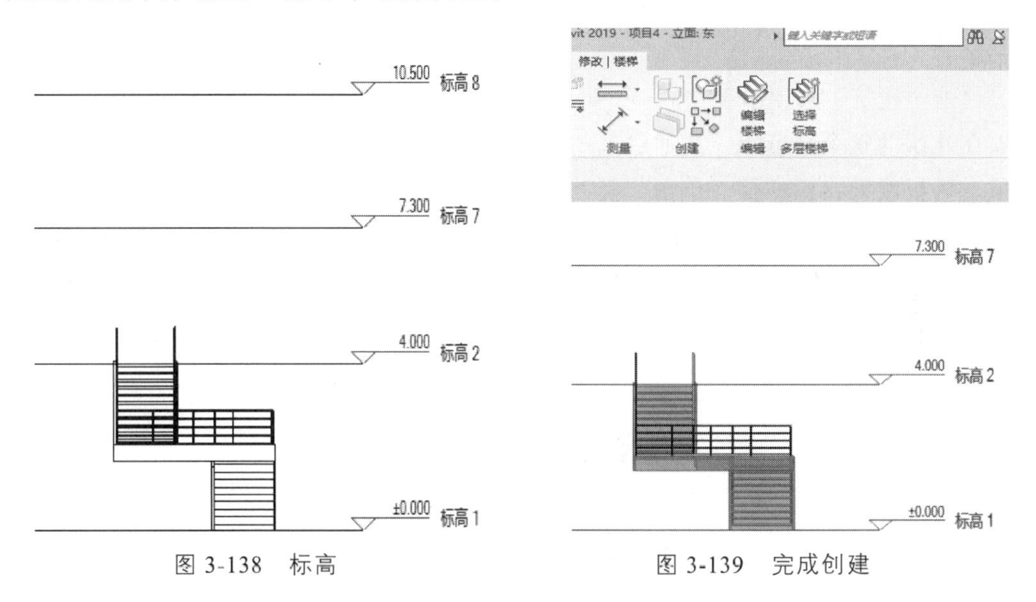

图 3-138 标高

图 3-139 完成创建

3.7.4 洞口建模方法

洞口建模方法

在 Revit 中，不仅可以通过编辑楼板、屋顶、墙体的轮廓来实现开洞口，还可以通过专门的“洞口”命令来创建面洞口、竖井洞口、墙洞口、垂直洞口、老虎窗洞口等。特别注意的是，竖井的作用主要是切结构楼板、屋面、中庭。竖井所通过的以及接触的板都会被开洞。注意楼梯不能用竖井，电梯、风道可用。竖井不切建筑面层，建筑面层画的时候就得绕开编辑边界。

1. 面洞口

单击“建筑”选项卡下“洞口”面板中的“按面”工具，单击“面洞口”命令，拾取屋顶、楼板或天花板的某一面并垂直于该面进行剪切，绘制洞口形状，单击“完成洞口”命令，完成洞口的创建，如图 3-140 所示。

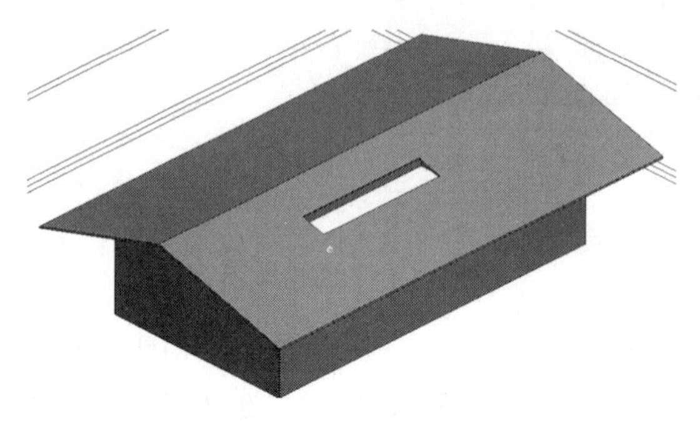

图 3-140　面洞口

2. 竖井洞口

单击“建筑”选项卡下“洞口”面板中的“按面”工具，单击“竖井洞口”命令，选项在建筑的整个高度上（或通过选定标高）剪切洞口，使用此选项，可以同时剪切屋顶、楼板或天花板的面。单击“竖井洞口”按钮，通过绘制或者拾取墙的命令绘制洞口轮廓，绘制的主体图元为楼板。绘制完洞口轮廓后，单击“完成编辑模式”按钮，调整洞口剪切的高度，选择洞口，然后在“属性”选项栏中设定“底部限制条件”和“顶部约束”，如图 3-141 所示。

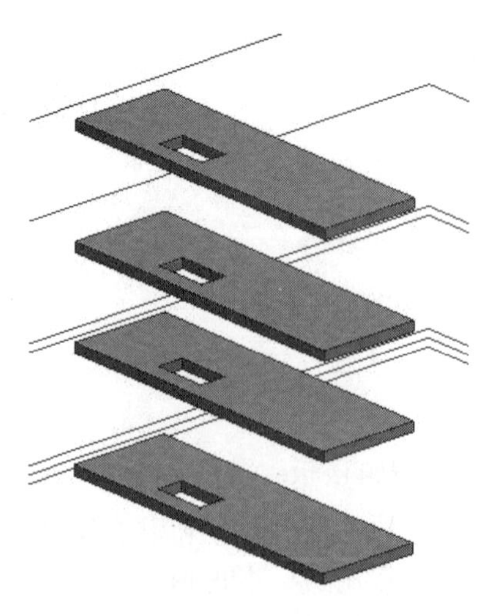

图 3-141　竖井洞口

3. 墙洞口

单击“建筑”选项卡下“洞口”面板中的“按面”工具，单击“墙洞口”命令，选择墙体，绘制洞口形状完成洞口的创建，如图 3-142 所示。

图 3-142　墙洞口

4. 垂直洞口

单击“建筑”选项卡下“洞口”面板中的“按面”工具，单击“垂直洞口”命令，拾取屋顶、楼板或天花板的某一面并垂直于某个标高进行剪切，绘制洞口形状，单击“完成洞口”命令，完成洞口的创建，如图 3-143 所示。

图 3-143　垂直洞口

3.8　族

项目实战——楼梯、栏杆扶手、坡道、洞口

Revit 中的所有图元都是基于族的。“族”是 Revit 中使用的一个功能强大的概念，有助于我们更轻松地管理数据和进行修改。每个族图元能够在其内定义多种类型，根据族创建者的设计，每种类型可以具有不同的尺寸、形状、材质设置或其他参数变量。使用 Revit 的一个优点就是，我们不必学习复杂的编程语言就能够创建自己的构件族。

3.8.1 关于族

关于族

Revit 中有三种类型的族：系统族、可载入族和内建族。在项目中创建的大多数图元都是系统族或可载入族。可以组合可载入族来创建嵌套和共享族。

系统族是在 Autodesk Revit 中预定义的族，包含基本建筑构件，如墙、窗、门、屋顶、楼板，如图 3-144~图 3-146 所示。例如，基本墙系统族包含定义内墙、外墙、基础墙、常规墙和隔断墙样式的墙类型。可以复制和修改现有系统族。但不能创建新系统族，可以通过指定新参数定义新的族类型。

墙 (WA)

用于在建筑模型中创建非结构墙。

使用类型选择器指定要创建的墙类型，或者使用默认类型创建常规墙并在以后指定不同的墙类型。

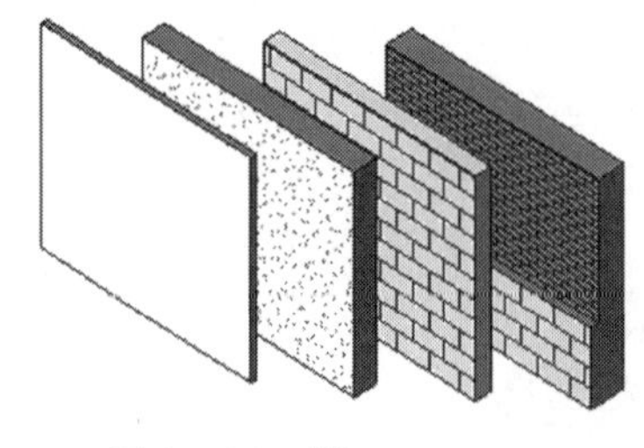

图 3-144 墙

迹线屋顶

创建屋顶时使用建筑迹线定义其边界。

要按照迹线创建屋顶，请打开楼层平面视图或天花板投影平面视图。

创建屋顶时您可以为其指定不同的坡度和悬挑，或者可以使用默认值并以后对其进行优化。

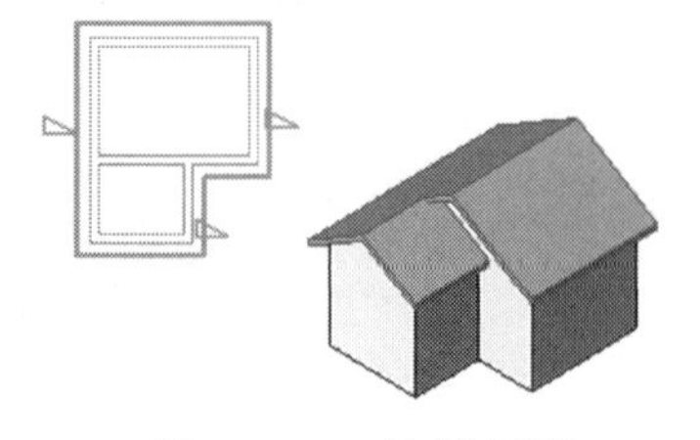

图 3-145 迹线屋顶

楼板

按建筑模型的当前标高创建楼板。

要使楼板与现有墙对齐，请使用"拾取墙"工具。或者要绘制楼板边界草图，请绘制线或拾取模型中现有的线。

楼板将从创建楼板所依据的标高向下偏移。

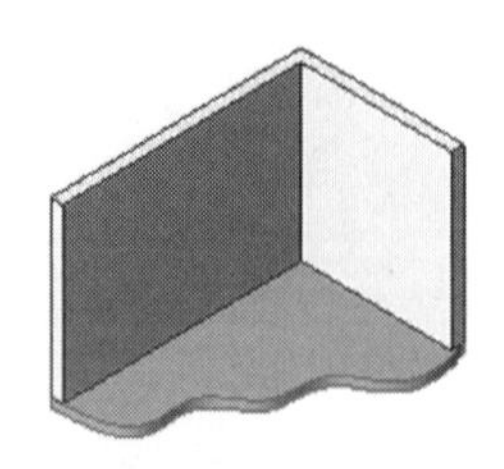

图 3-146 楼板

可载入族主要用于安装在建筑内和建筑周围的建筑构件，如窗、门、橱柜、装置、家具和植物等，如图 3-147~图 3-149 所示。

门 (DR)
将门添加到建筑模型中。

使用类型选择器指定要添加的门的类型，或者将所需的门族载入项目中。

窗 (WN)
将窗添加到建筑模型中。

使用类型选择器指定要添加的窗的类型，或者将所需的窗族载入项目中。

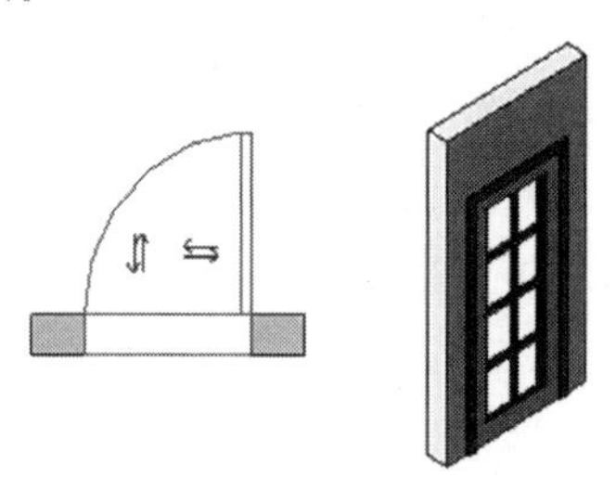

图 3-147　门

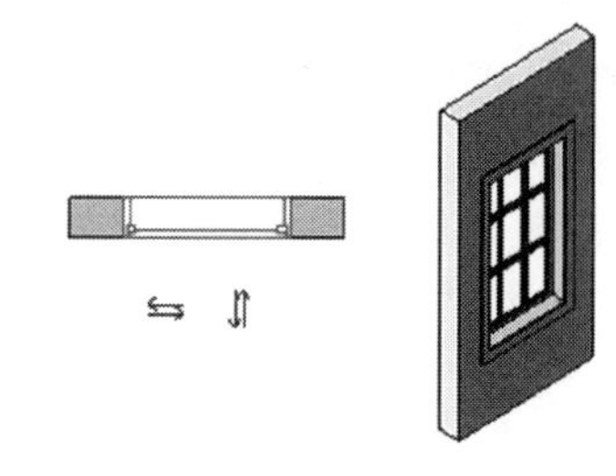

图 3-148　窗

放置构件 (CM)
根据选定的图元类型，将图元放置在建筑模型中。

使用下拉列表选择图元类型。（如果没有列出所需类型，请使用"载入族"工具将其载入项目中。）

然后在绘图区域中单击，将该类型的图元放置在建筑模型中。

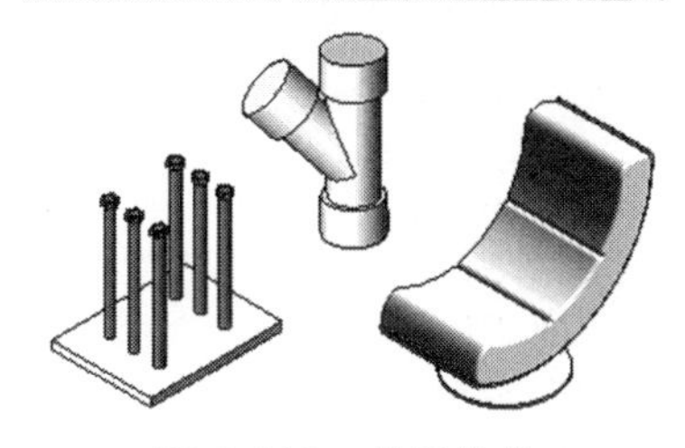

图 3-149　放置构件

安装在建筑内和建筑周围的系统构件，有锅炉、热水器、空气处理设备和卫浴装置等。

常规自定义的一些注释图元，有符号和标题栏。

它们具有高度可自定义的特征，因此可载入族是在 Revit 中最常创建和修改的族。与系统族不同，可载入族是在外部 RFA 文件中创建的，并可导入或载入项目中。对于包含许多类型的可载入族，可以创建和使用类型目录，以便仅载入项目所需的类型。

内建图元是需要创建当前项目专有的独特构件时所创建的独特图元。可以创建内建几何图形，以便它可参照其他项目几何图形，使其在所参照的几何图形发生变化时进行相应大小调整和其他调整。创建内建图元时，Revit 将为该内建图元创建一个族，该族包含单个族类型。

1. 将族添加到项目中

打开或开始创建一个项目。要将族添加到项目中，可以将其拖拽到文档窗口中，也可以执行“插入”选项卡→“从库中载入”面板→“载入族”命令，将其载入，如图 3-150 所示。一旦族载入项目中，载入族会与项目一起保存。所有族将在“项目浏览器”面板中各自的构件类别下列出，如图 3-151 所示。执行项目时无须原始族文件。

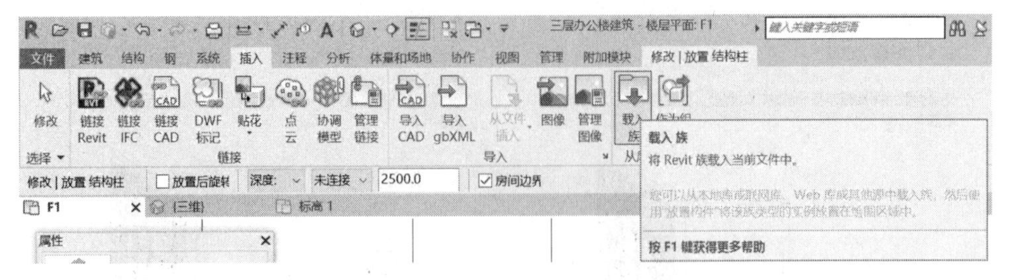

图 3-150 “载入族”命令

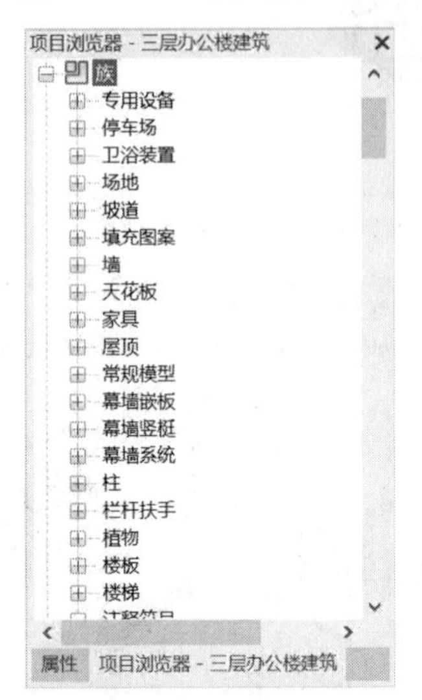

图 3-151 项目浏览器

2. 创建可载入族的常规步骤

（1）选择适当的族样板，如图 3-152 所示。

图 3-152 选择样板文件

（2）定义有助于控制对象可见性的族的子类别，如图 3-153 所示。

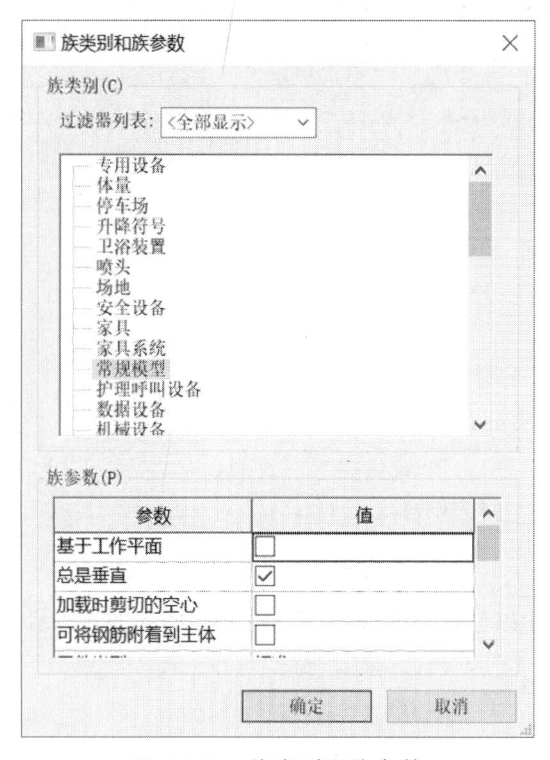

图 3-153　族类别和族参数

（3）布局有助于绘制构件几何图形的参照平面，如图 3-154 所示。

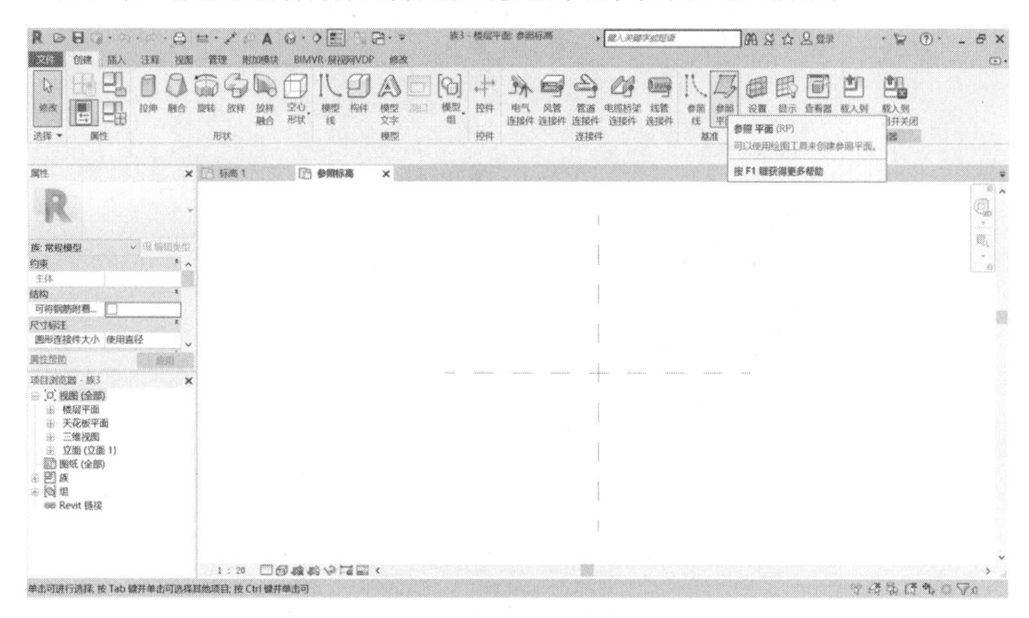

图 3-154　参照平面

（4）添加尺寸标注以指定参数化构件几何图形，如图 3-155 所示。

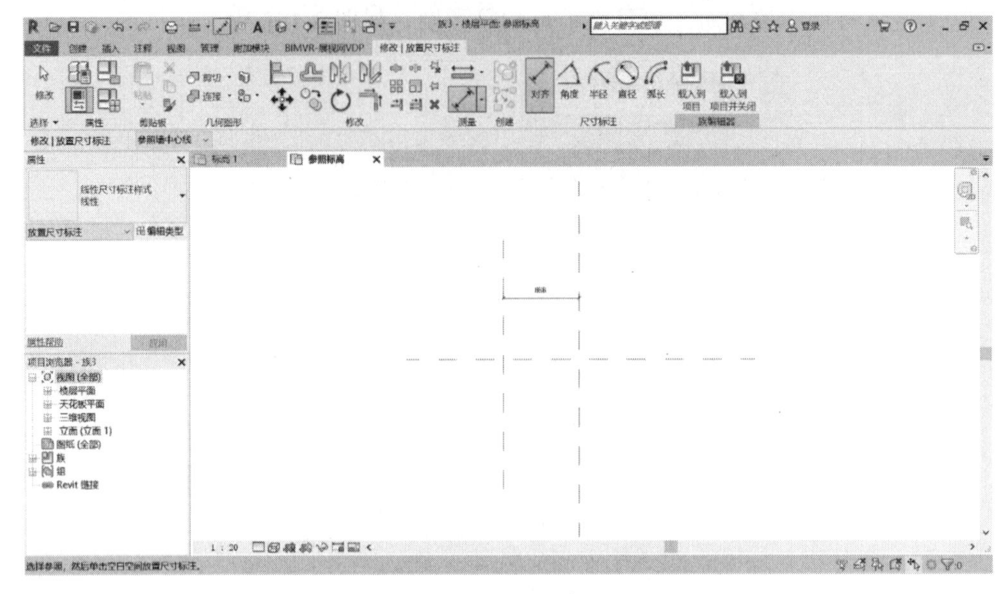

图 3-155　尺寸标注

（5）全部标注尺寸以创建类型或实例参数，如图 3-156 所示。

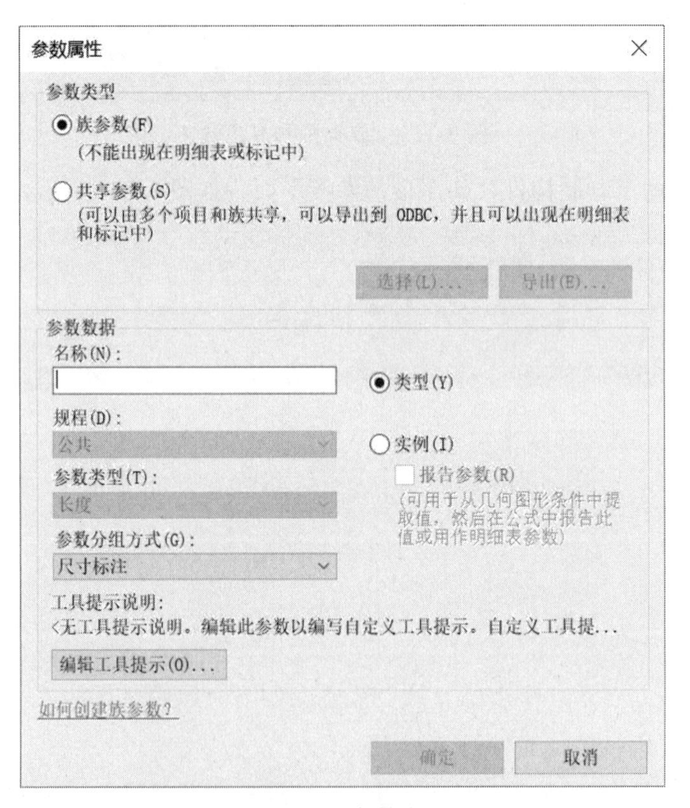

图 3-156　参数类型

（6）调整新模型以验证构件行为是否正确，如图 3-157 所示。

图 3-157　调整参数

（7）保存新定义的族，如图 3-158 所示。

图 3-158　保存族

（8）将新定义的族载入新项目，然后观察它如何运行，如图 3-159 所示。

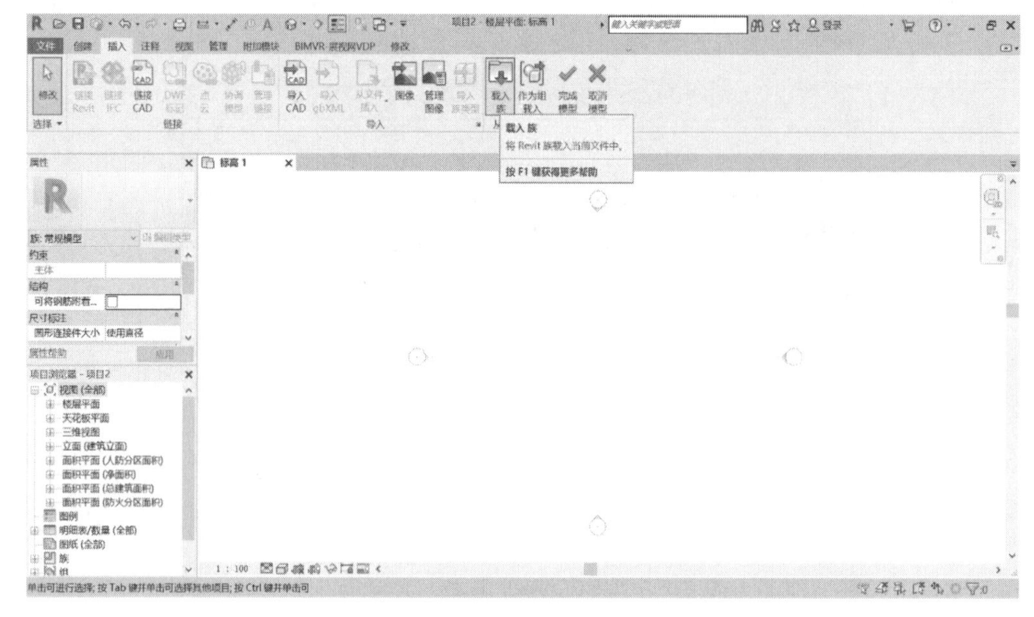

图 3-159　载入族

3.8.2　门窗族的制作

门窗族的制作（一）

1. 推拉门族的制作

例如：制作的一个铝合金玻璃门族，两边的两扇门固定，中间的两扇可推拉，如图 3-160 所示。

图 3-160　铝合金玻璃门

1）创建门框

（1）新建族文件。

选择“公制门.rft”样板，如图 3-161 所示。注意：必须根据各种相应的族样板创建新的构件族，如门族可以使用门或基于墙的族样板。

（2）以“铝合金玻璃门四扇推拉门.rfa”文件名保存。选项中最大备份数改为 1 即可，如图 3-162 所示。

图 3-161　选择样板文件

（a）

（b）

图 3-162　保存文件

（3）把框架投影外部、框架投影内部、门框这些在铝合金门族中用不到的图元删除。进入立面外部视图，把表示门开合方向的线也删除，如图 3-163 和图 3-164 所示。

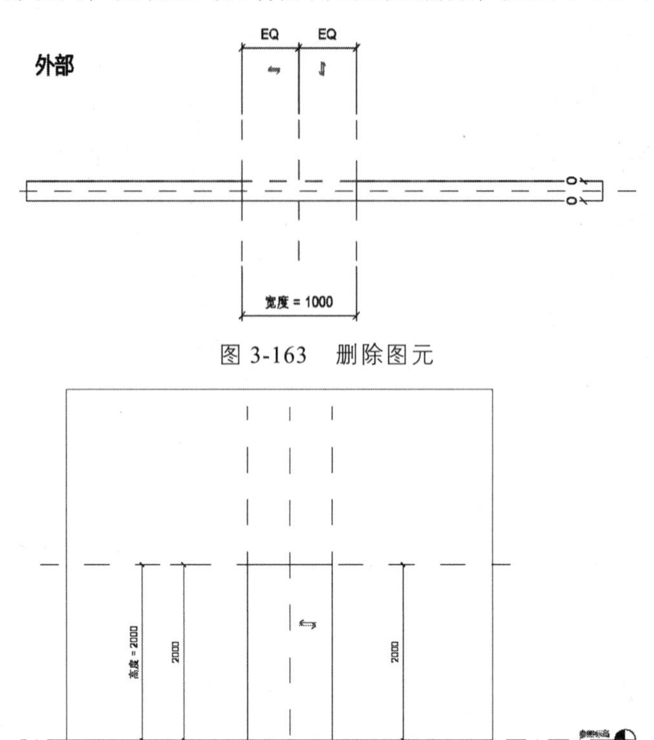

图 3-163　删除图元

图 3-164　删除表门开合方向的线

（4）进入参照标高楼层平面，执行“创建”选项卡下“工作平面”面板中的“设置”命令，在弹出的“工作平面”对话框中，选择“拾取一个平面”选项，如图 3-165 所示。点击墙体外部的参照平面，在“转到视图”对话框中选择“立面：外部”作为工作平面。

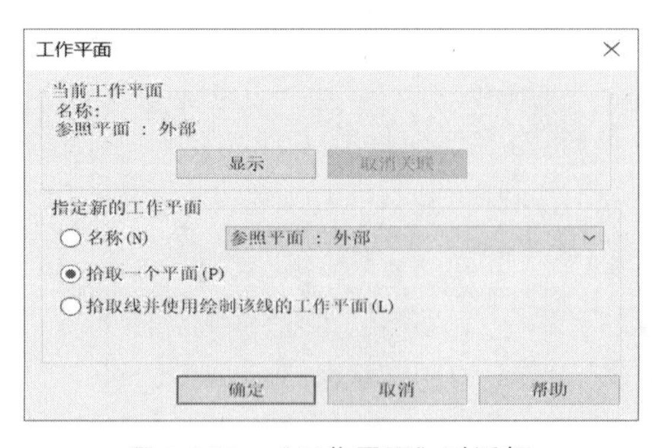

图 3-165　“工作平面”对话框

（5）创建一个实心“拉伸”，如图 3-166 所示。沿着门洞的位置创建一个矩形，并把四周锁定，如图 3-167 所示。

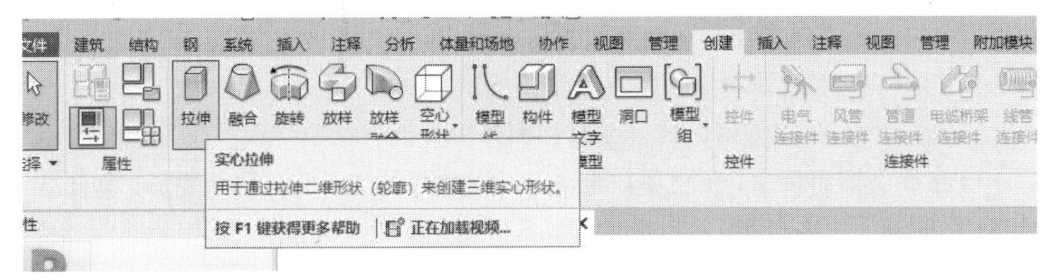

图 3-166　实心拉伸

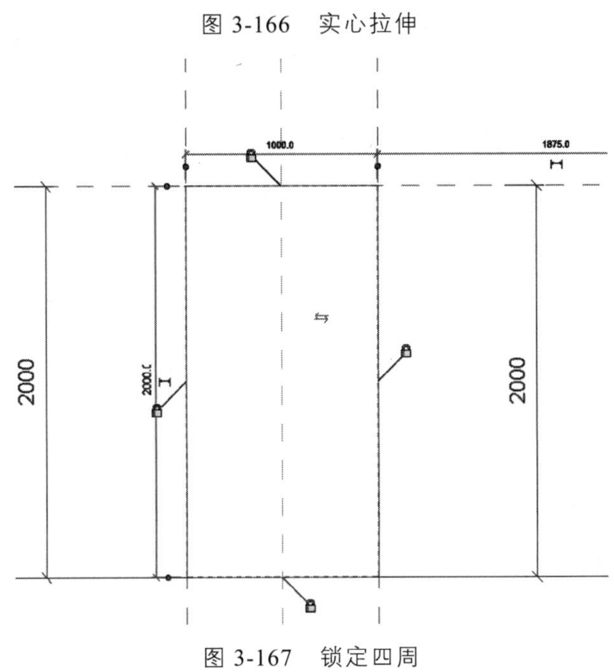

图 3-167　锁定四周

（6）继续在相同的位置绘制一个矩形，此时在选项栏中把矩形的偏移量设置成 20。把门下部的两根线删除，如图 3-168 所示。

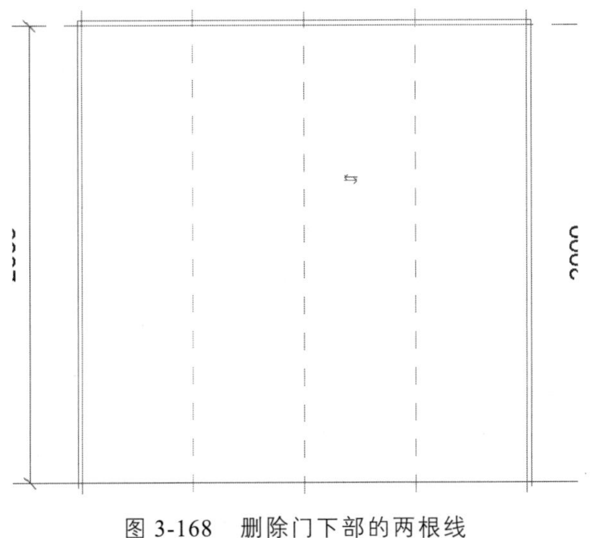

图 3-168　删除门下部的两根线

（7）在门框的下部各绘制一根短线条，并锁定。

（8）采用“修剪/延伸到角”工具，修整线型。

（9）点击“√”完成编辑模式，在属性面板中，把“拉伸终点”改为100。

（10）在族类型面板中，调整参数，确定门框是否是与门洞关联调整的，如图3-169和图3-170所示。

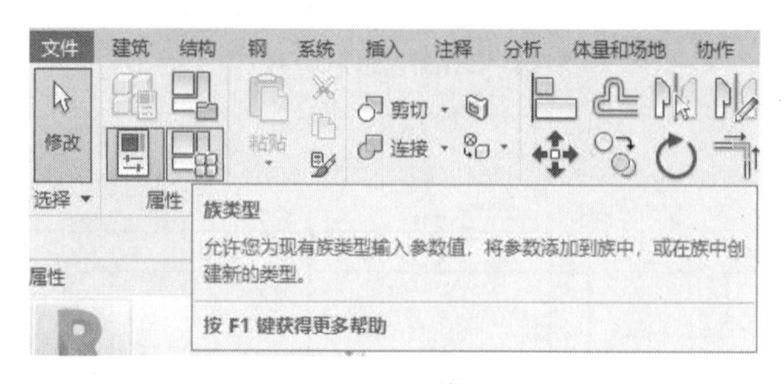

图3-169　修改

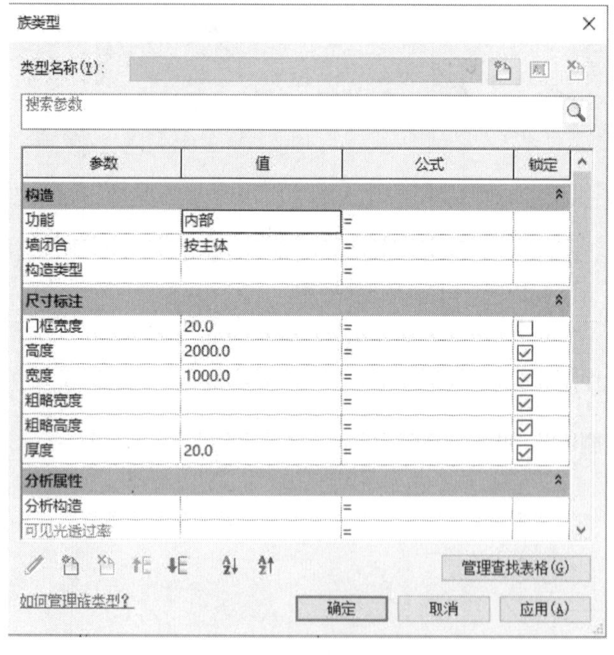

图3-170　调整参数

2）创建门扇

（1）在门中心左右两边分别绘制一条参照平面并使用对齐标注（EQ）。

（2）使用拉伸命令绘制两个矩形，偏移50并锁定，拉伸终点设为50，对门框进行对齐标注并赋予参数：门框厚。

（3）绘制门扇玻璃：使用拉伸命令绘制矩形，如图3-171所示。拉伸起点、终点改为20和30，绘制完成后选中矩形，在属性栏点击材质后面的小按钮，新建一个玻璃材质，在族类型属性中将玻璃材质改为玻璃，效果如图3-172所示。

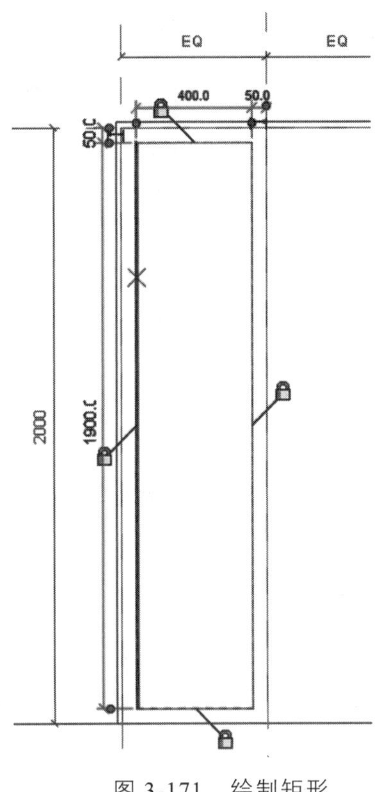

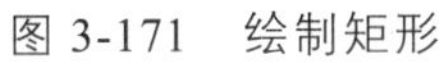

图 3-171　绘制矩形

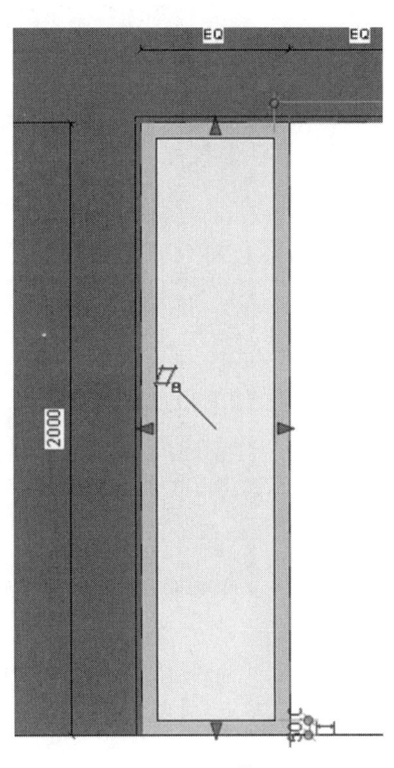

图 3-172　效果

（4）定义门扇宽度，用对齐工具标注门扇宽，并赋予参数“门扇宽”，在属性后面添加公式“二宽度/4”，如图 3-173 所示。

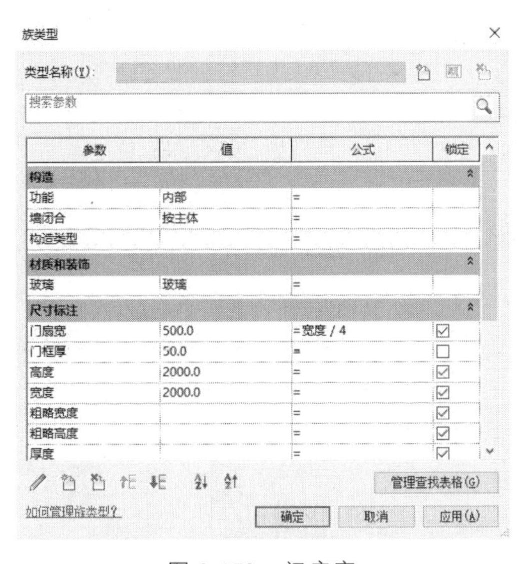

图 3-173　门扇宽

（5）绘制第二扇门扇，方法类似。注意将门框拉伸起点和终点改为 50 和 10，玻璃拉伸起点和终点改为 70 和 80。效果如图 3-174 所示。

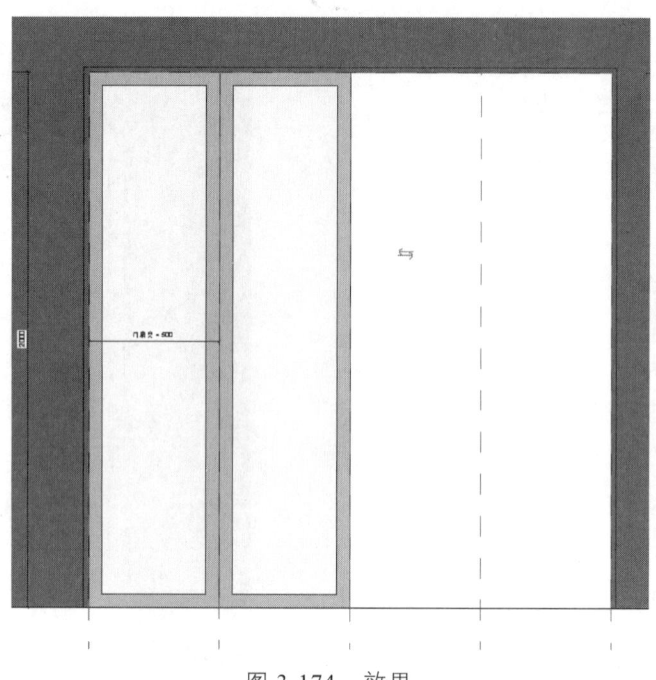

图 3-174　效果

（6）右边两扇门扇绘制方法类似，注意拉伸起点、终点的设置，效果如图 3-175 所示。

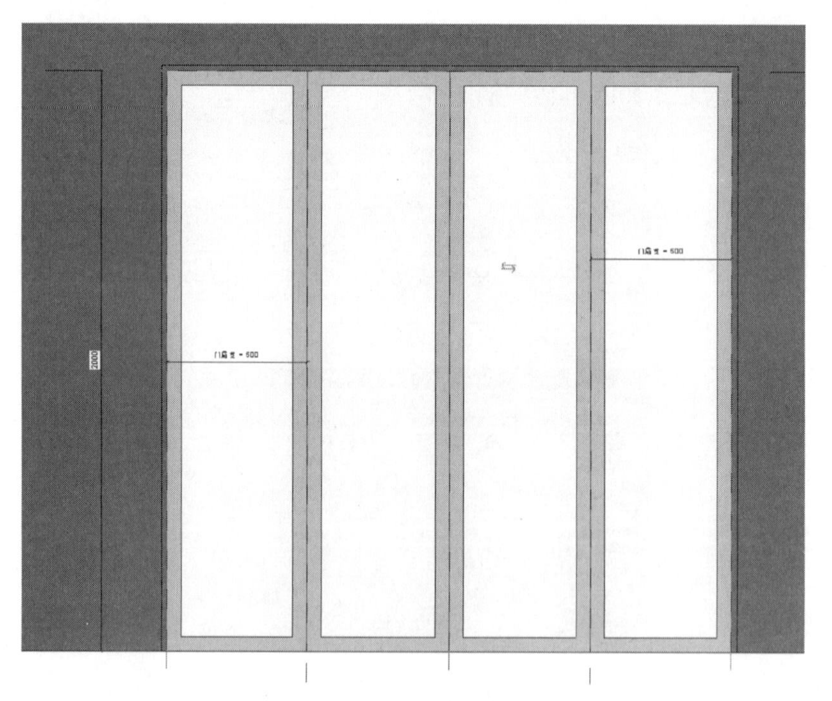

图 3-175　效果

（7）调试各个参数，查看各参数之间是否关联。

3）平面表达

（1）新建一个建筑样板项目文件，并绘制一道墙体，按 Ctrl+Tab 组合键，切换到“铝合金玻璃门四扇带亮窗.rfa”族文件，点击“载入到项目”命令，在墙体上创建铝合金玻璃门四扇带亮窗门类型。观察到平面视图中该门的显示，如图 3-176 所示。

图 3-176　平面视图

（2）切换到“铝合金玻璃门四扇带亮窗.rfa”族文件，按 Ctrl 键，加选所创建的所有门框和玻璃构件。在“属性”面板中，点击“可见性/图形替换”，如图 3-177 所示。去除勾选两项内容，点击“确定”。

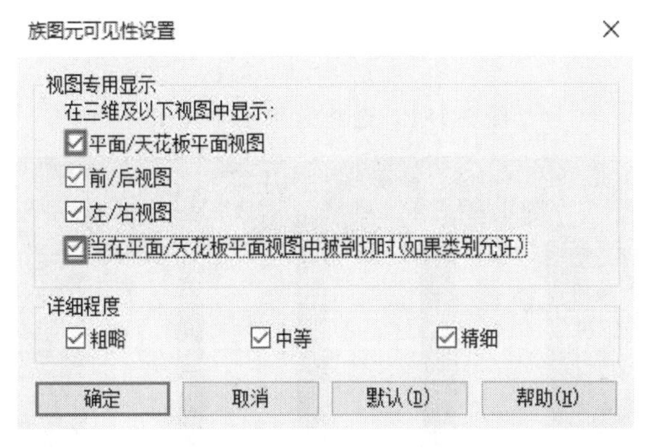

图 3-177　族图元可见性设置

（3）再次点击“载入到项目”中，点击“覆盖现有版本”，在项目中观察修改之后的效果。楼层平面显示为空，南立面显示如图 3-178 所示。

图 3-178　南立面显示

（4）切换到“铝合金玻璃门四扇带亮窗.rfa”族文件，点击“注释”→“符号线”，沿着模型的边线绘制符号线，如图 3-179 所示，注意绘制完之后锁定。在“族图元可见性设置”对话框中勾选并设置，如图 3-180 所示。

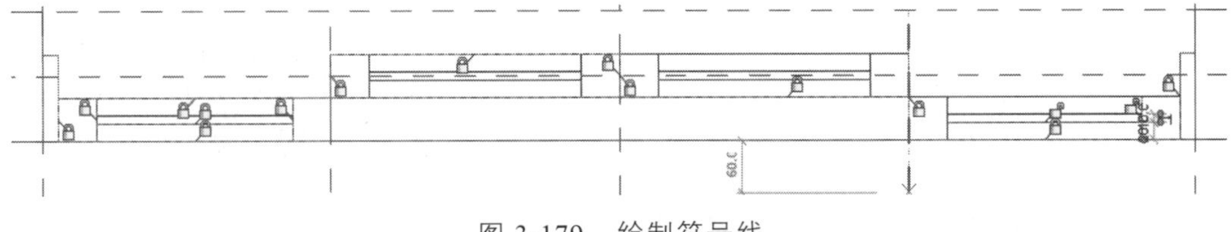

图 3-179　绘制符号线

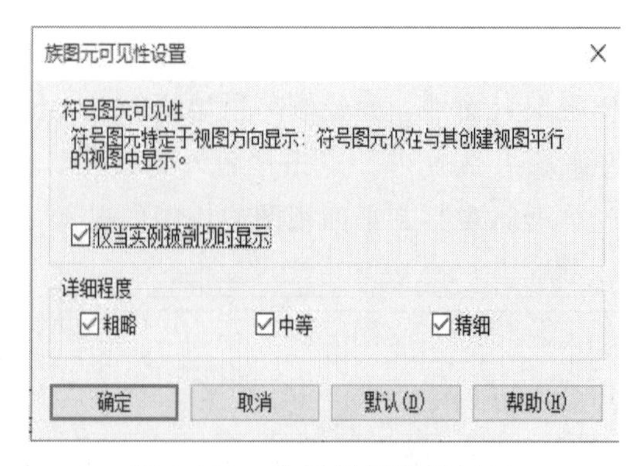

图 3-180 族图元可见性设置

（5）最终效果，如图 3-181 和图 3-182 所示。

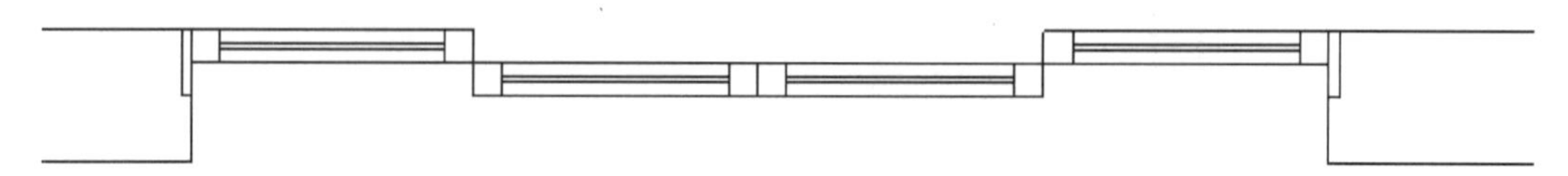

图 3-181 最终效果（平面）

图 3-182 最终效果（三维）

2. 窗族的制作

例如：制作的一个铝合金玻璃平开窗族，如图 3-183 所示。

门窗族的制作（二）

1）创建窗框

（1）新建族文件。

选择“公制窗.rft”样板，如图 3-184 所示。

图 3-183 铝合金玻璃平开窗

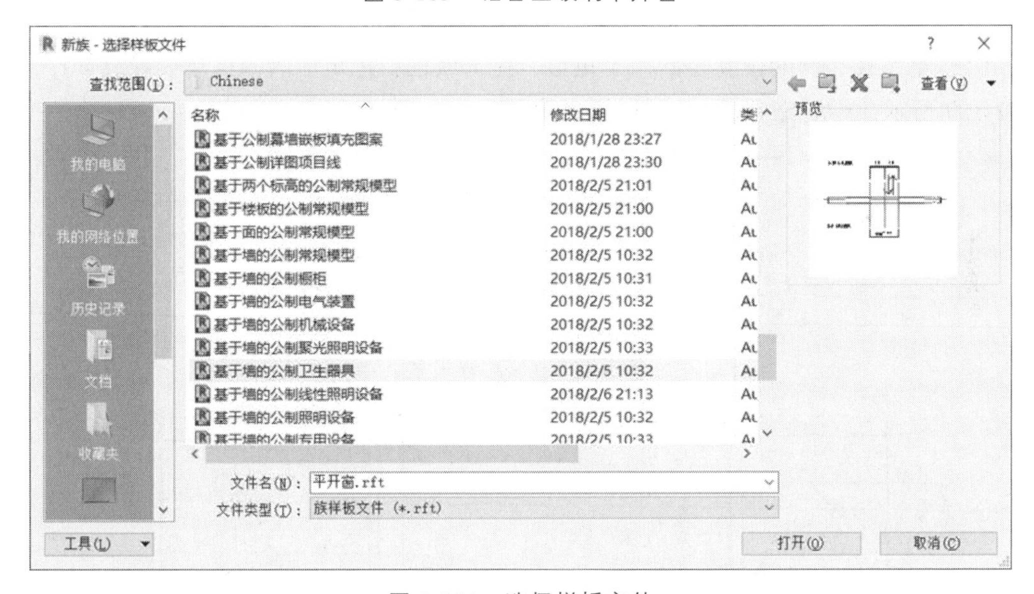

图 3-184 选择样板文件

（2）以“平开窗.rfa”文件名保存。选项中最大备份数改为“1”即可。

（3）进入项目浏览器的立面内部视图，执行“创建”选项卡下“工作平面”面板中的“设置”命令，在弹出的“工作平面”对话框中，选择“名称” 选项，如图 3-185 所示。点击参照平面：中心（前/后），点击“确定”。

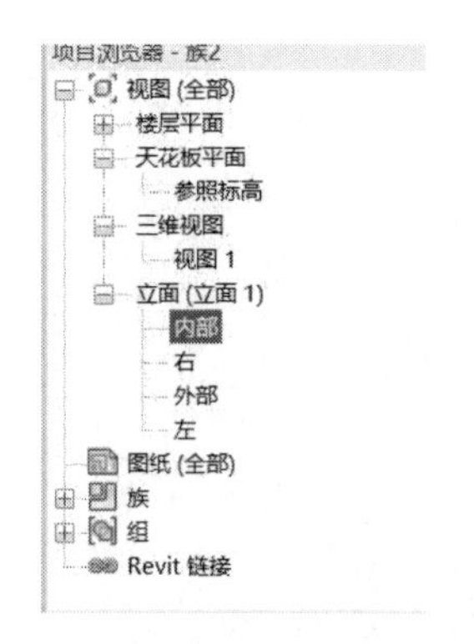

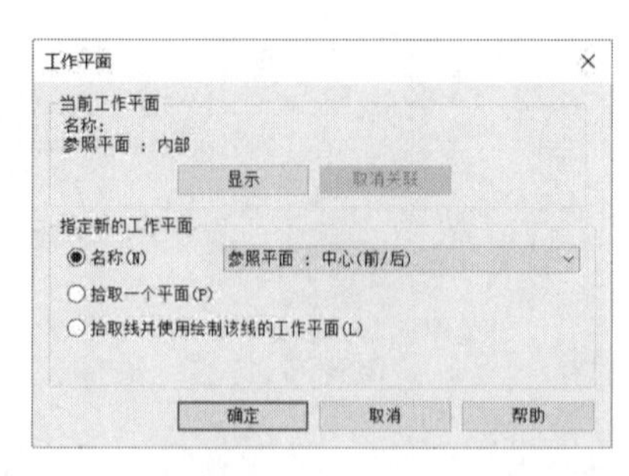

图 3-185　工作平面

（4）创建一个“实心拉伸”，沿着门洞的位置创建一个矩形，并把四周锁定，如图 3-186 所示。

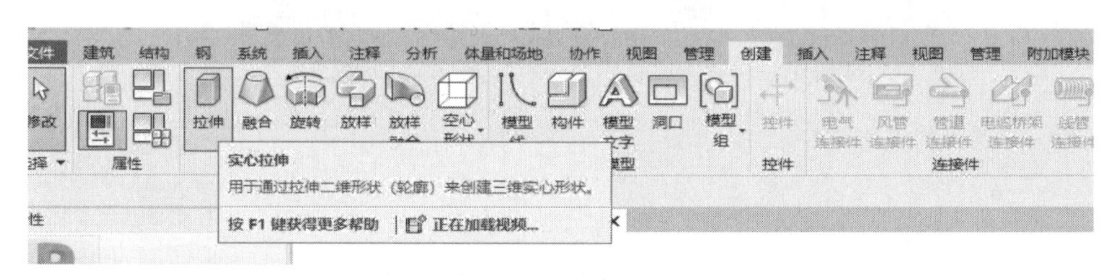

图 3-186　“实心拉伸”命令

（5）继续在相同的位置绘制一个矩形，在选项栏中把矩形的偏移量设置成 40，如图 3-187 所示，绘制完成后，如图 3-188 和图 3-189 所示。

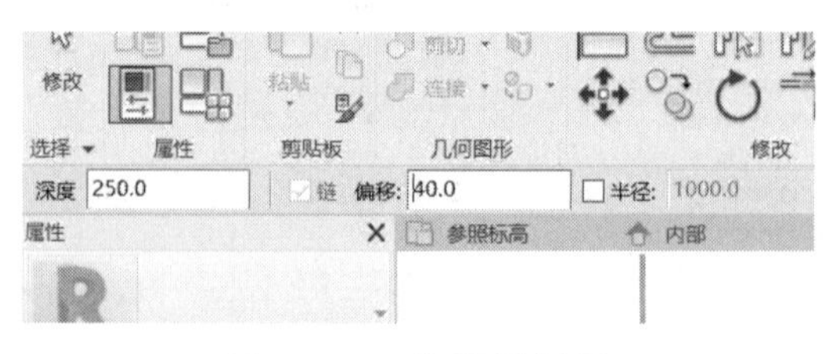

图 3-187　偏移量设置

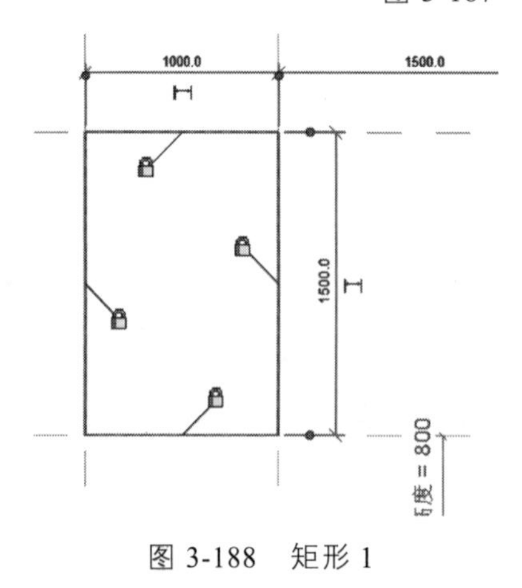

图 3-188　矩形 1

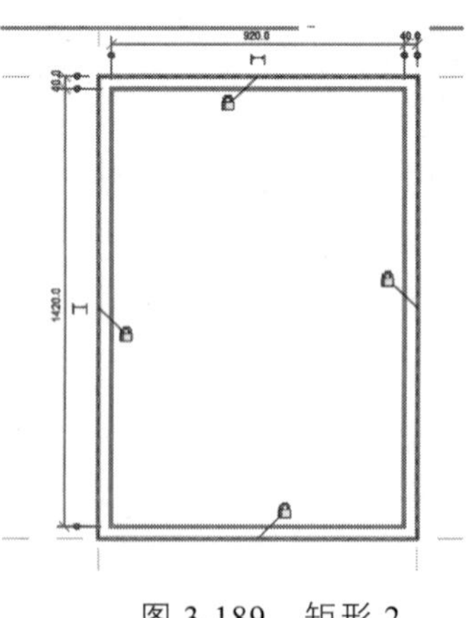

图 3-189　矩形 2

2）创建窗框挡

（1）在窗框的上部绘制一根横挡，采用“偏移工具”向下偏移 40 。

（2）点击拆分图元工具，在横挡与窗框的交接处的位置拆分。

（3）利用修剪工具，把多余的轮廓线修剪掉，然后点击完成编辑。

（4）设置窗的拉伸终点为-30，拉伸起点为 30。

（5）设置窗框的子类别为框架/竖梃。

3）制作窗扇

制作窗扇的方式同门扇，此处不再赘述。

4）制作窗开启线

（1）点开“注释”选项卡中的“符号线”，如图 3-190 所示。将子类别改为“立面打开方向[投影]”，如图 3-191 所示。

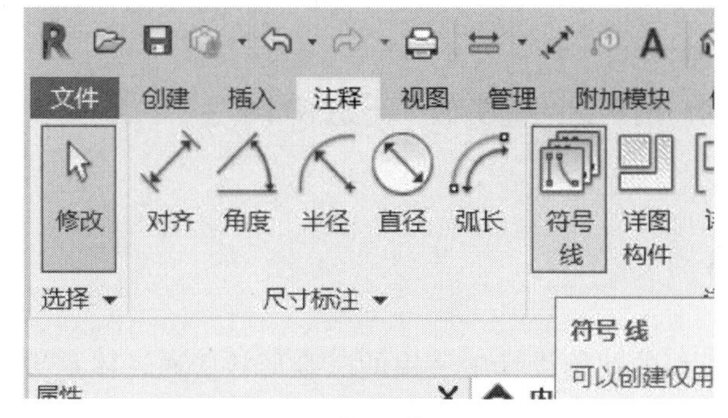

图 3-190 “符号线”工具

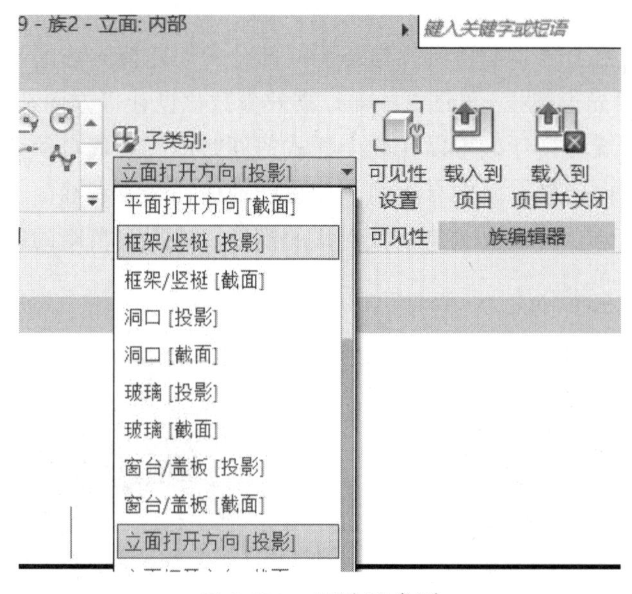

图 3-191 更改子类型

（2）用直线命令绘制窗的开启线，如图 3-192 所示。

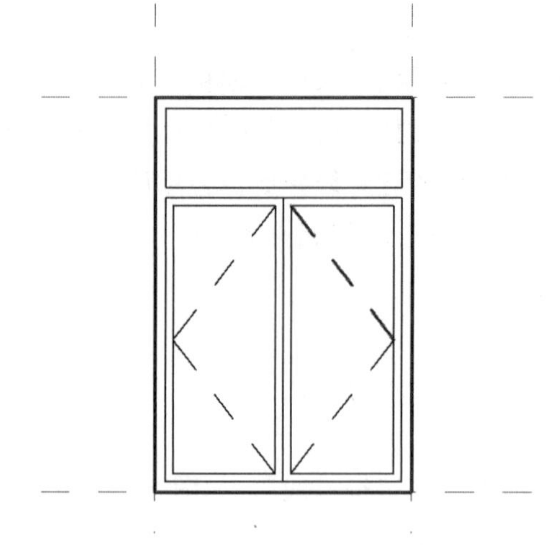

图 3-192　绘制窗的开启线

5）制作窗的平面表达

窗的平面表达同门的平面表达类似，此处不再赘述。

3.9　体　量

体量是在建筑模型的初始设计中使用的三维形状。通过体量研究，可以使用造型形成建筑模型概念，从而探究设计的理念。概念设计完成后，可以直接将建筑图元添加到这些形状中。

概念体量设计的功能非常强大，弥补了一部分常规建模方法的不足。在方案推敲（见图 3-193）、曲面异形建模（见图 3-194）、高效参数化设计等方面都有非常好的运用。例如，曲面玻璃幕墙的设计，可以在改变样式的同时单元玻璃自动变化，统计明细表也自动更新。在室内装修方面也有运用，如设计地面铺装或者墙面、顶棚样式时，利用不同的自适应族结合可以快速建立大面积的模型，并得到清晰的明细表，包括预算信息。

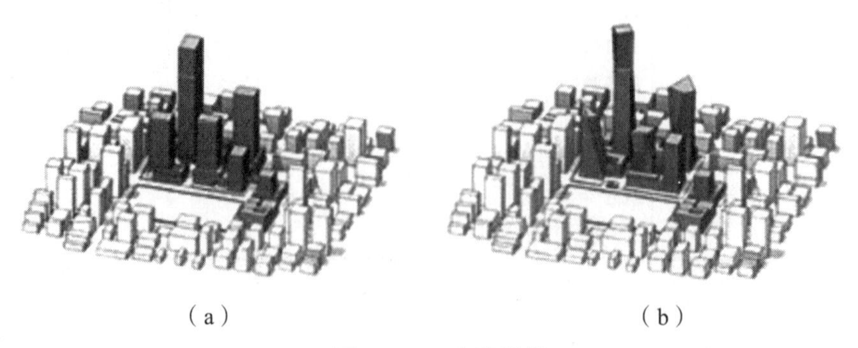

（a）　　　　（b）

图 3-193　方案推敲

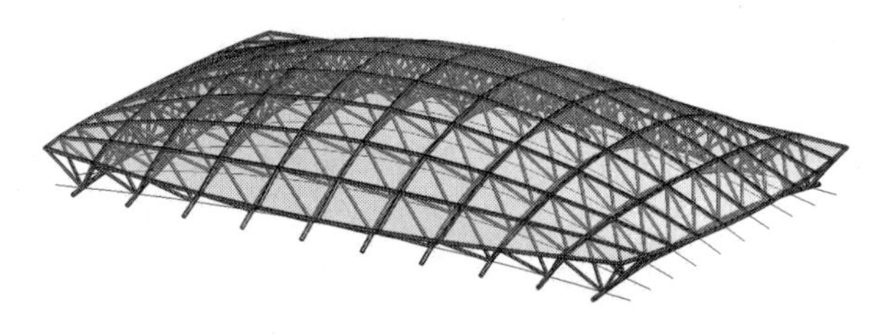

图 3-194　曲面异形建模

体量可以在项目内部（内建体量）或项目外部（可载入体量族）创建。

内建体量：用于表示项目独特的体量形状，如图 3-195 所示。

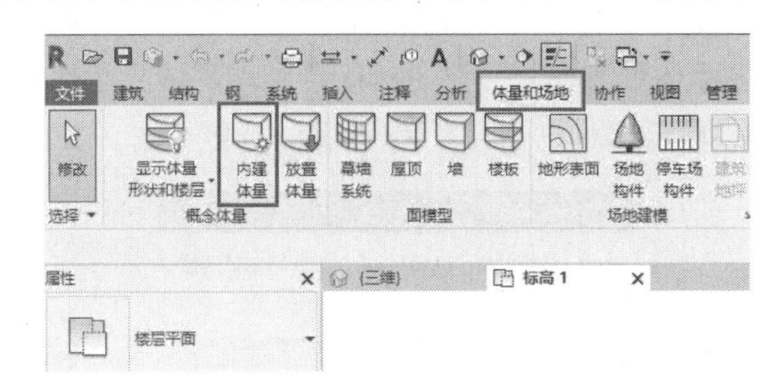

图 3-195　内建体量

可载入体量族（新建概念体量族）：在一个项目中放置体量的多个实例或者在多个项目中使用体量族时，通常使用可载入体量族，如图 3-196 所示。

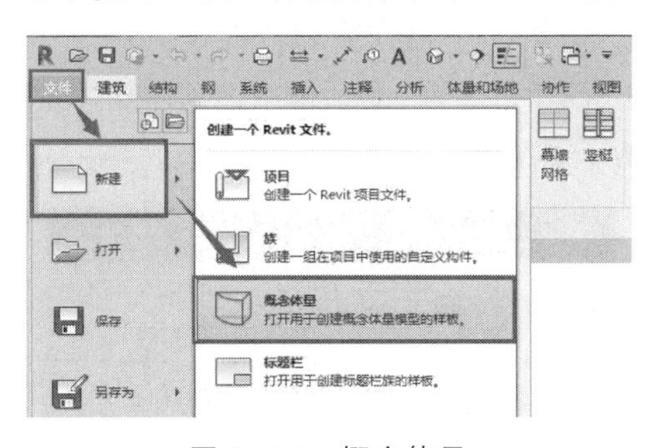

图 3-196　概念体量

要创建内建体量和可载入体量族，需要使用概念设计环境。概念设计环境是指一类族编辑器，可以使用内建和可载入族体量图元来创建概念设计。在大多数情况下，概念体量会经过多次迭代，才能满足所需的项目要求。概念体量的工作流程如下：

（1）使用“概念体量”或“自适应公制常规模型”样板打开新的族。

（2）绘制点、线和将构成三维形状的二维形状。

（3）将二维几何图形拉伸至形状。

（4）分割形状表面以准备构件的形状（可选）。

（5）应用参数化构件（可选）。

（6）载入概念体量到项目中。

3.9.1 关于体量

关于体量

创建体质模型的方法主要有两种：一是内建体量，二是新建概念体量族。

1. 内建体量

内建体量是指创建特定于当前项目上下文的体量。此体量不能在其他项目中重复使用。单击“体量和场地”选项卡下“概念体量”面板中的“内建体量”工具。注意：默认体量为不可见，为了创建体量，可先激活“显示体量”模式。如果在单击“内建体量”时尚未激活“显示体量”模式，则 Revit 会自动将“显示体量”激活，并弹出如图 3-197 所示的“体量-显示体量已启用”对话框，直接单击“关闭”即可。

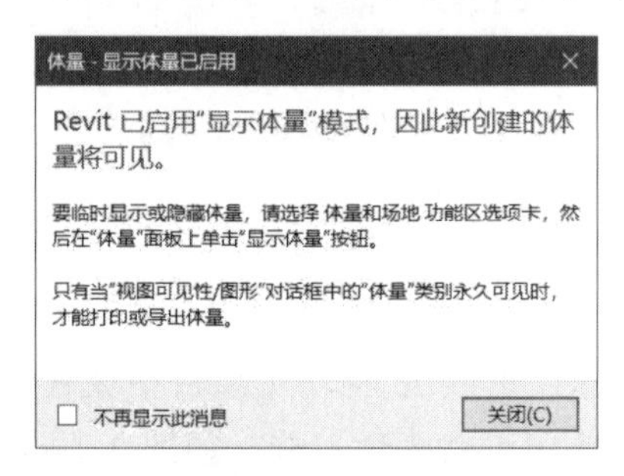

图 3-197　“体量-显示体量已启用”对话框

在弹出的如图 3-198 所示的“名称”对话框中输入内建体量族的名称，然后单击“确定”即可进入内建体量的草图绘制界面。

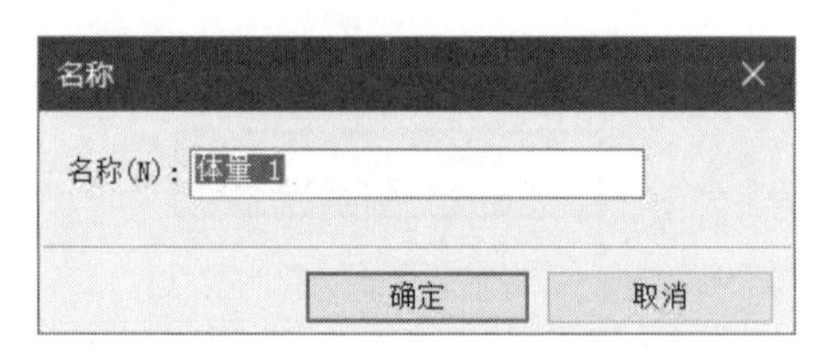

图 3-198　“名称”对话框

Revit 将自动打开如图 3-199 所示的“内建模型体量”上下文选项卡，将列出创建体量的常用工具。可以通过绘制、载入或导入的方法得到需要被拉伸、旋转、放样、融合的一个或多个几何图形。

图 3-199　“内建模型体量”选项卡

可用于创建体量的线类型包括下列几种：

模型线：使用模型线工具绘制的闭合或不闭合的直线、矩形、多边形、圆、圆弧、样条曲线椭圆、椭圆弧等都可以被用于生产体块或面。

参照线：使用参照线来创建新的体量或者创建体量的限制条件。

由点创建的线：可使用“绘制”面板下的“点图元”工具绘制两个或多个所需点。选择这些点，单击“绘制”面板下的“通过点的样条曲线”工具，将基于所选点创建一个样条曲线，点图元将成为线的驱动点，通过拖拽这些点图元可修改样条曲线路径，如图 3-200 所示。

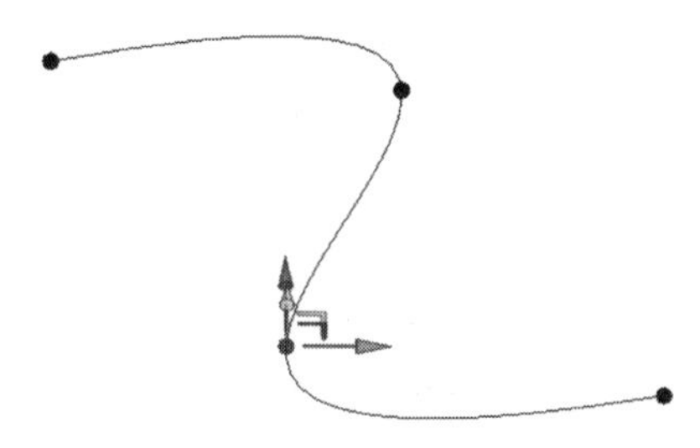

图 3-200　由点创建的线

载入族的线或边：选择模型线或参照，然后点击“创建形状”。参照可以包括族中几何图形的参照线、边缘、表面或曲线。

2. 创建不同形式的内建体量

单击“内建模型体量”选项卡→“形状”面板→“创建形状”→“形状”工具，可创建精确的实心形状或空心形状。可以通过拖拽它的点图元来创建所需的造型，可直接操纵形状，不再需要为更改形状造型而进入草图模式。

（1）选择一条线“创建形状”→“实心形状”：线将垂直向上生成面，如图 3-201 和图 3-202 所示。

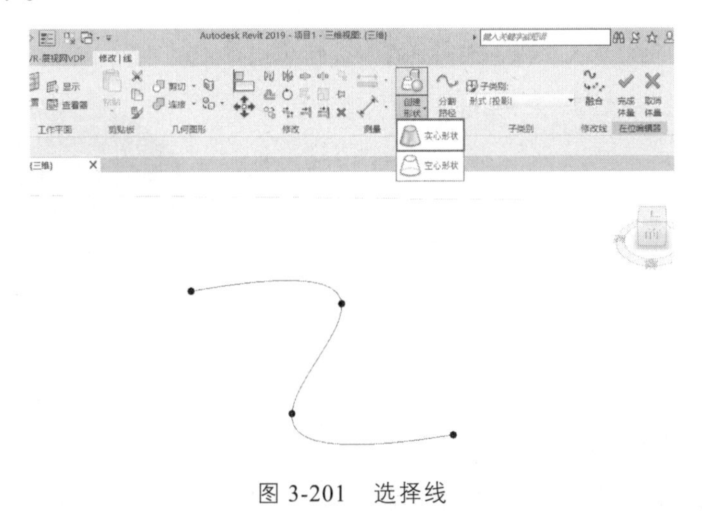

图 3-201　选择线

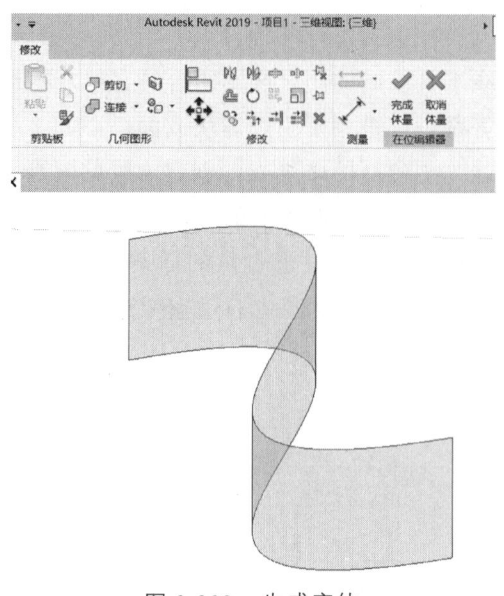

图 3-202　生成实体

（2）选择两条线“创建形状”：选择两条线创建形状时预览图形下方可选择创建方式，可以选择以直线为轴旋转弧线，也可以选择两条线端点相连形成的面，如图 3-203 和图 3-204 所示。

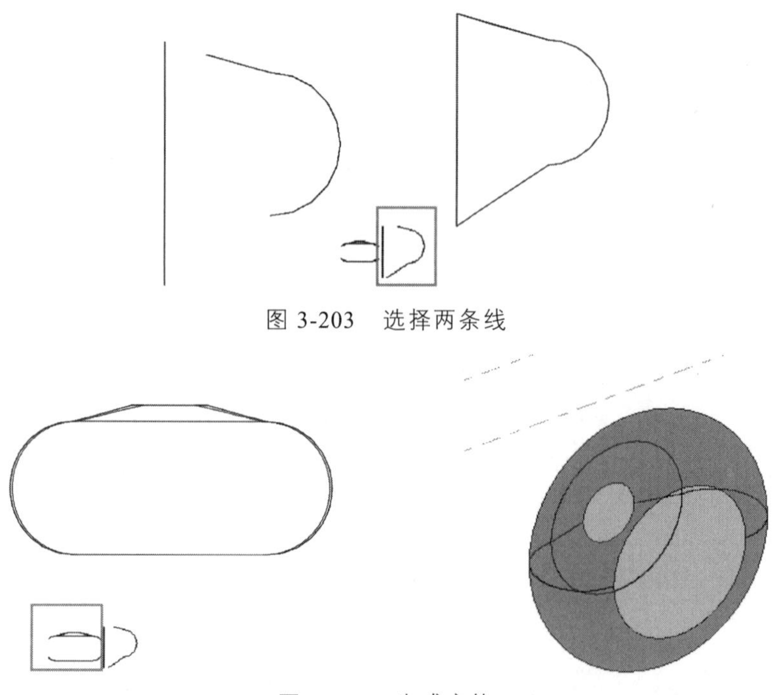

图 3-203　选择两条线

图 3-204　生成实体

（3）选择一闭合轮廓“创建形状”：创建拉伸实体，按 Tab 键可切换选择体量的点、线、面、体，选择后可通过拖拽修改体量，如图 3-205~图 3-207 所示。

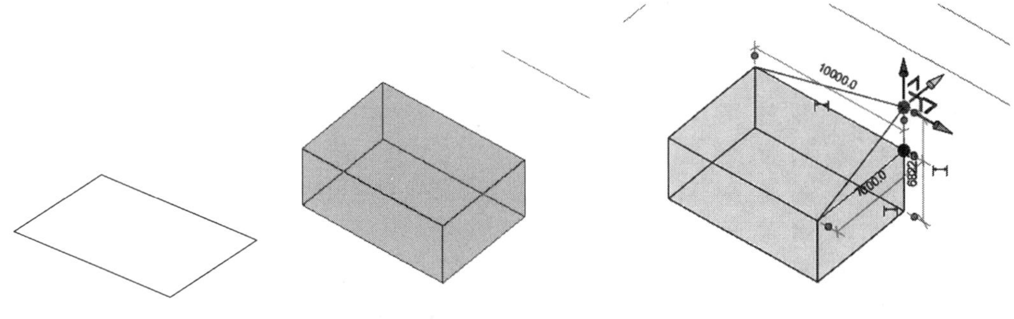

图 3-205 选择闭合轮廓　　图 3-206 生成实体　　图 3-207 修改实体

（4）选择两个及以上闭合轮廓“创建形状”：如图 3-208 和图 3-209 所示，选择不同高度的两个轮廓或不同位置的垂直轮廓，Revit 将自动创建融合体量；选择同一高度的两个闭合轮廓无法生成体量。

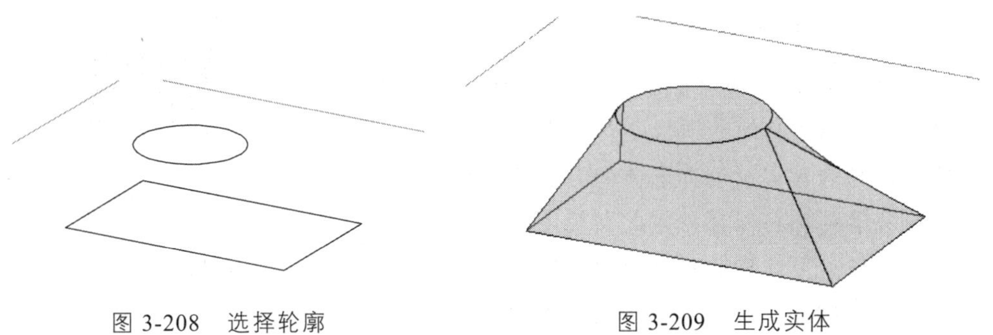

图 3-208 选择轮廓　　图 3-209 生成实体

（5）选择一条线及一条闭合轮廓“创建形状”：当线与闭合轮廓位于同一工作平面时，将以直线为轴旋转闭合轮廓创建形体。当选择线以及线的垂直工作平面上的闭合轮廓创建形状时将创建放祥的形体，如图 3-210 和图 3-211 所示。

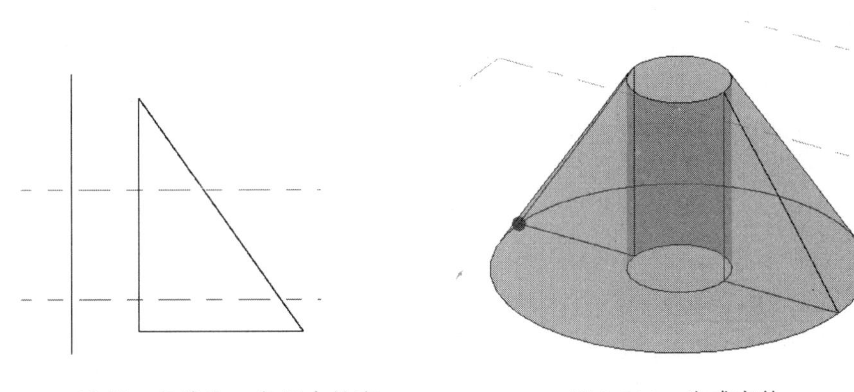

图 3-210 选择一条线和一条闭合轮廓　　图 3-211 生成实体

（6）选择一条线及多条闭合曲线“创建形状”：为线上的点设置一个垂直于线的工作平面，在工作平面上绘制闭合轮廓，选择多个闭合轮廓和线可以生成放样融合的体量，如图 3-212 和图 3-213 所示。

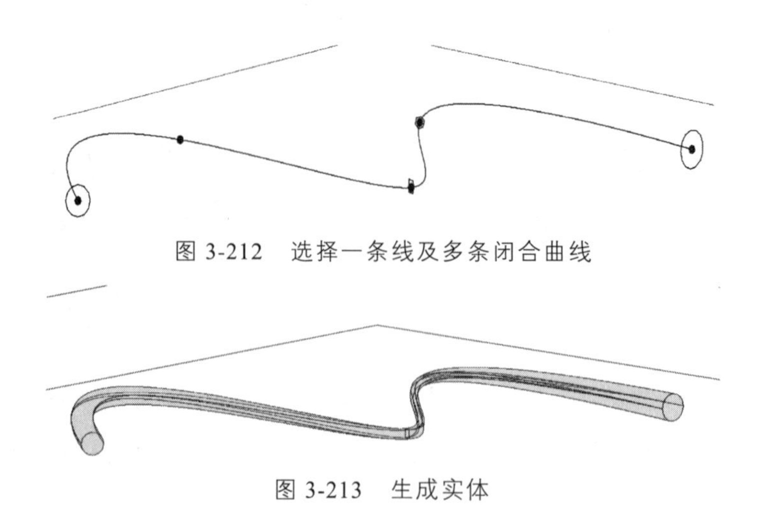

图 3-212　选择一条线及多条闭合曲线

图 3-213　生成实体

3. 新建概念体量族

创建概念体量模型

使用概念设计环境来创建概念体量或填充图案构件，可以重复用于其他的项目。

体量族与内建体量创建形体的方法基本相同，但由于内建族只能随项目保存，因此在使用上相对体量族有一定的局限性。而体量族不仅可以单独保存为族文件随时载入项目，而且在体量族空间中还提供了例如三维标高等工具并预设了两个垂直的三维参照面，优化了体量的创建及编辑环境。

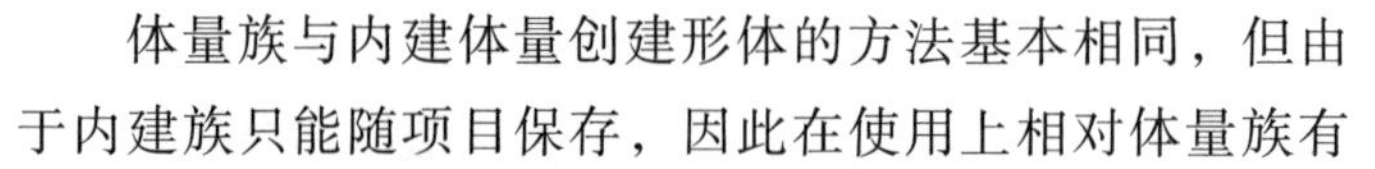

单击“应用程序菜单”→“新建”→“概念体量”，如图 3-214 所示，在弹出的“新建概念体量-选择样板文件”对话框中双击“公制体量.rft”的族样板，进入体量族的绘制空间，如图 3-215 所示。

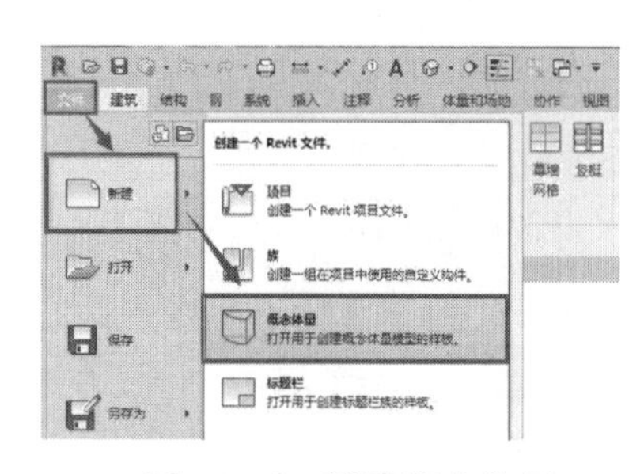

图 3-214　新建概念体量

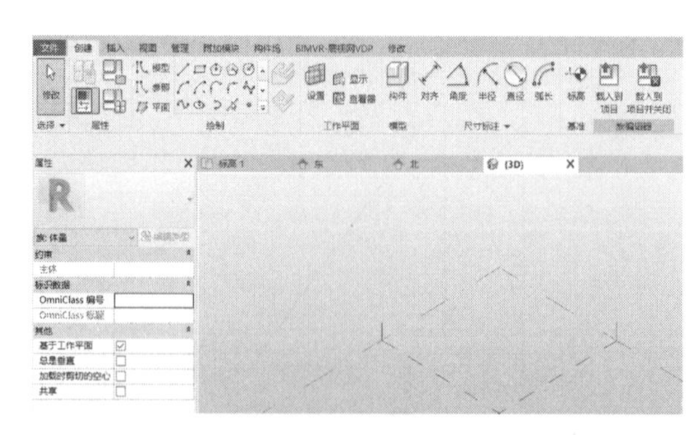

图 3-215　绘制空间

体量族与内建体量创建形体的方法基本相同，包含拉伸、旋转、融合和放样的建筑概念。这里就不重复举例说明。

Revit 的概念体量族空间的三维视图提供了三维标高面，可以在三维视图中直接绘制标高，更有利于体量创建中工作平面的设置。

1）三维标高的绘制

单击“常用”选项卡→“基准”面板→“标高”工具，标高移动到绘图区域现有标高面上方，光标下方出现间距显示，键盘可直接输入间距“20 m”，如图 3-216 所示，按下 Enter 键即可完成三维标高的创建，如图 3-217 所示。

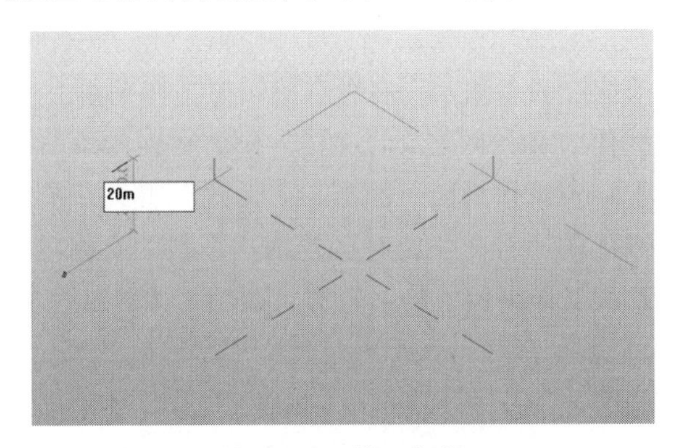

图 3-216　输入间距

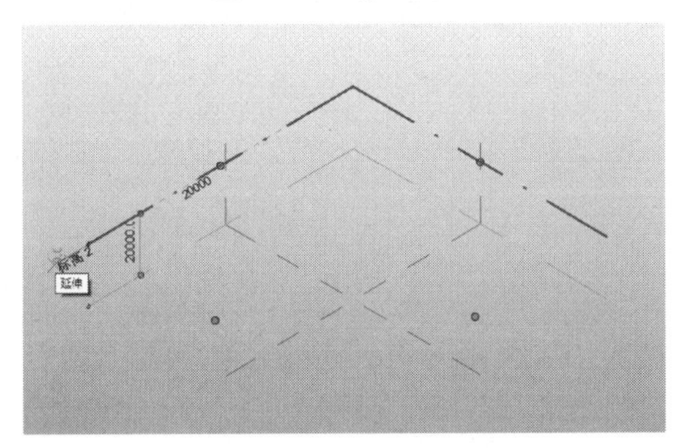

图 3-217　完成标高的创建

标高绘制完成后还可以通过临时尺寸标注修改三维标高，单击可直接修改以下两个标高值，如图 3-218 所示。

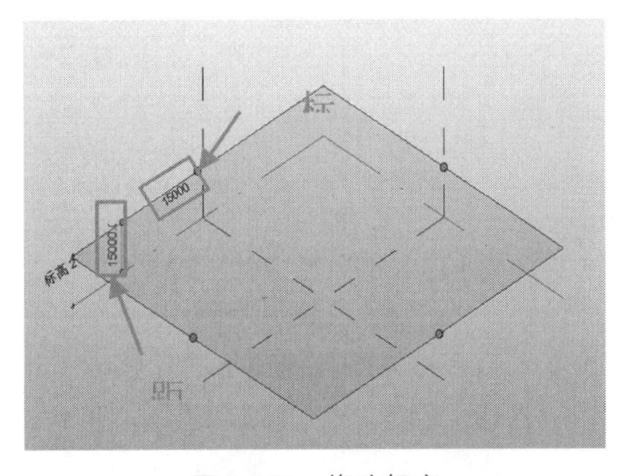

图 3-218　修改标高

2）三维工作平面的定义

在三维空间中要想准确绘制图形，必须先定义工作平面，Revit2019 的体量族中有两种定义工作平面的方法。

（1）单击“常用”选项卡→“工作平面”面板→“设置”工具，光标选择标高平面或构件表面等，此时可将该面设置为当前工作平面。单击激活“显示”工具可始终显示当前工作平面。

（2）通过单击样条线上的点图元，启用点图元的工作平面。

如需以该样条曲线作为路径创建放样实体，则需要在样条曲线关键点绘制轮廓，可单击“创建”选项卡→“工作平面”面板→“设置”工具，单击点图元，即可将当前工作平面设置为该点上的通直面。此时可使用“绘制”面板→“线”工具，选择线工具，如矩形，在该点的工作平面上绘制轮廓，如图 3-219 和图 3-220 所示。

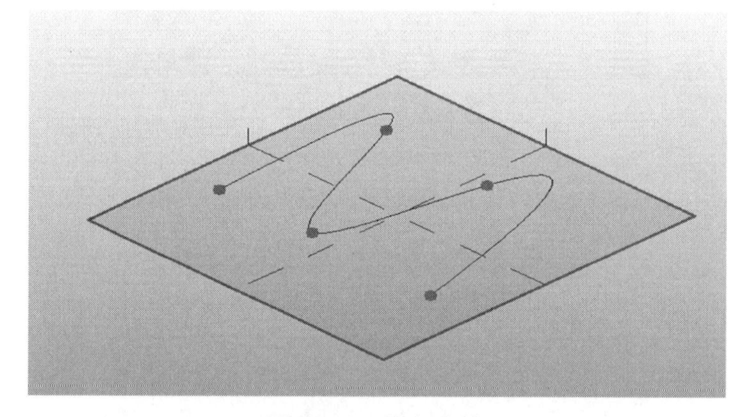

图 3-219　样条曲线

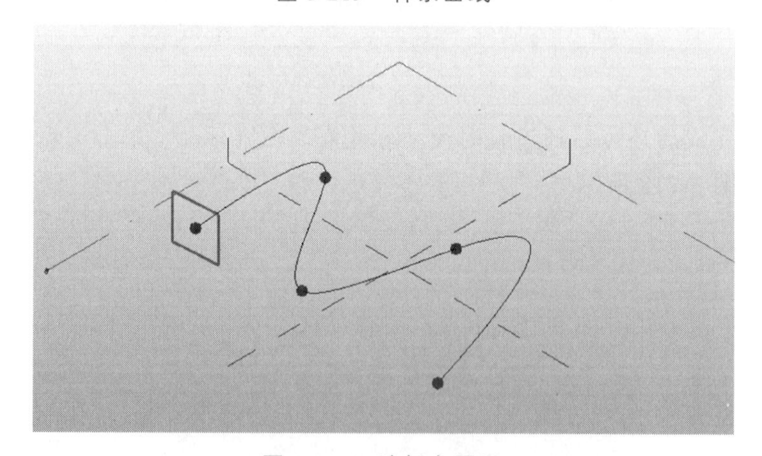

图 3-220　选择点图元

选择样条曲线，并按 Ctrl 键多选该样条曲线上的轮廓，单击“创建”选项卡→“形状”面板→“创建形状”→“创建实心形状”，直接创建实心形状，如图 3-221 和图 3-222 所示。

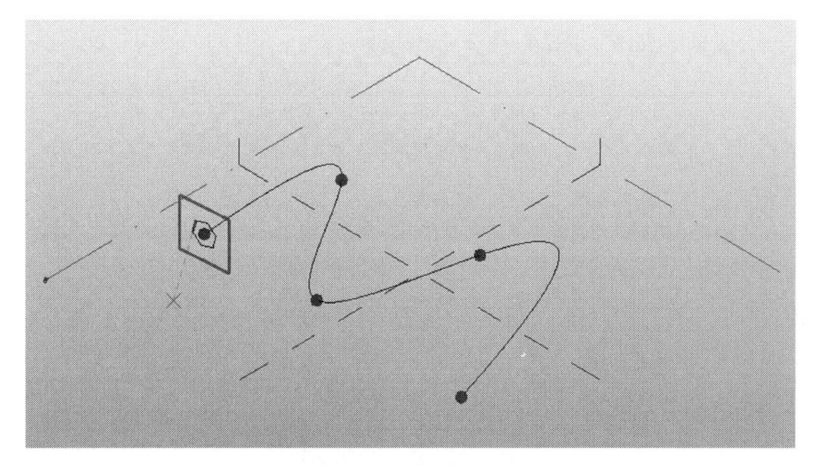

图 3-221　选择样条曲线

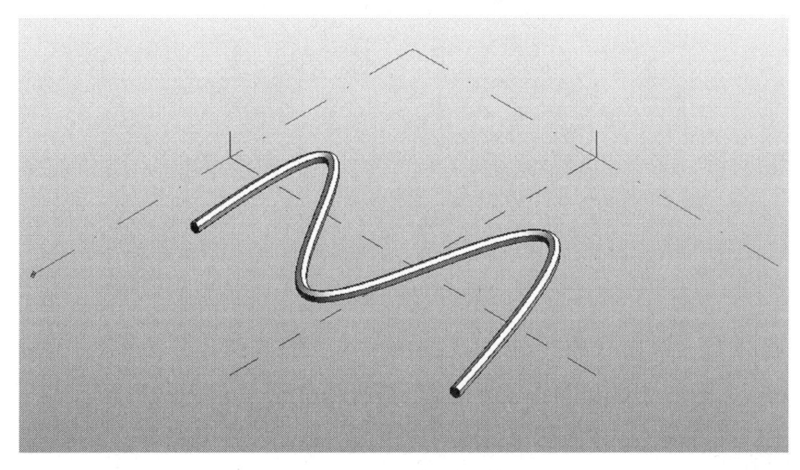

图 3-222　生成实体

3.9.2　体量编辑

体量编辑

1. 形状图元编辑

形状图元编辑的操作工具如图 3-223 所示。

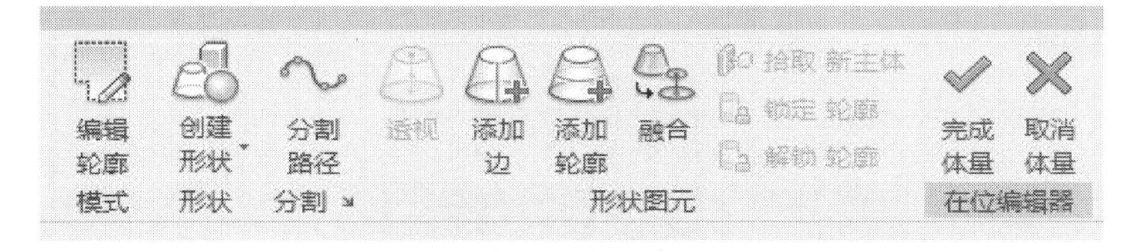

图 3-223　“形状图元”工具

（1）按 Tab 键切换选择点、线、面，选择后将出现坐标系，当光标放在 X、Y、Z 轴任意坐标方向上时，该方向箭头将变为亮显，此时按住并拖拽，将在被选择的坐标方向移动点、线或面，如图 3-224~图 3-226 所示。

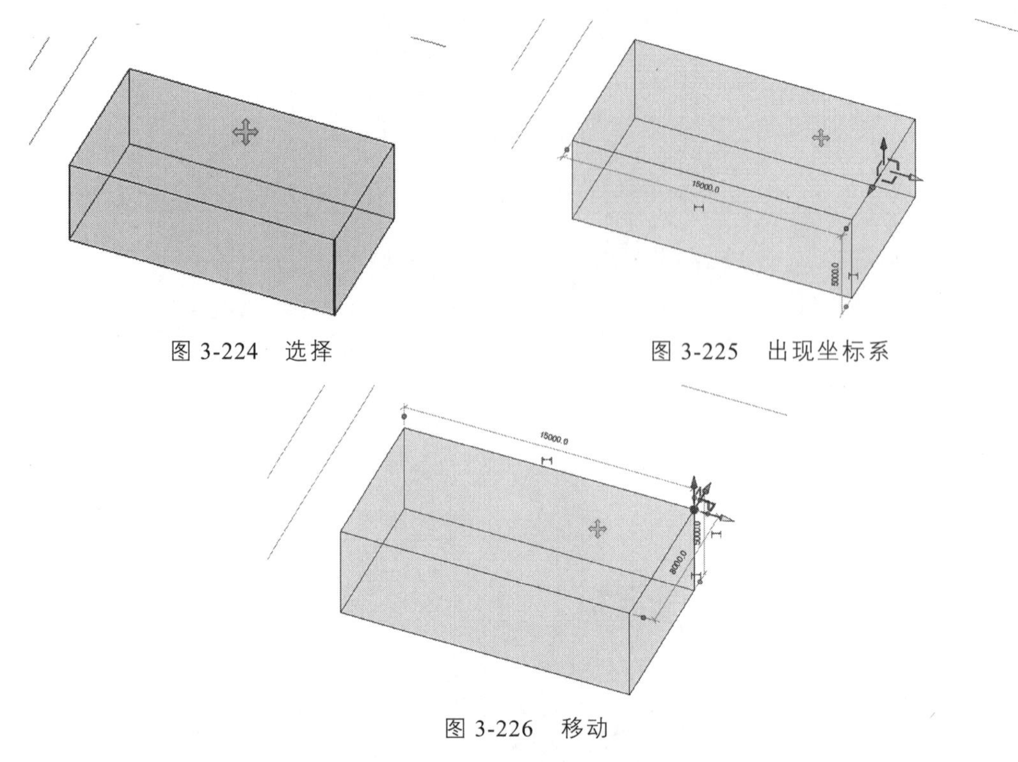

图 3-224　选择

图 3-225　出现坐标系

图 3-226　移动

（2）选择体量，单击“修改|形式”选项卡→“形状图元”面板→“透视”工具，观察体量模型。如图 3-227 和图 3-228 所示，透视模式将显示所选形状的基本几何骨架。这种模式下便于更清楚地选择体量几何构架对它进行编辑。再次单击“透视”工具，将关闭透视模式。

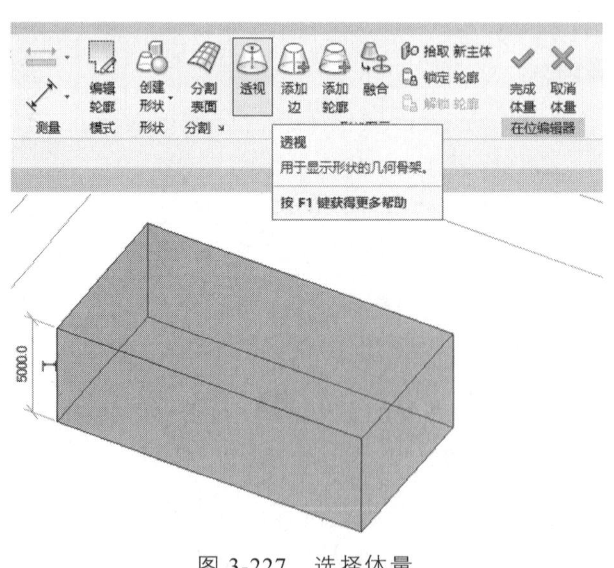

图 3-227　选择体量

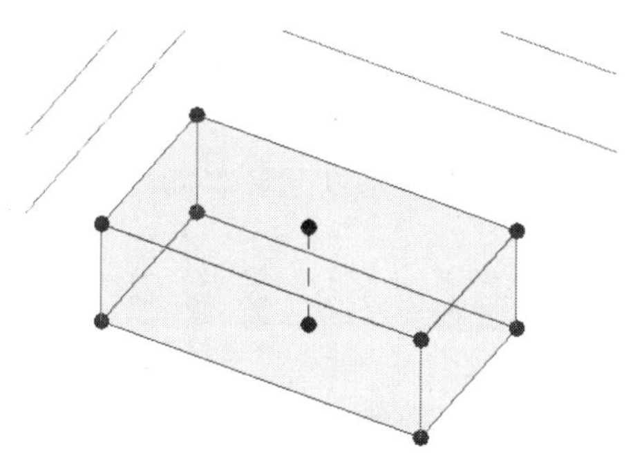

图 3-228　显示基本几何骨架

（3）选择体量，在创建体量时自动产生的边缘有时不能满足编辑需要，Revit 还提供了添加边的工具，单击“修改|形式”选项卡→“形状图元”面板→“添加边”工具，将光标移动到体量面上，如图 3-229 所示，将出现新边的预览，在适当位置单击即完成新边的添加，同时也添加了与其他边相交的点，可选择该边或点通过拖拽的方式编辑体量，如图 3-230 所示。

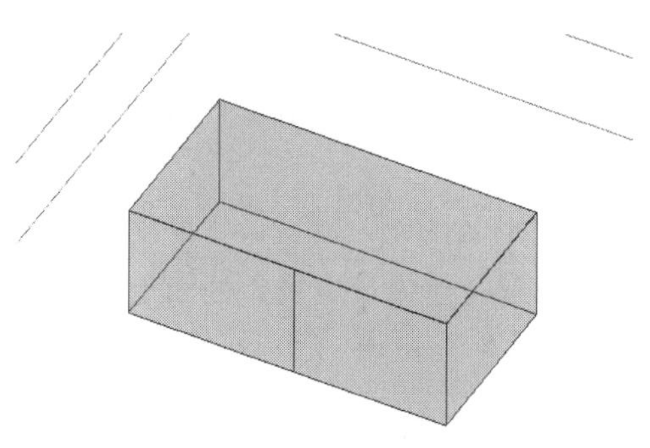

图 3-229　选择体量

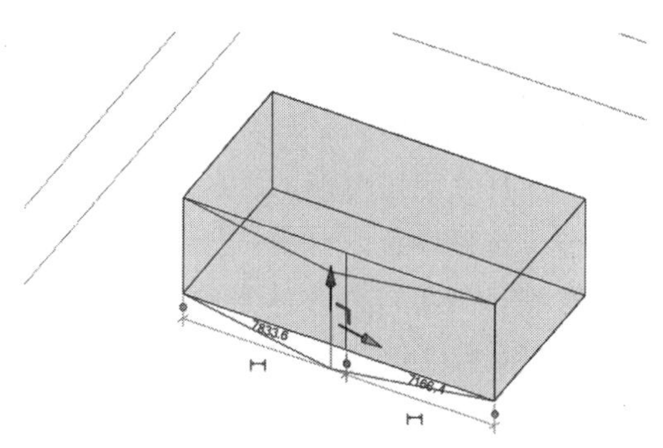

图 3-230　编辑体量

（4）圆形轮廓：生成的空心形体剪切大圆形实心形体生成的体量。选择体量，单击“修改|形式”选项卡→“形状图元”面板→“添加轮廓”工具，光标移动到体量上，将出现与初始轮廓平行的新轮廓的预览，在适当位置单击将完成新的闭合轮廓的添加。新的轮廓同时将生产新的点及边缘线，可以通过操纵它们来修改体量，如图 3-231 和图 3-232 所示。

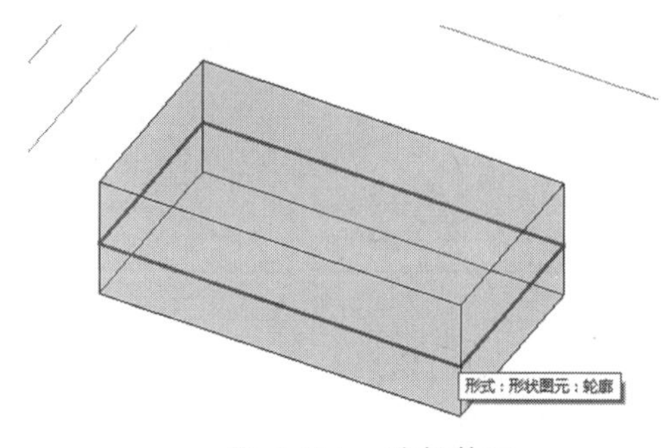

图 3-231　选择体量

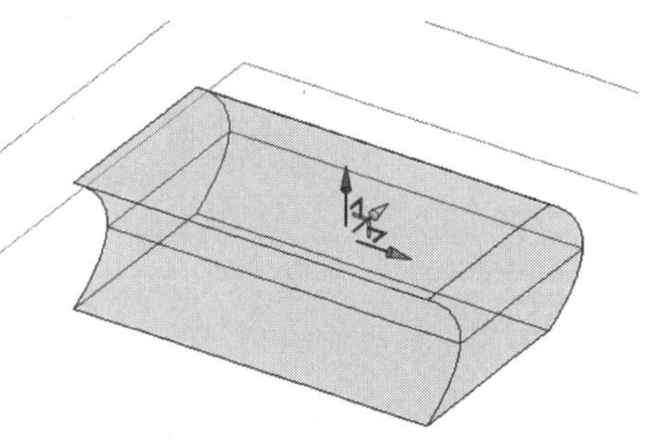

图 3-232　修改体量

（5）选择体量中的某一轮廓，单击“修改|形式”选项卡一“形状图元”面板→“锁定轮廓”工具，体量将简化为所选轮廓的拉伸，手动添加的轮廓将失效，并且操纵方式受到限制，而且锁定轮廓后无法再添加新轮廓，如图 3-233 和图 3-234 所示。

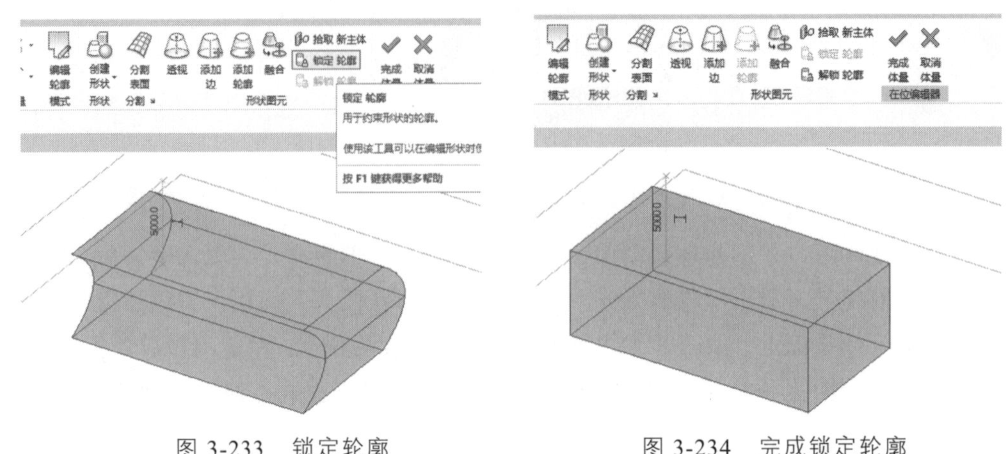

图 3-233　锁定轮廓　　　　图 3-234　完成锁定轮廓

（6）选择被锁定的轮廓或体量，单击“修改|形式”选项卡→“形状图元”面板→“解锁轮廓”工具，将取消对操纵柄的操作限制，添加的轮廓也将重新显示并可编辑，但不会恢复锁定轮廓前的形状。

（7）选择体量，单击“修改 1 形式”选项卡→“形状图元”面板→“变更形状的主体”工具，可以修改体量的工作平面，将体量移动到其他体量或构件的面上，如图 3-235 和图 3-236 所示。

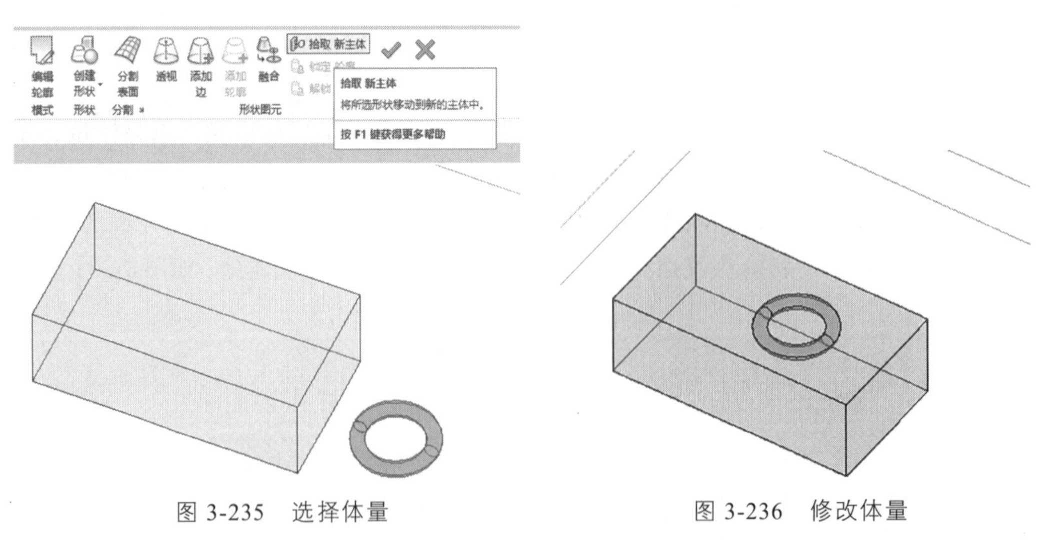

图 3-235　选择体量　　　　图 3-236　修改体量

2. 体量分割表面编辑

（1）选择体量上任意面，单击“修改|形式”选项卡→“分割”面板→“分割表面”工具，如图 3-237 所示，表面将通过 UV 网格（表面的自然网格分割）进行分隔，如图

3-238 所示。

注意：UV 网格是用于非平面表面的坐标绘图网格。三维空间中的绘图位置基于 X、Y、Z 坐标系，而二维空间则基于 X、Y 坐标系。由于表面不一定是平面，在绘制位置时常采用 UVW 坐标系。在图纸上表示为一个网格，针对非平面表面或形状的等高线进行调整。UV 网格用在概念设计环境中，相当于 X、Y 网格，即两个方向默认垂直交叉的网格。

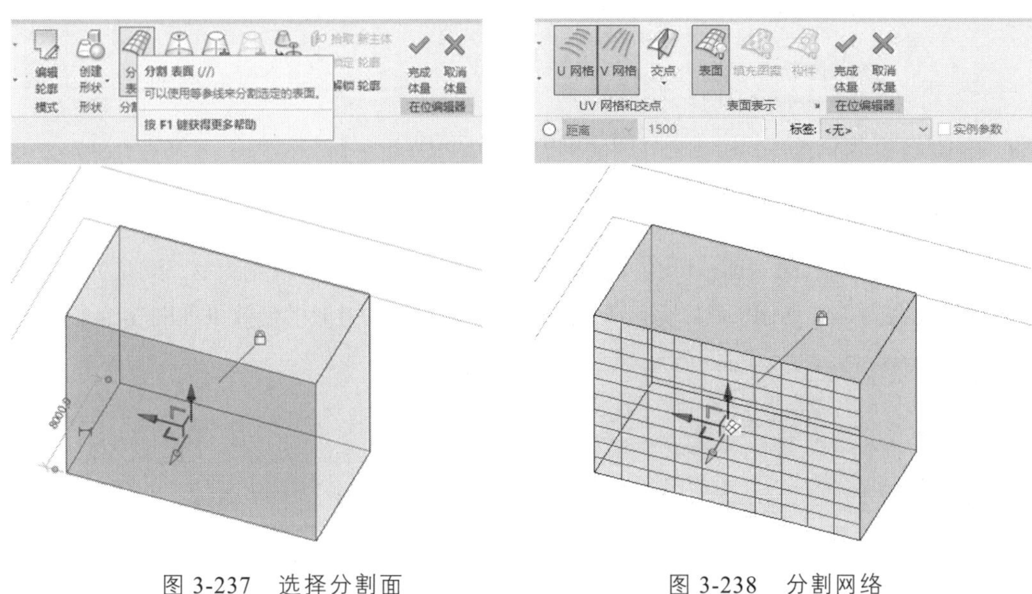

图 3-237　选择分割面　　　　图 3-238　分割网络

（2）UV 网格彼此独立，并且可以根据需要开启和关闭。默认情况下，最初分割表面后，U 网格和 V 网格都处于启用状态。单击“UV 网格和交点”选项卡→“U 网格”工具，将关闭横向 U 网格，再次单击将开启 U 网格，关闭、开启 V 网格操作相同，如图 3-239 所示。

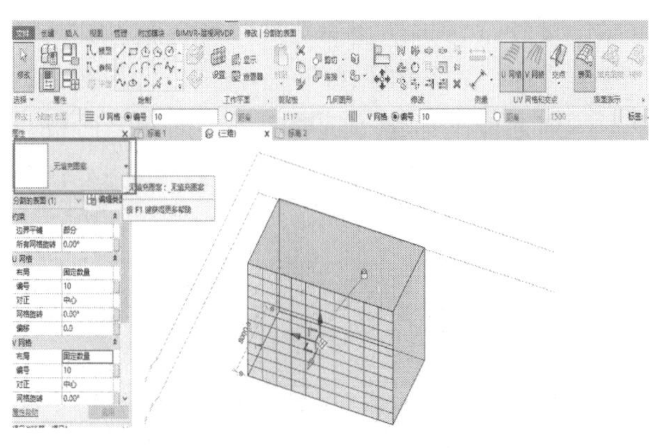

图 3-239　开启和关闭网络

（3）UV 网格的布局也可以设置成“固定距离”“网格旋转”等，如图 3-240 所示。

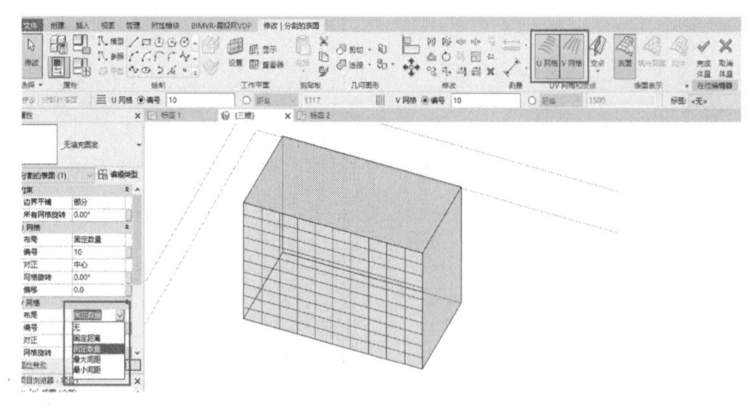

图 3-240　网格布局

3. 分割表面填充

（1）选择分割后的表面，可在“属性”面板下拉列表中选择填充图案，默认为“无填充图案”，如图 3-241 所示。可以为已分割的表面填充图案，矩形棋盘效果如图 3-242 所示。

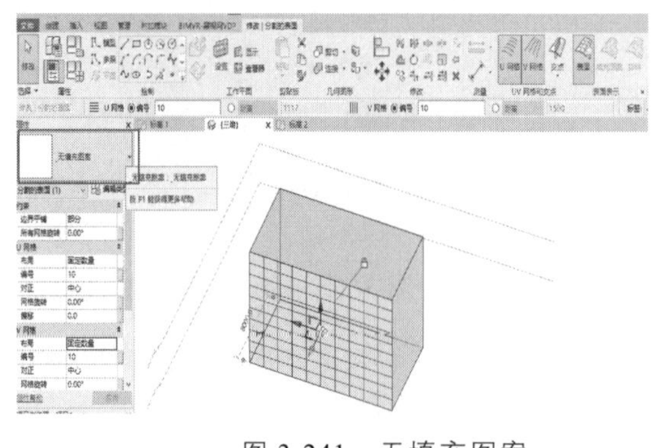

图 3-241　无填充图案

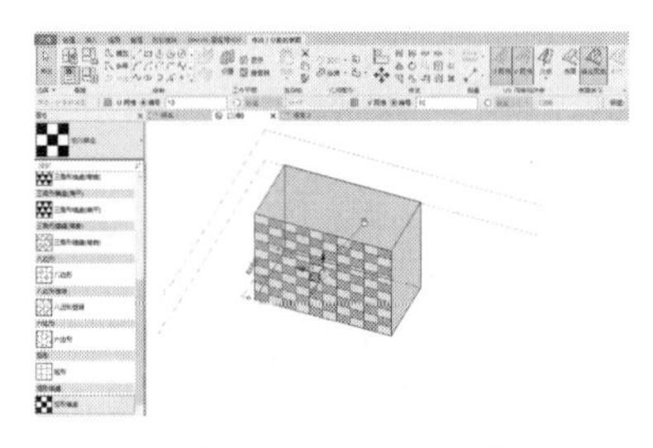

图 3-242　矩形棋盘

（2）单击“插入”选项卡→“从库中载入”面板→“载入族”工具，在默认的族库文件夹“建筑”中双击打开“按填充图案划分的幕墙嵌板”文件夹，载入可作为幕墙嵌板的构件族，如选择“1-2 错缝表面.rfa”，单击“打开”按钮，完成族的载入。选择被分割的表面，单击“内建模型体量”选项卡→“图元”面板→“修改图元类型”按钮，选择刚刚载入的“1-2 错缝表面（玻璃）”。效果如图 3-243 所示。

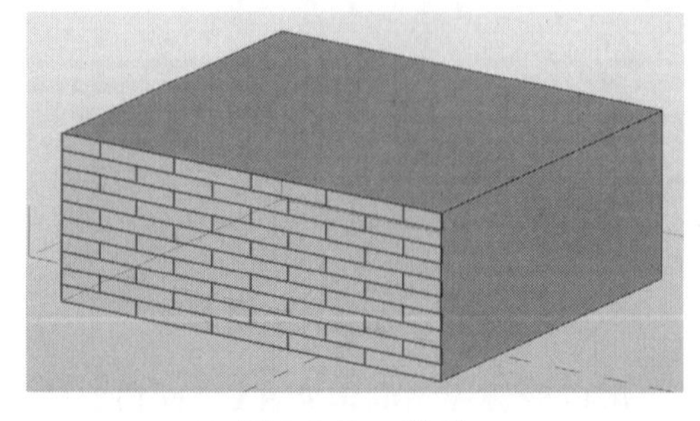

图 3-243　效果

3.9.3 体量研究

体量研究

Revit 的体量工具可以帮助我们实现初步的体块穿插研究，体块的方案确定后，“面模型”工具可以将体量的面转换为建筑构件，如墙、楼板、屋顶，以便继续深入研究方案，体量创建后可以自动计算出体量的总体积、总面积和总楼层面积。

可以从体量实例、常规模型、导入的实体和多边形网格的面创建建筑图元，包括墙、楼板、幕墙及屋顶。

注意：可以在项目中载入多个体量，如体量直接有交叉可使用“修改”选项卡→“编辑几何图形”面板→“连接”→“连接几何图形”，依次单击交叉的体量，即可清理掉体量的重叠部分，如图 3-244 和图 3-245 所示。

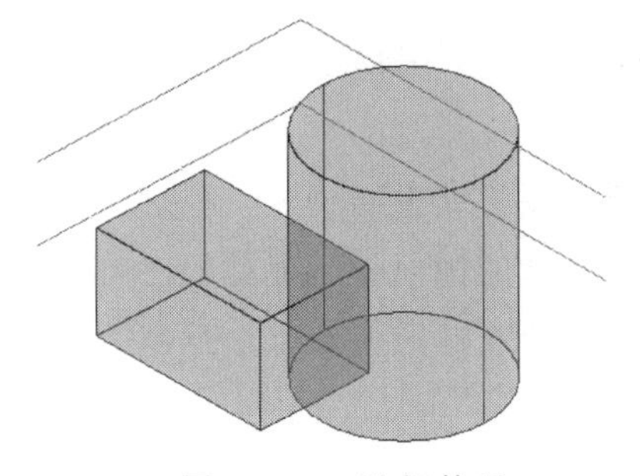

图 3-244 选择体量

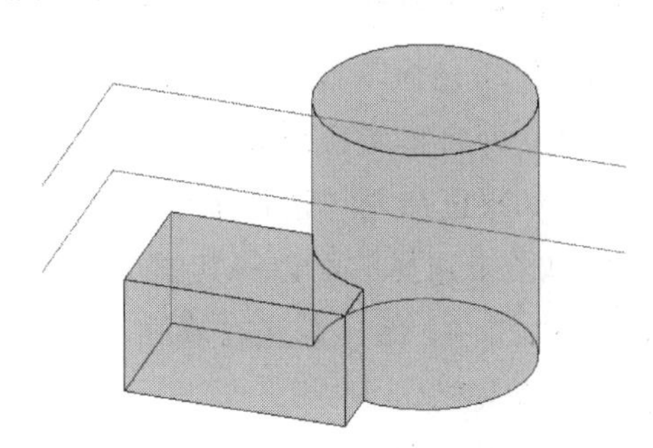

图 3-245 连接几何图形

1. 基于体量面创建墙

使用“面墙”工具，通过拾取线或面从体量实例创建墙。此工具将墙放置在体量实例或常规模型的非水平面上。使用“面墙”工具创建的墙不会自动更新。要更新墙，应使用“更新到面”工具。从体量面创建墙的步骤如下：

（1）打开显示体量的视图。单击“体量和场地”选项卡下“面模型”面板中的“面墙”工具。

（2）在类型选择器中选择一个墙类型。

（3）移动光标以高亮显示某个面，单击以选择该面，创建墙体，如图 3-246 所示。

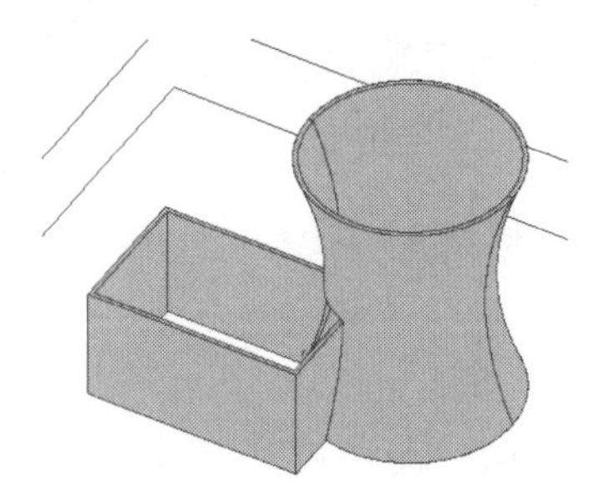

图 3-246 创建墙体

2. 基于体量面创建楼板幕墙系统

使用“面幕墙系统”工具在任何体量面或常规模型面上创建幕墙系统。幕墙系统没有可编辑的草图。如果需要关于垂直体量面的可编辑的草图，应使用幕墙。

注：无法编辑幕墙系统的轮廓。如果要编辑轮廓，应放置一面幕墙。从体量面创建幕墙系统，步骤如下：

（1）打开显示体量的视图。单击“体量和场地”选项卡下“面模型”面板中的“面墙”工具。

（2）在类型选择器中，选择一种幕墙系统类型。使用带有幕墙网格布局的幕墙系统类型。

（3）从一个体量面创建幕墙系统，应单击“修改 1 放置面幕墙系统”选项卡的“多重选择”面板（选择多个）以禁用它（默认情况下，处于启用状态）。

（4）移动光标以高亮显示某个面，单击以选择该面。如果已清除“选择多个”选项，则会立即将幕墙系统放置到面上。

（5）如果已启用“选择多个”，应按如下操作选择更多体量面：

① 单击未选择的面以将其添加到选择中。单击所选的面以将其删除。光标将指示是正在添加（+）面还是正在删除（-）面。提示：将拾取框拖拽到整个形状上，将整体生成幕墙系统。

② 要清除选择并重新开始选择，应单击“修改|放置面幕墙系统”选项卡→“多重选择”面板→“清除选择”工具。

③ 在所需的面处于选中状态下，单击“修改|放置面幕墙系统”选项卡→“多重选择”面板→“创建系统”工具。

④ 完成后的效果如图 3-247 所示。

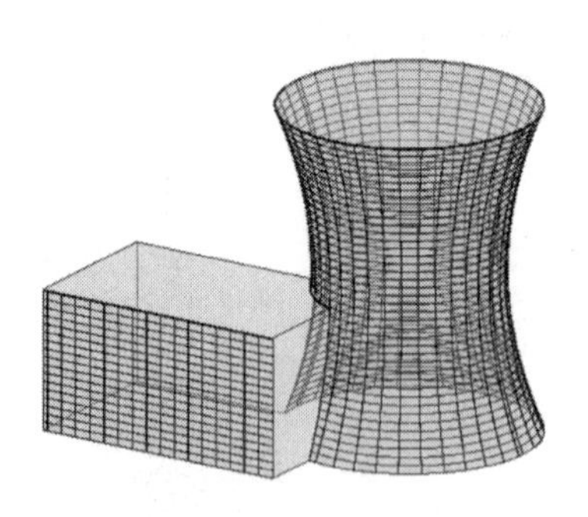

图 3-247　完成后的效果

3. 基于体量面创建楼板

从体量实例创建楼板，应使用“面楼板”工具或“楼板”工具先创建体量楼层。体量楼层在体量实例中计算楼层面积。

从体量楼层创建楼板的步骤如下：

（1）打开显示概念体量模型的视图，选择体量，在“模型”面板中单击“体量楼层”，如图 3-248 和图 3-249 所示。

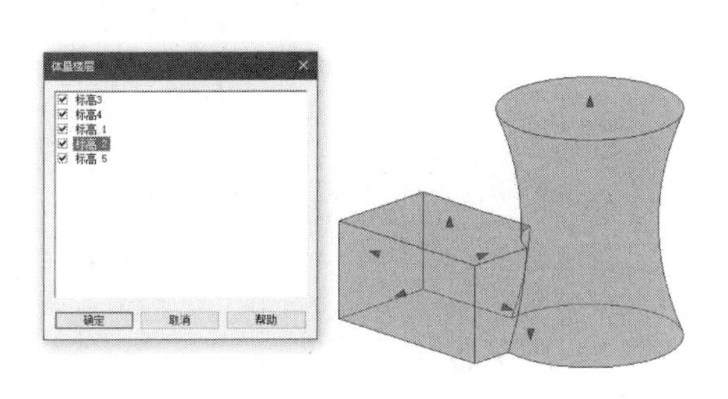

图 3-248　选择体量

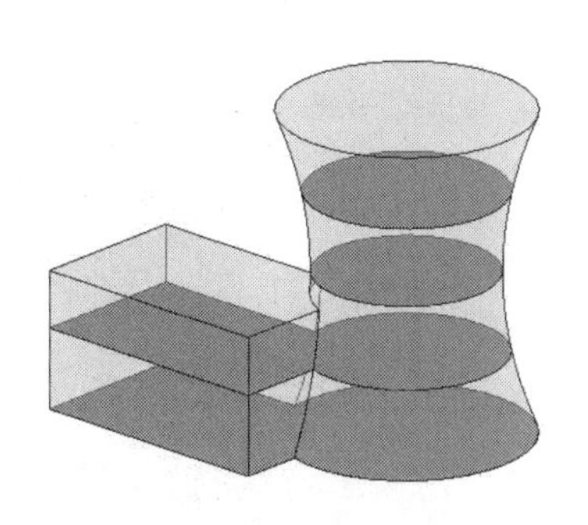

图 3-249　体量楼层

（2）单击“体量和场地”选项卡下“面模型”面板中的“面楼板”工具。

（3）在类型选择器中，选择一种楼板类型。选中需要的体量楼层后，单击“修改|放置面楼板”选项卡→“多重选择”面板→“创建楼板”工具，完成效果如图 3-250 所示。

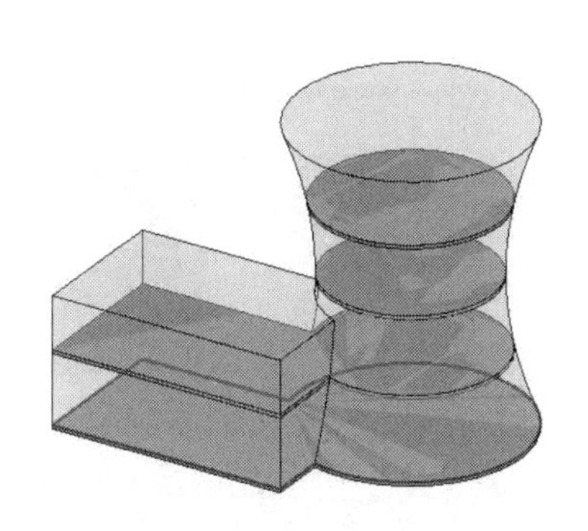

图 3-250　完成效果

4. 基于体量面创建屋顶

（1）打开显示体量的视图。单击“体量和场地”选项卡下“面模型”面板中的“面屋顶”工具。

（2）在类型选择器中，选择一种屋顶类型。如果需要，可以在选项栏上指定屋顶的标高。

（3）移动光标以高亮显示某个面，单击以选择该面。选中所需的面以后，单击“修改 1 放置面屋顶”选项卡下“多重选择”面板中的“创建屋顶”工具。

提示：通过在“属性”选项板中修改屋顶的“已拾取的面的位置”属性，可以修改屋顶的拾取面位置——顶部或底部，如图 3-251 所示。

注意，单击关闭“体量和场地”选项卡→“概念体量”面板→“显示体量”工具，如图 3-252 所示。

图 3-251　屋顶的拾取面

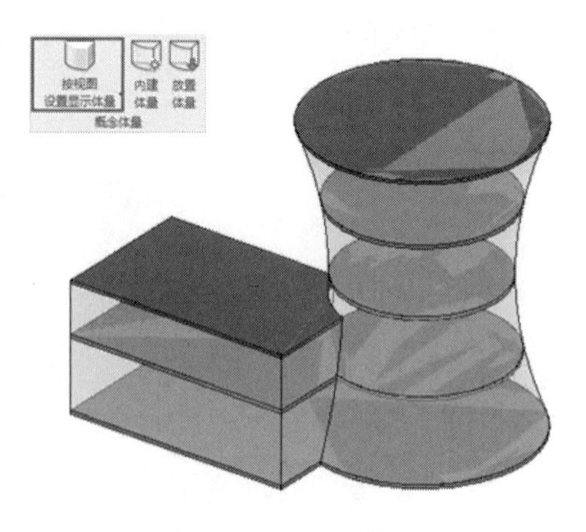

图 3-252　显示体量

如果需要编辑体量，随时可通过“显示体量”开启体量的显示，但“显示体量”工具是临时工具，当关闭项目下次打开时，“显示体量”将为关闭状态，如需在下次打开项目时体量仍可见，则可以单击“视图属性”→“可见性/图形替换”对话框→勾选“体量”，如图 3-253 所示。

图 3-253　体量的可见性

本章小结

本章主要介绍了 Revit 立面各个基本构建命令的应用和编辑，这些都是属于建模的基本操作。我们不仅要熟练掌握这些命令的运用，还要清楚这些基本构件的绘制方法。

第 3 篇

BIM 模型后期应用及其拓展

第 4 章　模型渲染与布图打印

本章重点讲解模型的渲染、布置视图、打印和图纸输出等内容。

4.1　模型浏览

利用 Revit2019 软件，我们完成了建模工作，那么如何查看模型的三维形式，或者如何只查看某一楼层的三维形式呢？另外，如果要查看建筑模型内部的构件，应该如何处理呢？有没有比较便捷、明了的方法呢？

（1）利用视图菜单栏的默认三维视图功能，可以直接对建筑模型的整体三维形式进行查看；也可以通过软件最上方快捷按钮中的小房子图标对建筑模型的整体三维形式进行查看。

（2）如果要分楼层查看，如何来处理呢？在默认三维视图状态下，右击选择右上角的视图魔方。在右键菜单中利用定向到视图，选择所需查看的对应楼层即可。

（3）查看单独构件的三维形式可以利用剖面框和选择框。在默认三维视图状态下，在“属性”选项卡中，勾选“剖面框”，软件会提供默认的剖面框形式。选中剖面框，拉动拖拽柄，与建筑模型相交，即可查看相交处内部的模型三维，如内部楼梯。

4.2　渲染及漫游操作方法

4.2.1　渲染步骤

渲染操作方法

在 Revit Architecture 中，渲染三维视图的工作流程有 7 个步骤：

（1）创建建筑模型的三维视图。

（2）指定材质的渲染外观，并将材质应用到模型图元。

（3）为建筑模型定义照明。如果渲染图像将使用人造灯光，应将它们添加到建筑模型；如果渲染图像将使用自然灯光，应定义日光和阴影设置。

（4）将以下内容添加到建筑模型中：植物、人物、汽车和其他环境、贴花（此步骤可依据渲染需求来确定是否进行）。

（5）定义渲染设置。

（6）渲染图像。

（7）保存渲染图像。

4.2.2 模型渲染

（1）渲染视图前首先对构件材质进行设置，进入将要渲染的三维视图，单击“视图”选项卡下“图形”面板中的“渲染”命令，弹出“渲染”对话框，如图 4-1 所示。首先调节渲染出图的质量，单击“质量”栏内“设置”选项框的下拉菜单，从中选择渲染的标准，渲染的质量越好，渲染需要的时间就会越长，所以要根据需要设置不同的渲染质量标准。

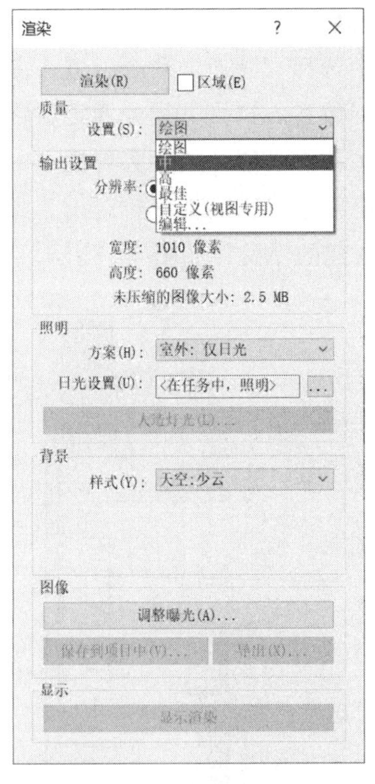

图 4-1　渲染设置

在“渲染”对话框中“输出设置”栏内可调节渲染图像的分辨率，“照明”设置栏内可对“方案”和“日光设置”进行设置。“背景”设置栏内可设置视图中天空的样式。“图像”设置栏内可调节曝光和最后渲染图像的保存格式及位置。所有参数设置完成后，单击对话框左上角的“渲染”按钮，开始进入渲染过程，渲染完成后单击对话框下端“导出”命令，弹出“保存图像路径”对话框后设置图像的保存格式和存放位置，最后完成图片的渲染，效果如图 4-2 所示。

图 4-2　渲染效果

（2）动画演示。

① 选择“视图”上下文选项卡“创建”面板中的“三维视图”命令，在下拉选项中选择“漫游”命令，进入漫游路径绘制状态。将鼠标光标放在入口处开始绘制漫游路径，单击鼠标左键插入一个关键点，隔一段距离再插入一个关键点，绘制一条循环路径，完成后按 Esc 键退出，此时项目浏览器面板中会发现新建的漫游，如图 4-3 所示。

漫游操作方法

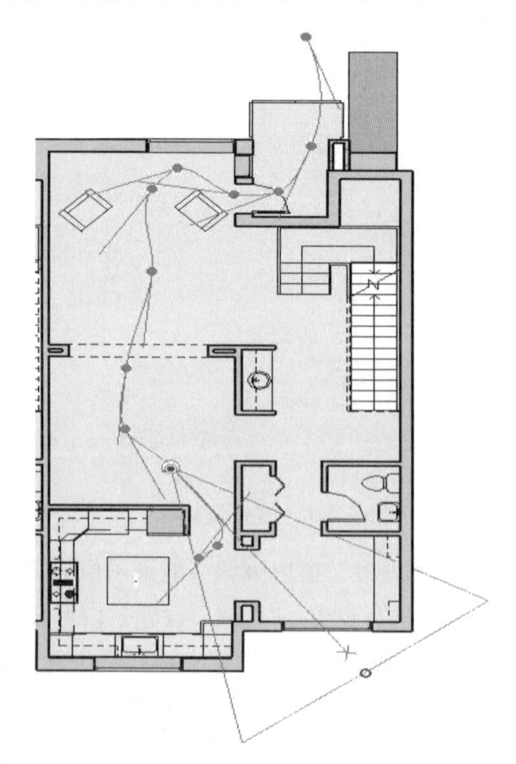

图 4-3　绘制漫游路径

② 双击漫游 1 进入相应视图，点击“编辑漫游”命令，自动激活“编辑漫游”选项卡，如图 4-4 和图 4-5 所示。

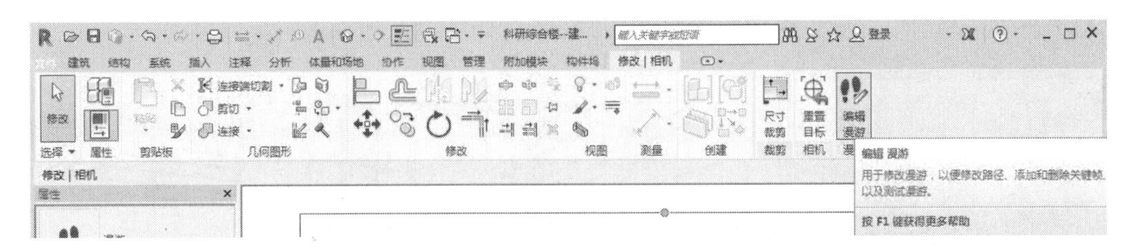

图 4-4 “编辑漫游”命令

图 4-5 激活“编辑漫游”选项卡

③ 回到原视图可以看到添加的各关键帧和相机位置，如图 4-6 所示。

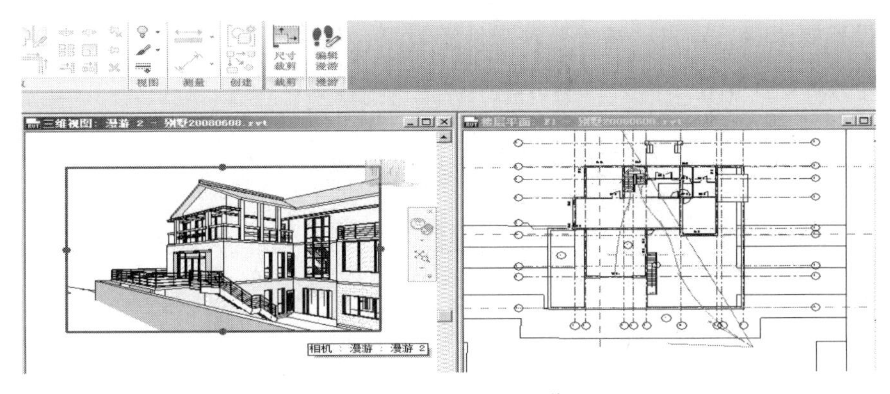

图 4-6 关键帧和相机位置

④ 切换至平面视图，选择“控制”选项为“活动相机”，可以设置相机的“远剪裁偏移”“目标点位置”“视图范围”等，如图 4-7 所示。

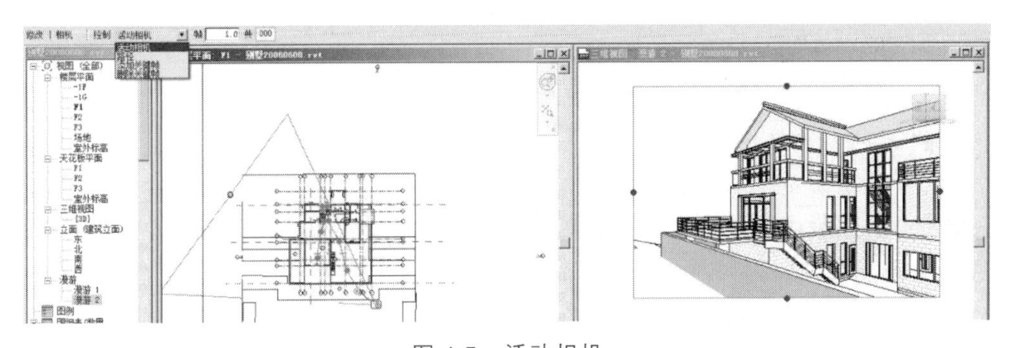

图 4-7 活动相机

⑤ 点击“漫游”面板下的“上一关键帧”等命令，移动相机的两个按钮可以逐帧设置相机的位置和视口的大小及方向。为了更方便和直观地设置检查制作的效果，可以打开平面、立面、漫游视图，查看相机效果，如图 4-8 所示。

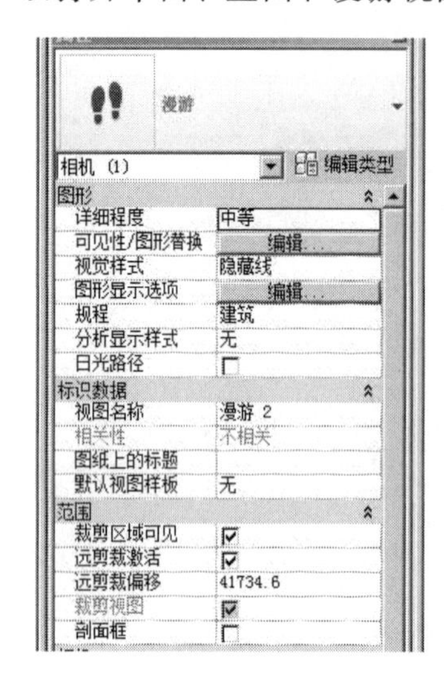

图 4-8　查看相机效果

⑥ 设置完成后，点击“播放”观看漫游效果，如果速度过快或者对帧数不满意，可以单击帧数，并在弹出的对话框中按照图 4-9 设置漫游帧。

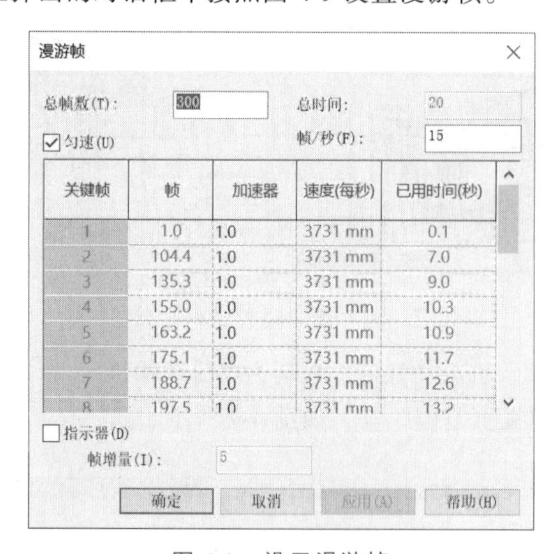

图 4-9　设置漫游帧

（3）导出漫游。

单击“应用程序菜单”按钮，选择“导出”→“图像和动画”选项，弹出对话框，如图 4-10 所示。

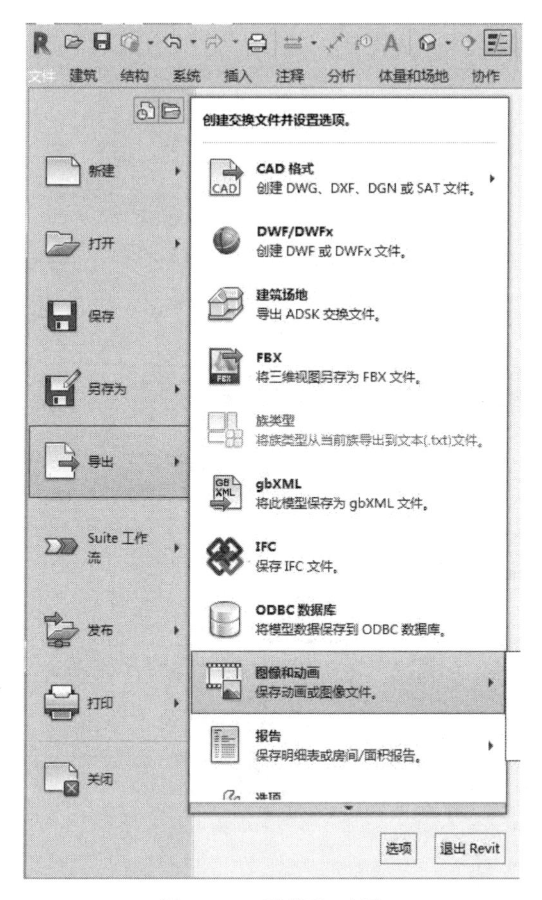

图 4-10　图像和动画

根据需要调节输出长度和格式，如图 4-11 所示。

长度/格式
输出长度
全部帧
帧范围
起点: 1　终点: 300
帧/秒: 15　总时间: 00:00:20
格式
视觉样式 带边框着色
尺寸标注 567　425
缩放为实际尺寸的 100 %
包含时间和日期戳(T)
确定(O)　取消(C)　帮助(H)

图 4-11　长度/格式

选择文件类型：avi 或图像文件（jpeg、tiff、bmp 或 png），在“视频压缩”对话框中，从已安装在计算机上的压缩程序列表中选择视频压缩程序，如图 4-12 所示。

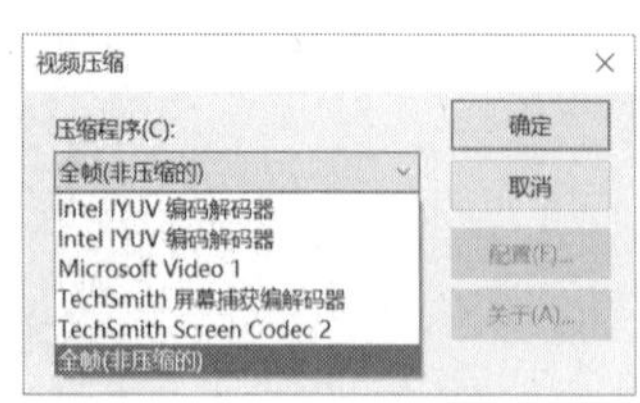

图 4-12　视频压缩

4.3　明细表创建方法

明细表创建方法

（1）打开“视图”→“明细表”→“明细表/数量”，如图 4-13 和图 4-14 所示。

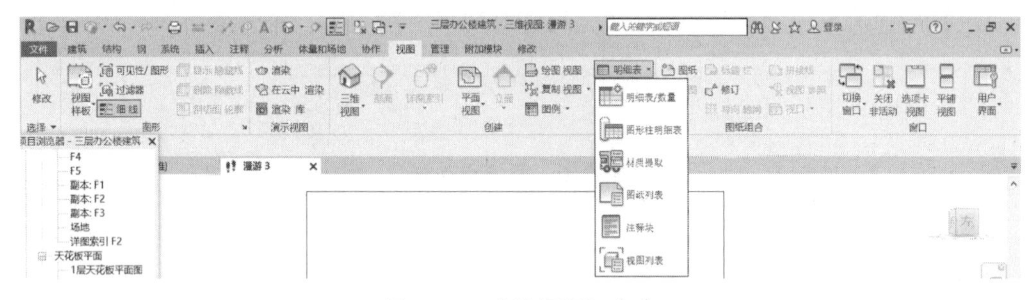

图 4-13　“明细表”命令

图 4-14　“明细表/数量”命令

（2）选中想要导出明细的对象，如窗、门或墙等，点击“确定”，如图 4-15 所示。

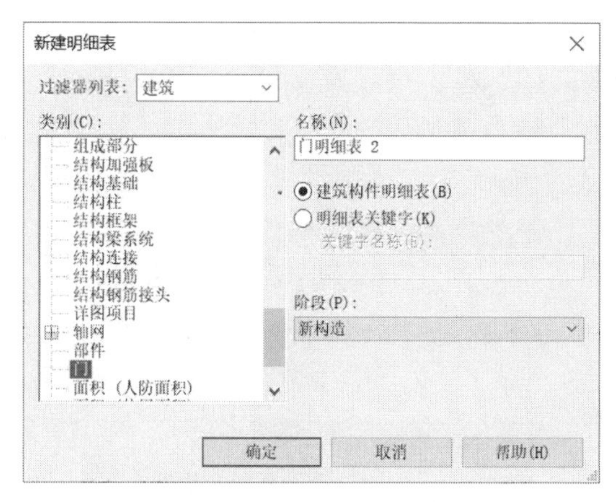

图 4-15 选择想要导出明细的对象

（3）在左边的可选栏里面选择需要的参数，点选“添加”，如图 4-16 所示。

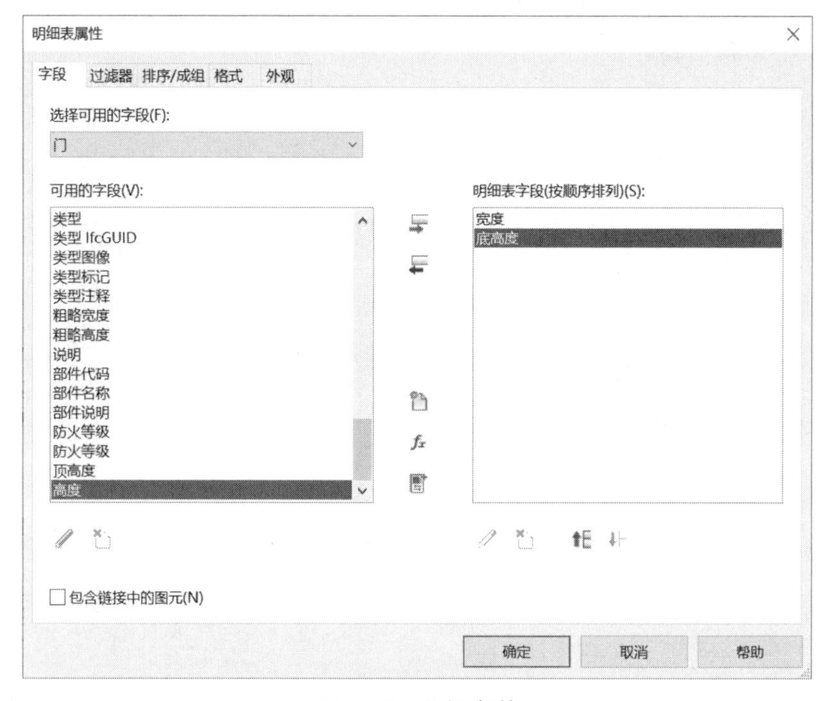

图 4-16 选择参数

（4）创建限制明细表中数据显示的过滤器。最多可以创建 4 个过滤器，且所有过滤器都必须满足数据显示的条件。可以使用明细表字段的许多类型来创建过滤器：包括文字、编号、整数、长度、面积、体积、是/否、楼层和关键字明细表参数。以下明细表字段不支持过滤：族、类型、族和类型、面积类型（在面积明细表中）、从房间、到房间（在门明细表中）、材质参数。

（5）修改属性，设置排序方式，勾选“总计”，选择“合计与总数”，勾选“逐项列举明细表中的图元的每个实例”，如图 4-17 所示。

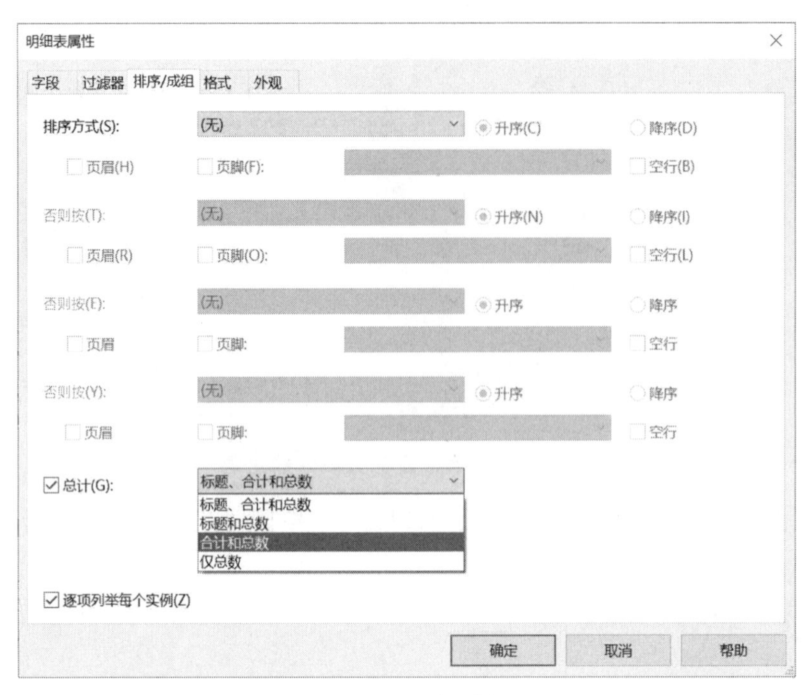

图 4-17　排序/成组

（6）设计格式，设定各个字段的输出格式。注意：标题可以与字段名不同；勾选“计算总数”，可以进行列统计，如图 4-18 所示。

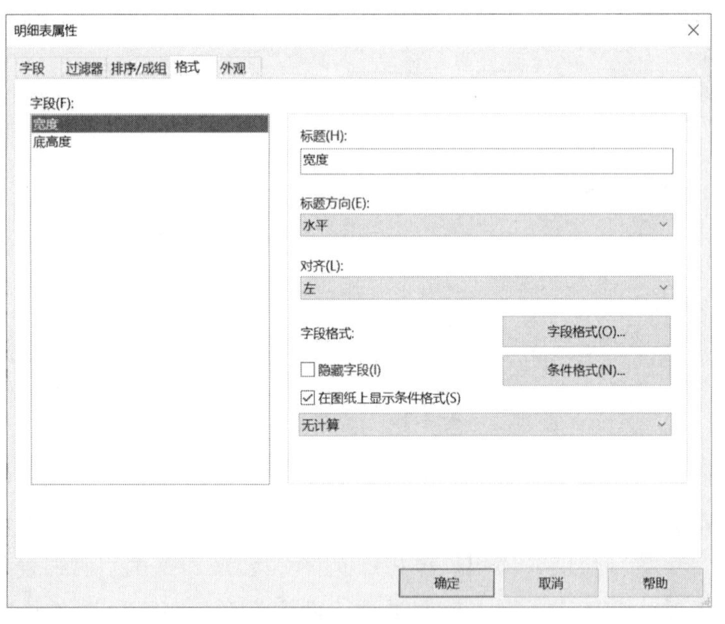

图 4-18　格式

（7）设置外观：选择网格线，设置轮廓线，设置标题文字，如图 4-19 和图 4-20 所示。

图 4-19　外观

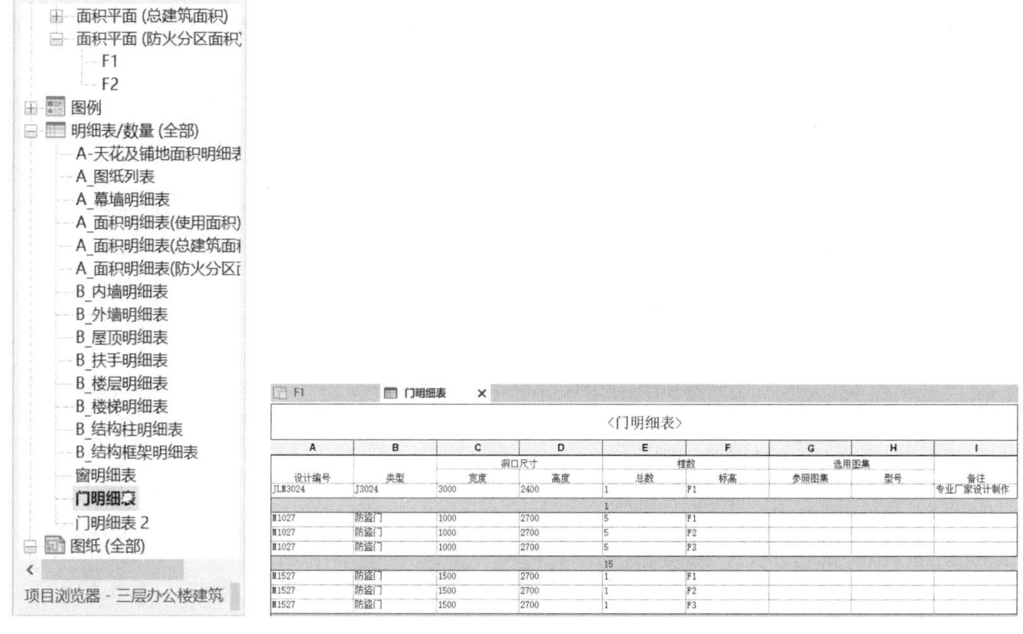

<门明细表>

A	B	C	D	E	F	G	H	I
		洞口尺寸		樘数		选用图集		
设计编号	类型	宽度	高度	总数	标高	参照图集	型号	备注
JLM3024	J3024	3000	2400	1	F1			专业厂家设计制作
1								
M1027	防盗门	1000	2700	5	F1			
M1027	防盗门	1000	2700	5	F2			
M1027	防盗门	1000	2700	5	F3			
15								
M1527	防盗门	1500	2700	1	F1			
M1527	防盗门	1500	2700	1	F2			
M1527	防盗门	1500	2700	1	F3			

图 4-20　输出样式

（8）编辑表格。可以手工编辑表格中留空的内容，也可以从列表中选择一个值；编辑属性中的名称、字段、过滤器、排序/成组、格式和外观。在创建明细表后，可能需要按成组列修改明细表的组织和结构。可以创建多层标题和子标题，以在明细表中提供更详细的信息；合并成组单元格（列标题成组），如图 4-21 所示。

F1　门明细表

〈门明细表〉

A	B	C	D	E	F	G	H	I
设计编号	类型	洞口尺寸		樘数		选用图集		备注
		宽度	高度	总数	标高	参照图集	型号	
JLM3024	[illegible]	3000	2400	1	F1			专业厂家设计制作
1								
M1027	防盗门	1000	2700	5	F1			
M1027	防盗门	1000	2700	5	F2			
M1027	防盗门	1000	2700	5	F3			
15								
M1527	防盗门	1500	2700	1	F1			
M1527	防盗门	1500	2700	1	F2			
M1527	防盗门	1500	2700	1	F3			

图 4-21　编辑表格

4.4　布图与打印方法

4.4.1　图纸布图

布图与打印方法

无论是导出为 CAD 文件还是打印，均需要创建图纸，并布置视图至图纸上，而图纸布置完成后，还需要设置各个视图的视图标题、项目信息设置等操作。

Revit 中，为施工图文档集中的每个图纸创建一个图纸视图，然后在每个图纸上放置多个图形或明细表，其中，施工图文档集也称为图形集或图纸集。

打开光盘文件中的“某三层办公楼项目.rvt”项目文件，该文件已经为各个视图添加了尺寸标注、高程点、明细表等图纸中需要的项目信息。

单击“图纸组合”面板中的“图纸”按钮，将会弹出“新建图纸”对话框，在该对话框中选择需要的标题栏，如图 4-22 所示。

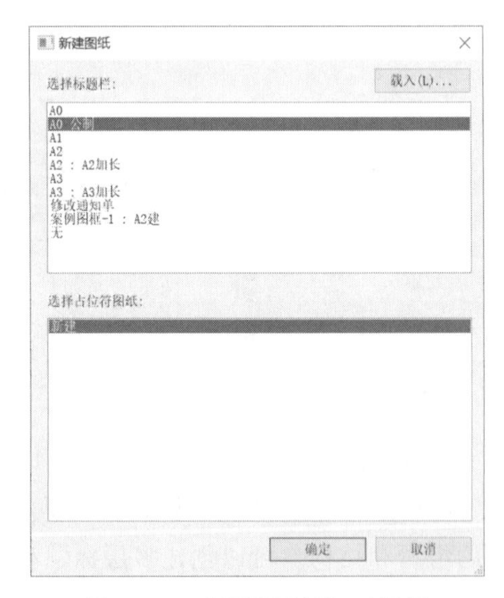

图 4-22　“新建图纸”对话框

在“图纸组合”面板中单击“视图”按钮，在弹出的“视图”对话框的列表中选择“楼层平面 F1”，然后单击“在图纸中添加视图”按钮，将光标指向图纸空白区域单击，放置该视图，如图 4-23 所示。

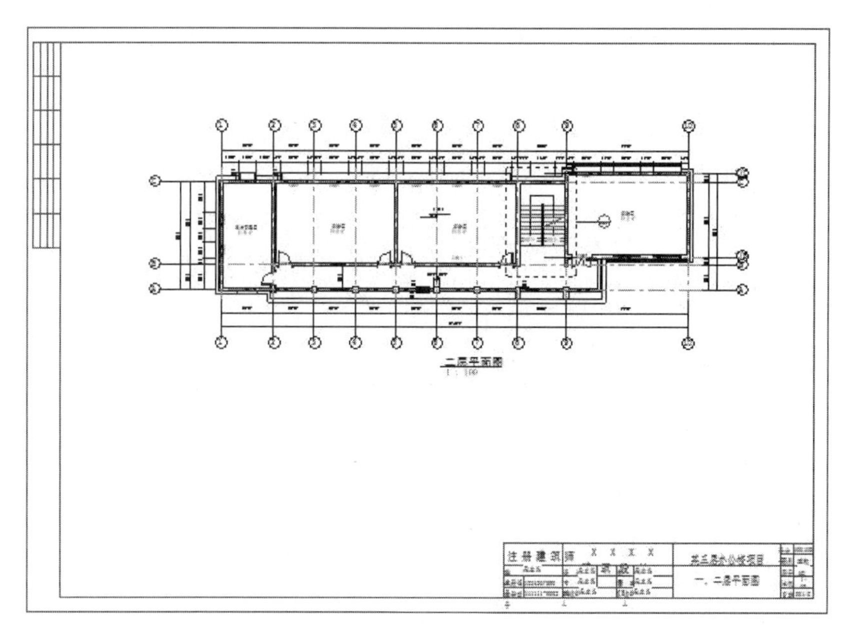

图 4-23　平面视图

4.4.2　视　口

在图纸中添加视图时，在图纸上会显示视口以代表该视图。视口与窗口相似，通过该视口可以看到实际的视图。如果需要，可以激活视图并从图纸修改建筑模型。视口仅适用项目图形，如楼层平面、立面、剖面和三维视图。它们不适用于明细表。视口的类型有三种：有线条的标题、没有线条的标题和无标题。

如果要修改与视图标题一起显示的水平线的长度，应执行下列操作：

（1）放大视图标题，直到可以清楚地看到蓝色拖拽控制柄。注：应确保已为图纸上的视图选择了视口。若尝试选择视图标题而不选择视口，则水平线的蓝色拖拽控制柄不会显示。

（2）拖拽控制柄将水平线缩短或加长，如图 4-24 所示。

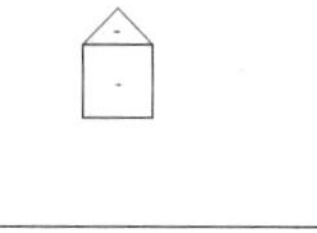

1 第2层
1 : 100

图 4-24　水平线长度调整

4.4.3 编辑视图图元

在图纸中选择视图，单击右键，选择“激活视图”可以编辑视图，其他部分变成灰色显示则不能编辑。在图纸中编辑与在视图中编辑的操作完全一致，编辑完毕后，再次单击右键，选择“取消激活视图”便可退出编辑状态，如图 4-25 所示。

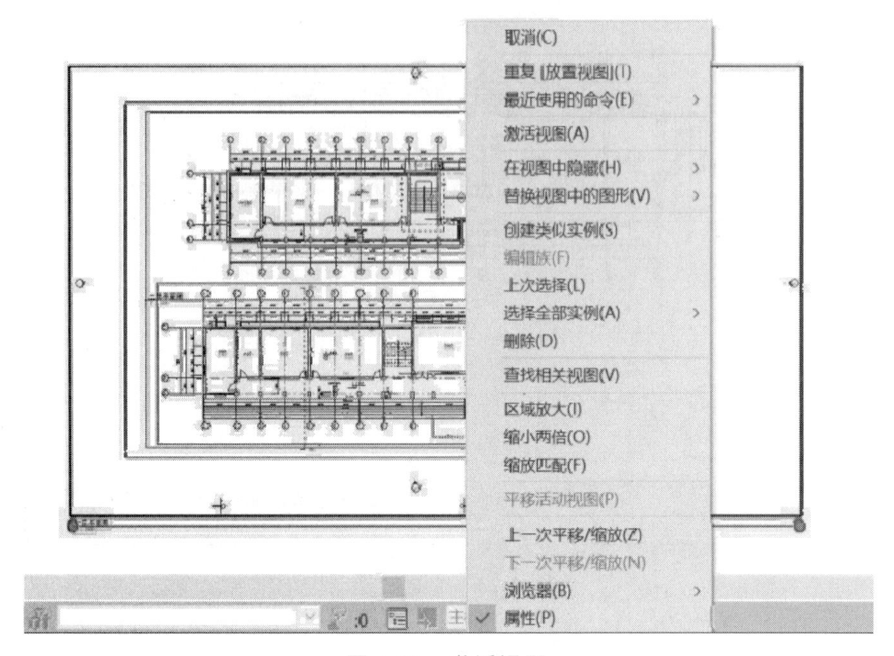

图 4-25 激活视图

4.4.4 打印与图纸导出

图纸布置完成后，可以将指定的图纸视图导出为 CAD 图纸，也可以利用打印机把图纸视图打印出来。

（1）“打印”工具可打印当前窗口、当前窗口的可见部分或所选的视图和图纸。可以将所需的图形发送到打印机，打印为 PDF 文件。

① Revit 默认情况下，会打印视图中使用“临时隐藏/隔离”隐藏的图元。

② 使用“细线”工具修改过的线宽，打印出来也是按其默认的线宽。

③ Revit 在默认情况下，不会打印参照平面、工作平面、裁剪边界、未参照视图的标记和范围框。

（2）单击“应用程序菜单”按钮，选择“打印”→“打印预览”命令，如图 4-26 所示。

（3）在“打印范围”选项中选择“所选视图/图纸”按钮，“选择”按钮被激活，单击“选择”按钮，弹出“视图/图纸集”对话框，如图 4-27 所示。

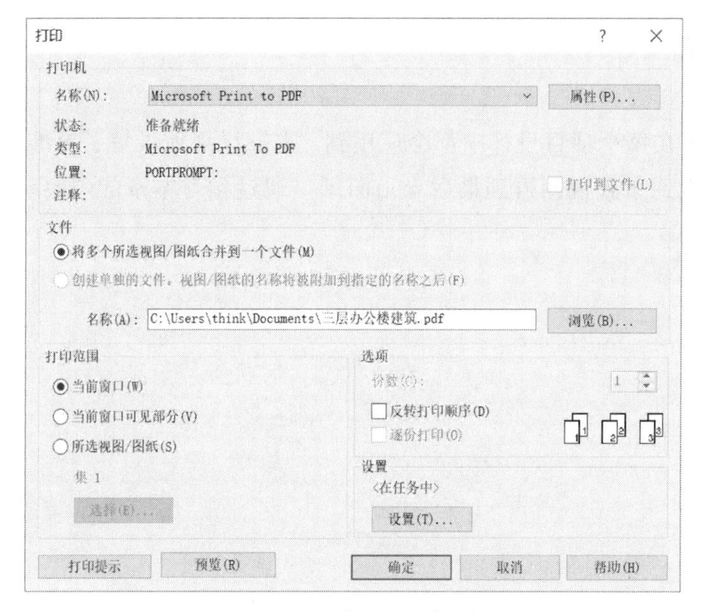

图 4-26　“打印”对话框

图 4-27　“视图/图纸集”对话框

（4）若只选中对话框中的“显示”区域的“图纸”复选框，对话框中将只显示所有的图纸；若单击对话框右边的“选择全部”按钮，则所有图纸的复选框会自动被选中，单击“确定”按钮回到“打印”对话框。

（5）单击“选项”区域的“设置”按钮，弹出“打印设置”对话框，设置打印采用的纸张尺寸、打印方向、页面设置、打印缩放、打印质量和颜色。设置完成后，单击“确定”按钮回到“打印”对话框。

（6）最后单击“确定”按钮，即可自动打印图纸。

本章小结

标准化出图在每个项目设计中都会应用到，本章详细地讲解了标准化出图的流程，包括从创建图纸到布置视图再到最后导出图纸。通过学习本章的内容，读者可以清楚地了解 BIM 技术。

第 5 章　Revit 与 Navisworks 软件的对接

目前，BIM 在土木、交通行业的运用通常是利用其可视化功能，对具体的施工过程进行模拟，以供招投标或者方案评审时使用。因此，采用 Revit 建立完模型往往才完成工作的第一步。

Autodesk Navisworks 是能够将 AutoCAD、Revit，3dMax 等 BIM 软件创建的设计数据与其他专业软件创建的设计数据和信息相结合，整合成整体的三维数据模型，通过三维数据模型进行实时审阅，而无须考虑文件大小，帮助所有参建方对项目做一个整体把控，从而优化整个设计决策、建筑施工、性能预测等环节的 BIM 数据和信息集成工具。本章简要介绍 Navisworks 的模型读取整合、场景浏览、碰撞检查等模块的功能。

5.1　模型读取整合

Navisworks 是整合不同专业 BIM 模型进行应用的工具，首先是创建新的场景文件，即打开 Navisworks Manage 软件，在场景中打开、合并或附加 BIM 模型文件。

（1）启动 Navisworks Manage 软件，选择“应用程序”→“新建”选项或单击快速访问栏“新建”工具，都将在 Navisworks 中创建新的场景文件，如图 5-1 所示。注意：Navisworks 只能打开一个场景文件，如创建新的场景文件，Navisworks 将同时关闭当前所有已经打开的场景文件。

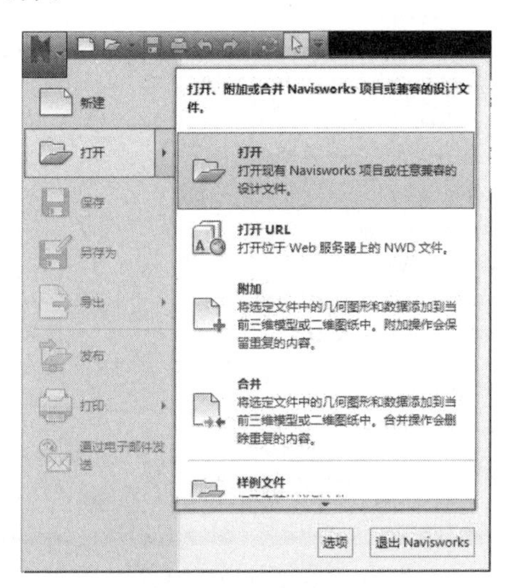

图 5-1　打开

（2）在场景中添加整合 BIM 模型文件的方法一般有两种，即“附加”和“合并”。以“附加”的形式添加到当前场景中的模型数据，Navisworks 将保持其与所附加外部数据的链接关系，即当外部的模型数据发生变化时，可以使用“常用”选项卡下“项目”面板中的“刷新”工具进行数据更新；而使用“合并”方式添加至当前场景的数据，Navisworks 会将所添加的数据变为当前场景的一部分，当外部数据发生变化时，不会影响已经“合并”至当前场景中的场景数据。

在场景中添加整合 BIM 模型文件的步骤如下：

①选择“常用”选项卡→“附加”工具，如图 5-2 所示。

②如图 5-3 所示，展开该对话框中底部“文件类型”下拉列表。

③如图 5-4 所示，该列表中显示了 Navisworks 可以支持的所有文档格式，选择需要整合的文件的格式，单击“打开”按钮，将该文件“附加”或“合并”至当前场景中。

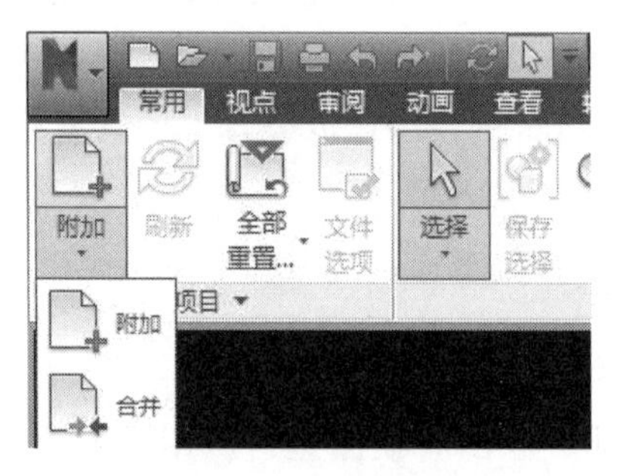

图 5-2 “附加”工具

图 5-3 “附加”对话框

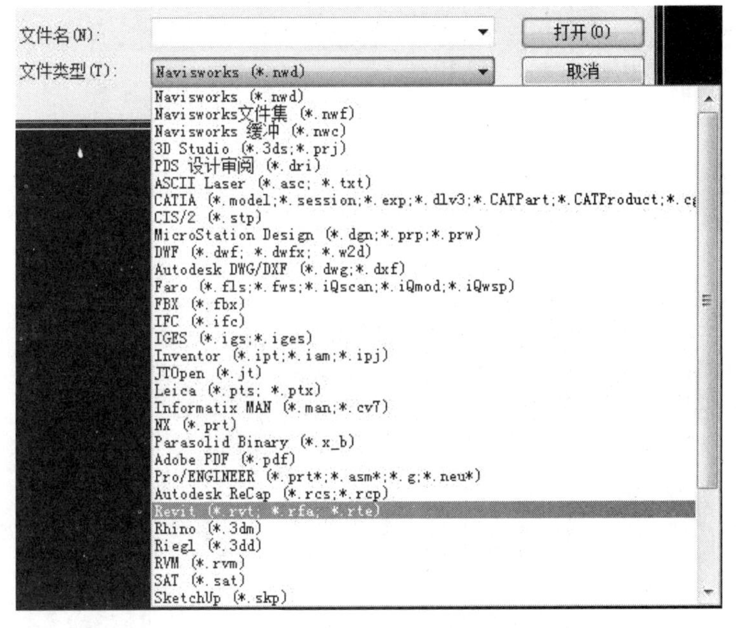

图 5-4　文档格式

5.2　场景浏览

在 Navisworks 场景中整合完各专业模型后，首先需做的事就是浏览和查看模型。利用 Navisworks 提供的多种模型浏览和查看的工具，用户可根据工作需要对模型进行三维可视化查看。Navisworks 提供了一系列视点浏览导航控制工具，用于对视图进行缩放、旋转、漫游、飞行等导航操作，可以模拟在场景中漫步观察的人物和视角，用于检查在行走路线过程中的图元是否符合设计要求。

（1）在“视点”选项卡的“导航”选项组中单击“漫游”下拉列表，会出现“漫游”和“飞行”选项，可进行选择，进入查看模式，如图 5-5 所示。单击“导航”选项中的“真实效果”下拉列表，将会出现“碰撞”“重力”“蹲伏”“第三人”四个选项，可根据自身需要进行单选或者多选，如图 5-6 所示。

图 5-5　“漫游”下拉列表

（2）漫游控制是将鼠标移动至场景视图中，按住鼠标左键不放，前后拖动鼠标，将虚拟在场景中前后左右行走。左右拖动鼠标，将实现场景的旋转，如图 5-7 所示。

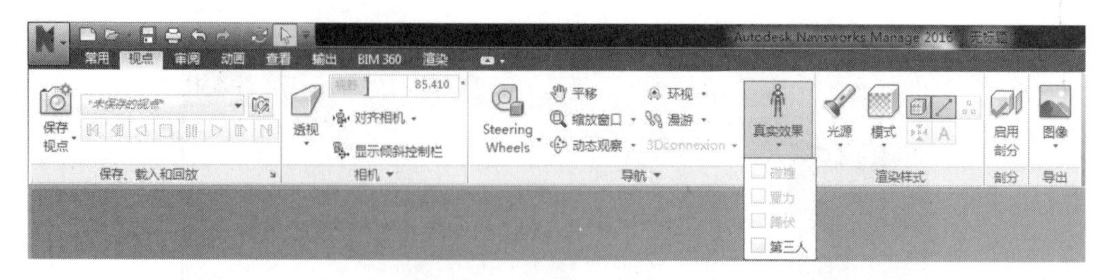

图 5-6 “真实效果”下拉列表

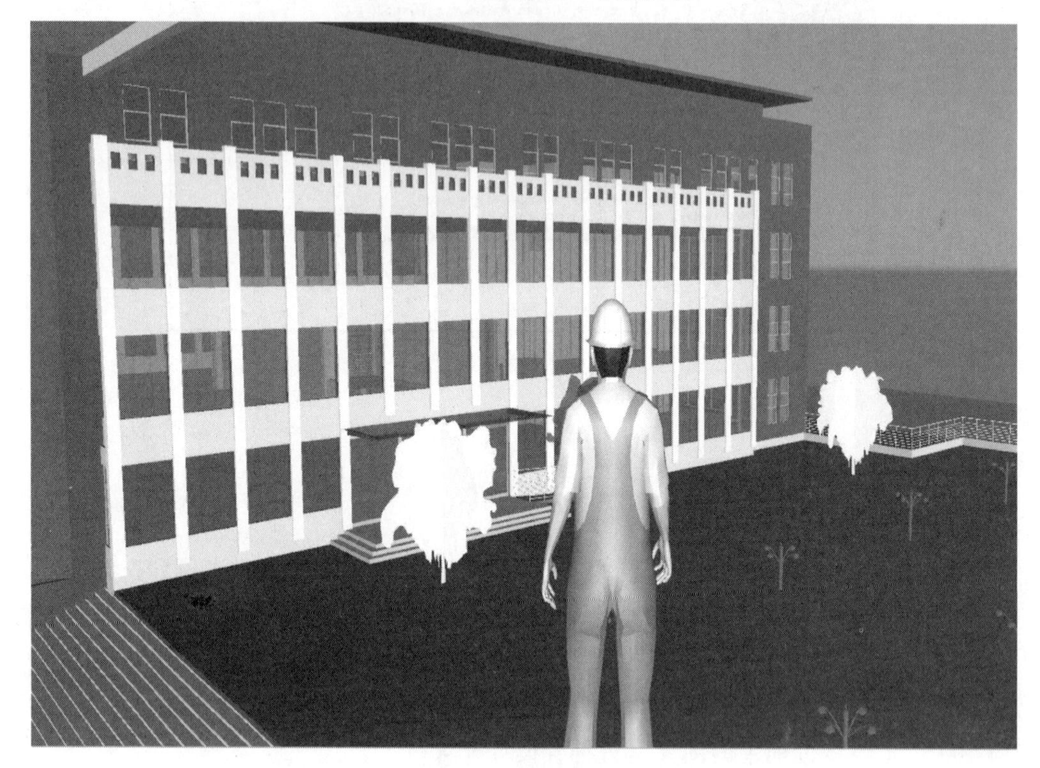

图 5-7 场景浏览

（3）在真实效果中，若选中“碰撞”功能，则当行走至墙体位置时，将与墙体发生“碰撞”，无法穿越墙体；若选中“蹲伏”功能，则在行走过程中检测到路径与墙体发生“碰撞”时将会自动“蹲伏”，以会试用蹲伏的方式从模型对象底部通过；“第三人”是表示在漫游时，会出现虚拟人物进行场景漫游检测；“重力”功能则表示虚拟人物是不会漂浮的，默认站在模型构件上。

5.3 碰撞检查

由于现实中的 BIM 模型都是利用不同专业的设计图进行单独建模工作的，各专业同等空间位置易发生冲突，这些冲突在二维图纸上一般难以发现，如果利用 Navisworks

的浏览功能也需要花费大量时间。那么，如何解决多专业协同设计问题呢?

三维建模的冲突检测是 BIM 应用中最常用的功能，以达到各专业间的设计协同，使设计更加合理，从而减少施工变更。Navisworks 提供的 Clash Detetive（冲突检测）模块，用于完成三维场景中所指定任意两选择集图元间的碰撞和冲突检测，即 Navisworks 软件将根据指定的条件，自动找出相互冲突的空间位置，并形成报告文件，且允许用户对碰撞检查结果进行管理。

（1）选择“常用”选项卡，单击“Clash Decive”选项，如图 5-8 所示。

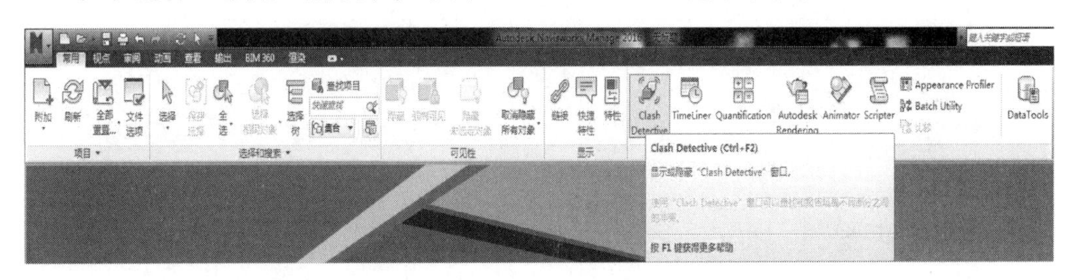

图 5-8　“Clash Decive”选项

（2）单击右上方的“添加测试”按钮，此时会创建一个新的检测项，然后对该碰撞测试进行重命名，如图 5-9 所示。

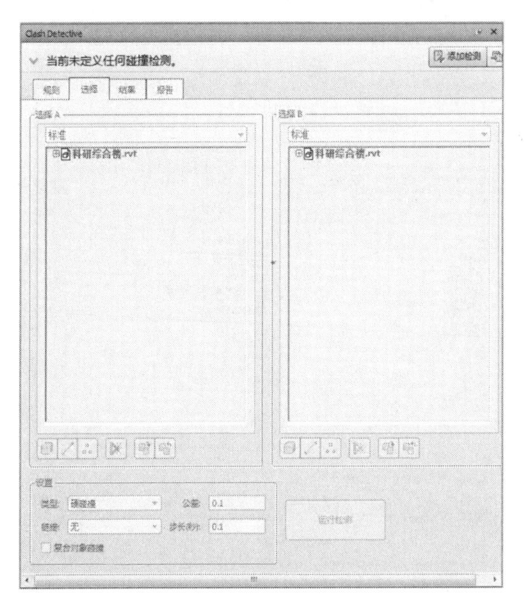

图 5-9　添加测试

（3）在设置中分别选择要碰撞的类型，例如左侧为建筑部分，右侧为结构部分，将碰撞类型修改为“硬碰撞”，公差为“0.01m”，最后单击下方的“运行测试”按钮，如图 5-10 所示。

（4）导出碰撞列表，并整理成碰撞报告，如图 5-11 所示。

图 5-10 选择碰撞的类型

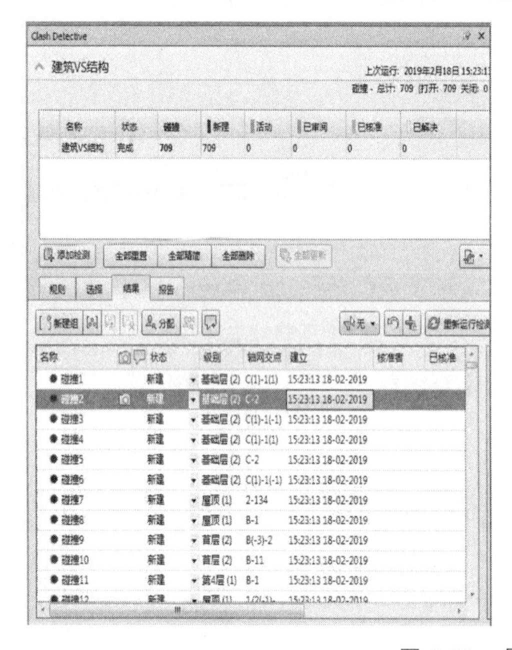

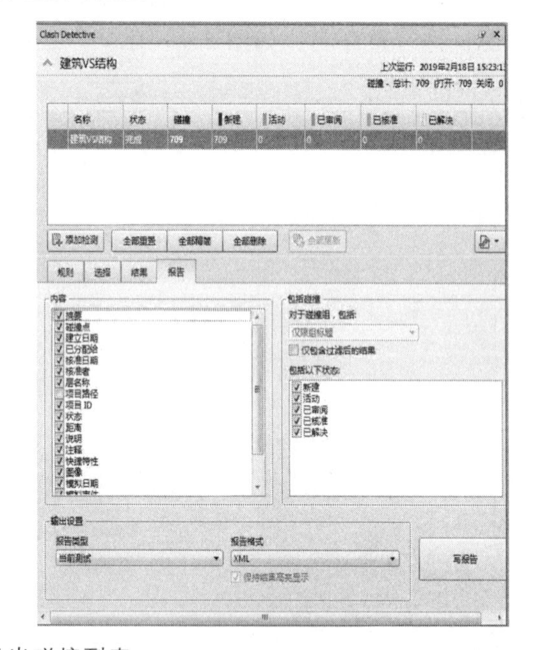

图 5-11 导出碰撞列表

本章小结

本章主要介绍了 Revit 与 Navisworks 软件的对接，能解决各专业同等空间位置易发生冲突的问题。

第 4 篇

实战应用

第 6 章　中高层建筑实战案例

本章主要运用前面章节所学的知识点来完成中高层建筑的结构建模，是对前面所学知识点的综合应用。结构建模整个过程主要是对柱、梁、板、基础等主要构件的绘制，同时增加了对应的难点，如异形柱的创建、基础的电梯坑和集水井的轮廓处理，会涉及参数化族和体量知识。

6.1　中高层建筑实战案例（结构）

6.1.1　项目概况

名称：住宅楼。

建筑地点：重庆市。

总建筑面积：2 748.68 m^2。

建筑层数：8 层。

高度：24.000 m。

结构体系：基础为条形基础，采用钢筋混凝土-剪力墙结构体系。

建筑性质：多层住宅楼。

6.1.2　项目成果展示

项目成果展示如图 6-1 所示。

图 6-1　项目成果展示

6.1.3　新建项目

本节将详细介绍 BIM 结构样板文件的选择和项目单位的设置等内容。

1. 新建结构样板

本项目为结构模型，所以选择结构样板，如图 6-2 所示。

图 6-2　选择结构样板

2. 项目单位的设置

切换到“管理”选项卡，在“设置”面板中选择“项目单位”命令，弹出“项目单位”对话框，项目单位按 BIM 模型规划标准进行设置。当在“视图属性”中修改规程时，对应地会采用所设置的项目单位，如图 6-3 所示。

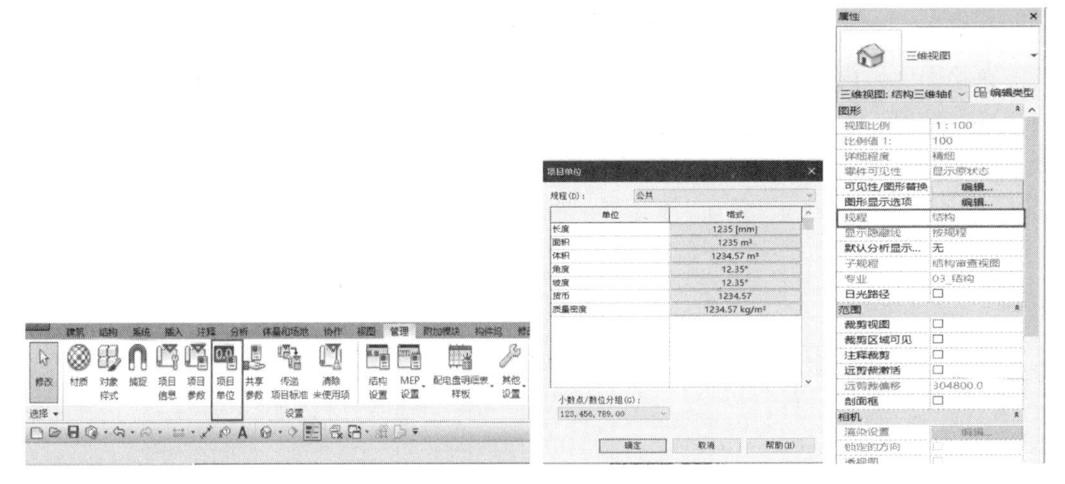

图 6-3　项目单位

3. 基本建模

1）创建标高

在项目浏览器中，双击立面“东”，打开视图。选择“结构”选项卡→“基准”面板→“标高”命令。

在立面视图中，将默认样板中的标高 1、标高 2 修改为首层、二层，其中首层标高为 0m，单击标高符号中的高度值，可输入“0”。最终完成标高设置，如图 6-4 所示。

RF_S_(23.900m) 23.900 —— 23.900 RF_S_(23.900m)
F08_S_(20.900m) 20.900 —— 20.900 F08_S_(20.900m)
F07_S_(17.900m) 17.900 —— 17.900 F07_S_(17.900m)
F06_S_(14.900m) 14.900 —— 14.900 F06_S_(14.900m)
F05_S_(11.900m) 11.900 —— 11.900 F05_S_(11.900m)
F04_S_(8.900m) 8.900 —— 8.900 F04_S_(8.900m)
F03_S_(5.900m) 5.900 —— 5.900 F03_S_(5.900m)
F02_S_(2.900m) 2.900 —— 2.900 F02_S_(2.900m)
F01_S_(±0.000m) ±0.000 —— ±0.000 F01_S_(±0.000m)
−F19_(−3.500m) −3.500 —— −3.500 −F19_(−3.500m)

图 6-4　设置标高

2）创建轴网

在项目浏览器中，双击结构平面“首层”，打开“结构平面首层”视图。选择“建筑”选项卡→“基准”面板→“轴网”命令进行绘制。

在绘图区域内任意一点上单击，垂直向上移动光标到合适距离再次单击，绘制第一条垂直轴网。利用上文标高中提到的“复制”“阵列”命令，复制出多条轴网，最终构成一个完整的轴网，如图 6-5 所示。

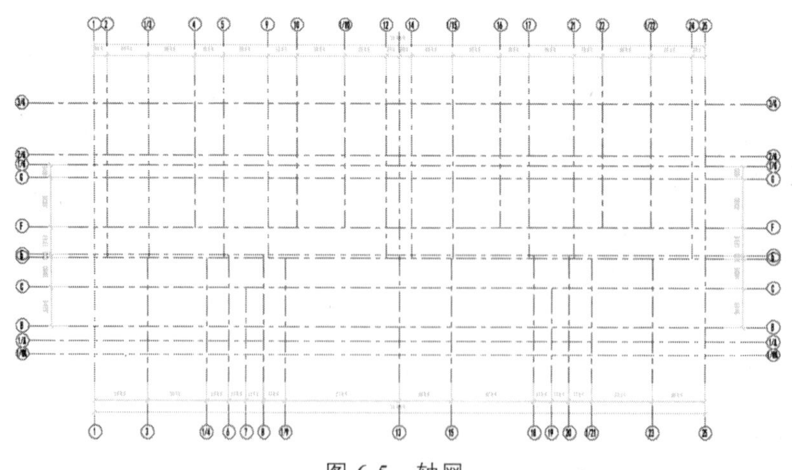

图 6-5　轴网

3）项目基点

新建项目样板时，都需要对项目坐标位置、项目基点进行统一设置。后期在 Revit 中如果移动项目基点或者修改坐标，整个项目的其他所有图元都会跟着移动。项目基点一般默认都是不显示的。

本工程要求：以 1 轴和 1/OA 轴的交点及首层标高作为本项目的基点。回到首层结构平面层，选择“视图”选项卡→“图形”面板→“视图可见性/图形”命令（快捷键 VV），在“场地”中选中“项目基点”，将绘图区的项目基点显示出来，如图 6-6 所示。

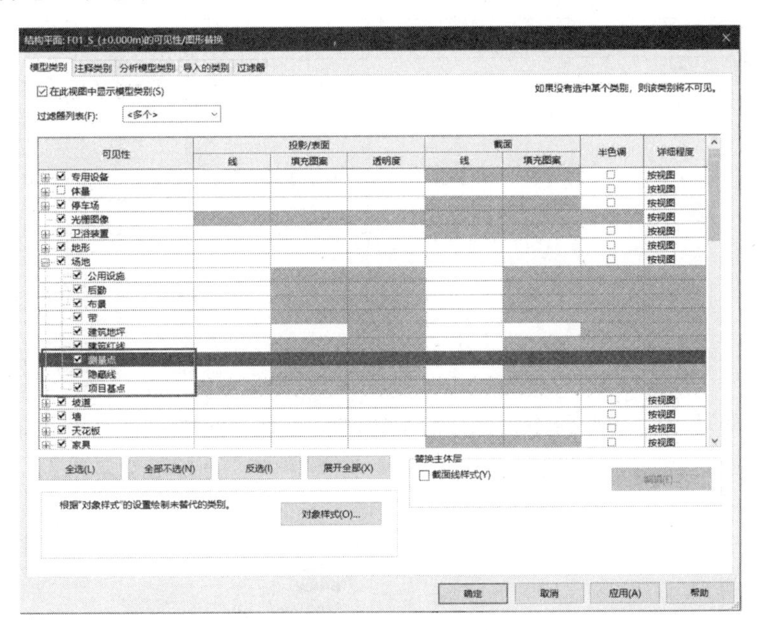

图 6-6　显示项目基点

如图 6-7 所示，项目基点并没有在指定位置（1 轴和 1/OA 轴的交点）上，对于此类问题，我们可以通过两种方法对它进行更改。

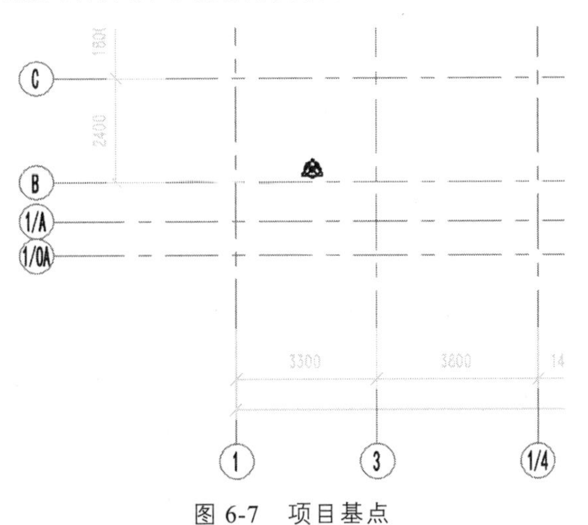

图 6-7　项目基点

方法 1：框选所有的轴网，将整个轴网以 1 轴和 1/OA 轴的交点为移动点，直接移动到项目基点上，如图 6-8 所示。

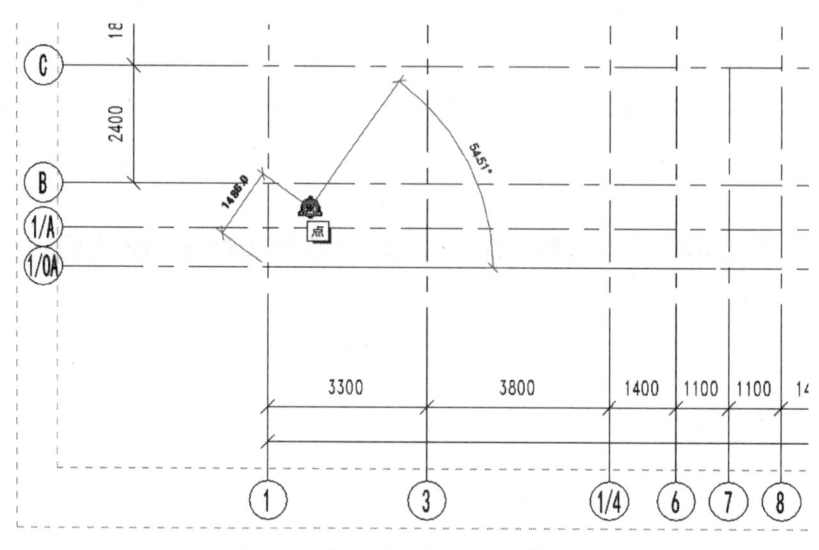

图 6-8　移动项目基点（方法 1）

方法 2：移动项目基点到 1 轴和 1/OA 轴的交点处。选中项目基点，单击左上角的“修改点的裁剪状态”按钮，出现红色的斜杠即为正确，如图 6-9 所示。

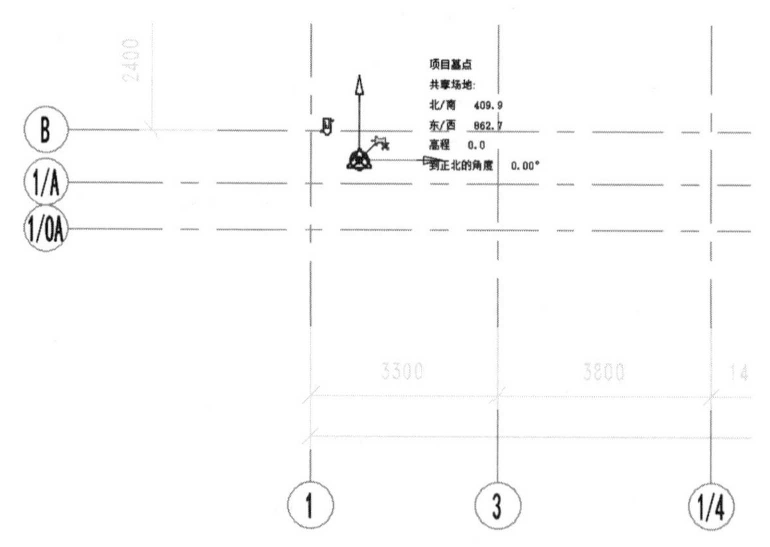

图 6-9　移动项目基点（方法 2）

通过移动命令或者修改坐标，将项目基点、测量点移动到 1 轴和 1/OA 轴的交点处，如图 6-10 所示。移动完成后，重新单击左上角的“修改点的裁剪状态”按钮，变为原始状态，如图 6-11 所示。

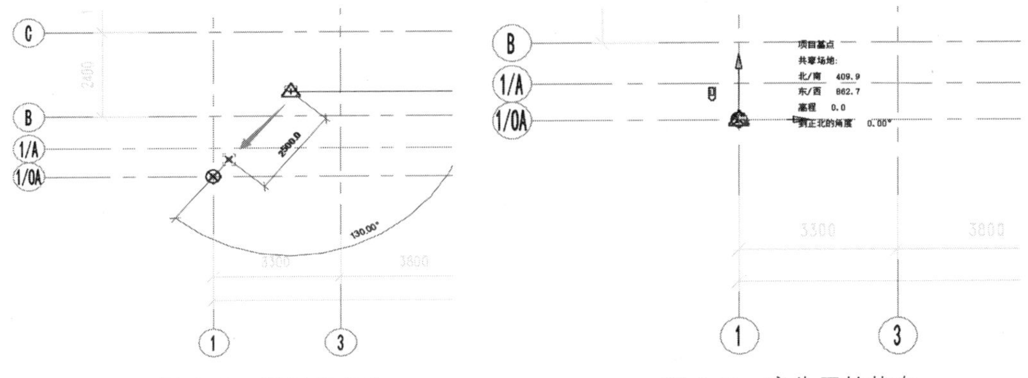

图 6-10　移至交点处　　　　图 6-11　变为原始状态

4. 新建基础

1）基础底板

在工程中，基础底板主要由条基、墙、电梯井等整体组成。对于基础底板，可以选用“基础墙”来进行创建。

（1）单击“结构”选项卡→“基础”面板→“墙”按钮，如图 6-12 所示。

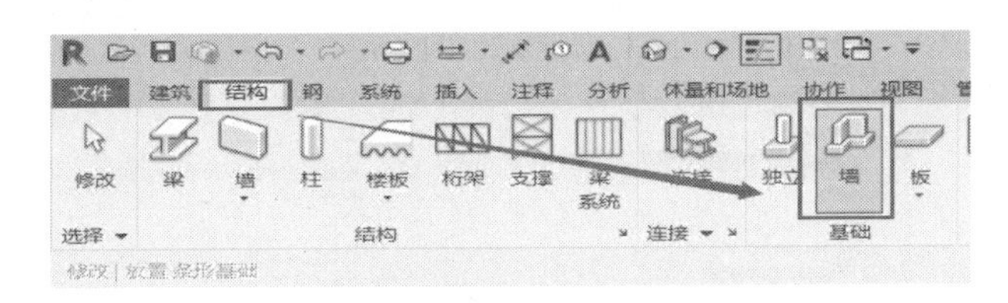

图 6-12　“墙”命令

（2）依据基础平面布置图绘制基础底板，如图 6-13 所示。

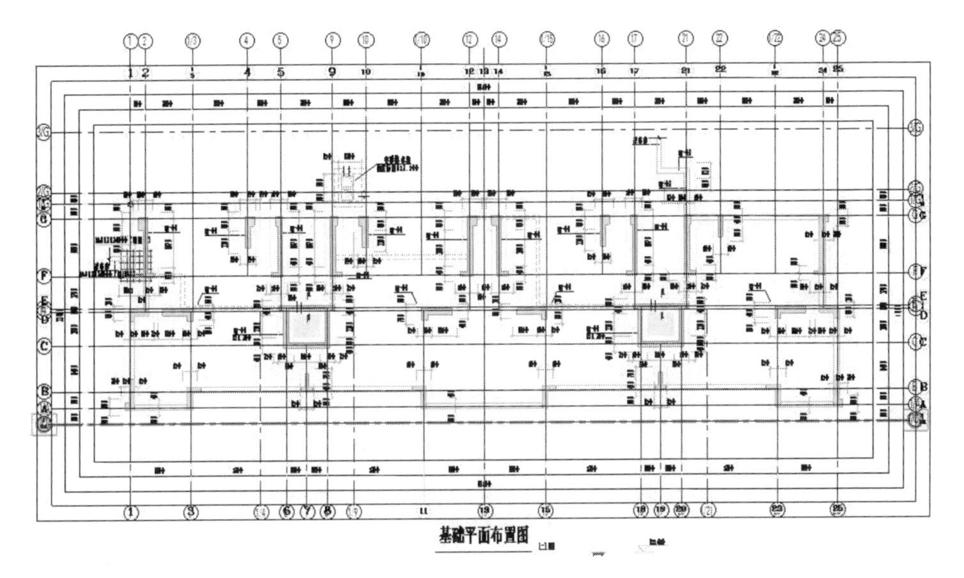

图 6-13　基础平面布置图

2）条形基础

单击“结构”选项卡→“基础”面板→“墙”按钮，系统默认的条形基础为矩形；由图纸可知，条形基础的截面形状为“矩形”。条形基础尺寸及配筋表如图 6-14 所示，依据图纸建立条形基础，如图 6-15 和图 6-16 所示。

条形基础（TJxx）尺寸及配筋表						
条形基础编号	基础底部尺寸		嵌岩深度 h_r/mm	配筋		基础持力层
	B/mm	H/mm		①	②	
TJ-01	详平面	400	300	⌀14@200	⌀8@250	持力层为中风化泥岩
TJ-02	详平面	700	700	⌀16@190	⌀8@250	
TJ-03	详平面	550	300	⌀14@150	⌀8@250	

图 6-14　条形基础尺寸报配筋表

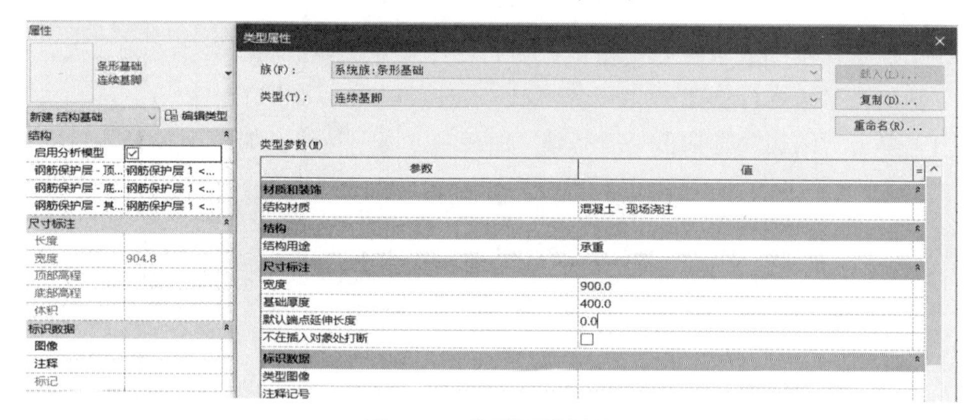

图 6-15　类型属性设置

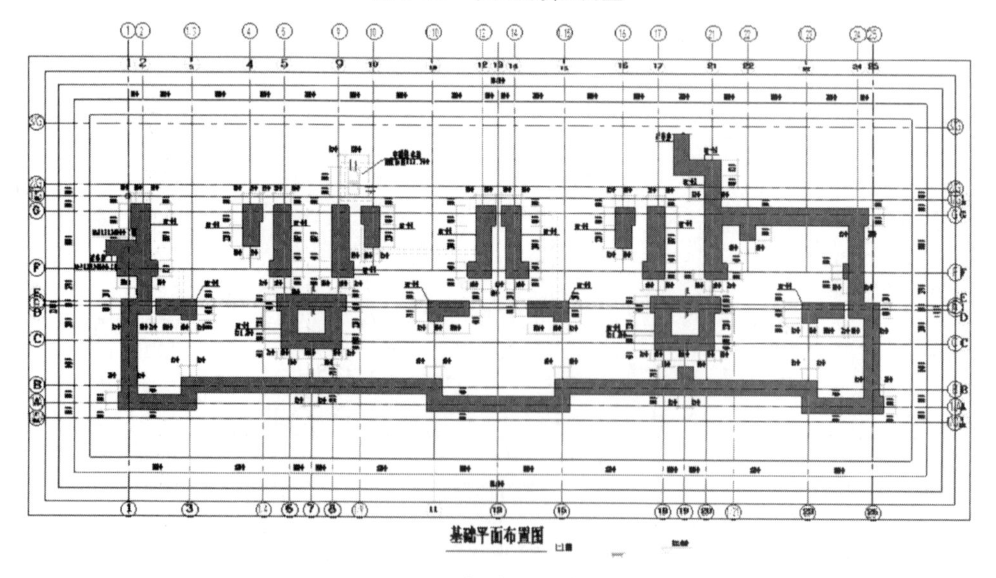

图 6-16　基础平面布置图

5. 电梯井

对于电梯井，其创建方法有两种：

第一种：参照集水井的创建方法。这类方法适合异形、常规矩形等各种形状。该方法创建的电梯井由两部分组成：一是基础底板；二是电梯井族。创建基础底板时，应注意预留电梯井的位置。

第二种：主要是针对图纸中的矩形电梯井。该方法创建的电梯井由两部分组成：一是基础底板；二是底板周围的墙体。用此类方法创建时，要注意其标高参数。

（1）新建基础底板并命名为“电梯井底板”，按照 A-A 大样，设置好标高、板厚等参数，绘制电梯井底板如图 6-17 所示。

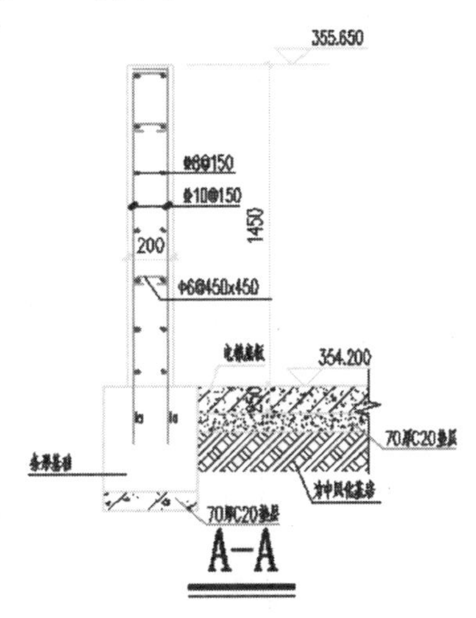

图 6-17 电梯井底板

（2）新建墙体并命名为“电梯井墙体”，设置其标高、墙厚等参数，并在图纸中画出，绘制完成后，最终的电梯井如图 6-18 所示。

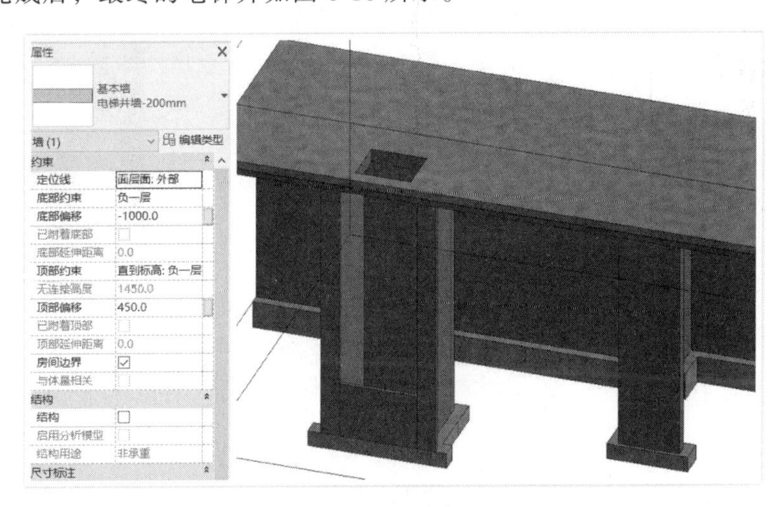

图 6-18 电梯井最终效果

6. 结构柱

在 Revit 中，柱子分为建筑柱和结构柱：建筑柱主要起展示作用，不承重；结构柱是主要的承重构件，在满足结构需要的同时，其形状也多变。单击“结构”选项卡→“结构”面板→“柱”按钮，选择新建柱构件。

（1）在软件中，系统默认的柱为“H 型钢柱-UC 常规柱-柱”，我们可以通过载入结构柱的方式，选择合适的截面形状，载入柱族来新建柱构件，如图 6-19 所示。

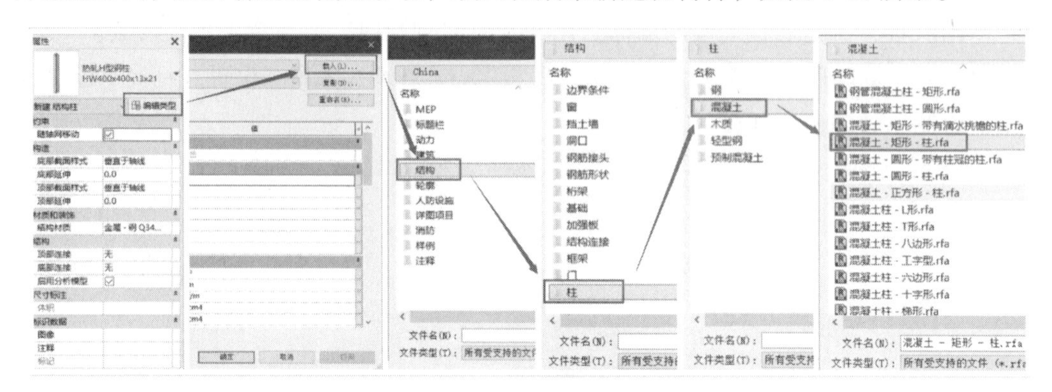

图 6-19　载入柱族

（2）根据图纸柱表大样，除常规的矩形柱外，还有一些异形柱，如 GBZ2_90。可以用相同的方法先将柱族载入项目中，再通过“在位编辑”的方式，创建图纸中的形状，并将创建好的族另外进行保存，如图 6-20 所示。

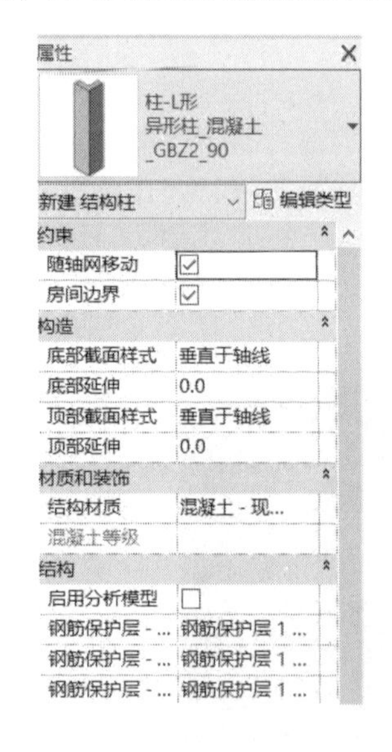

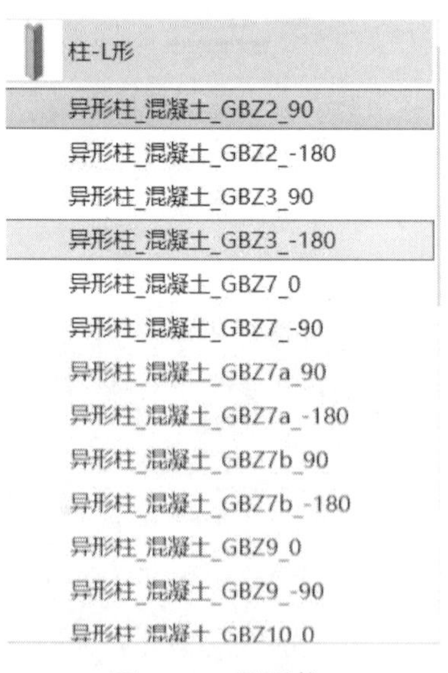

图 6-20　异形柱

7. 墙　体

选择“结构”选项卡→“墙”下拉菜单→“墙：结构”选项。根据剪力墙身表新建墙体，调整命名和属性，按照剪力墙平法施工图放置墙体，如图 6-21 所示。

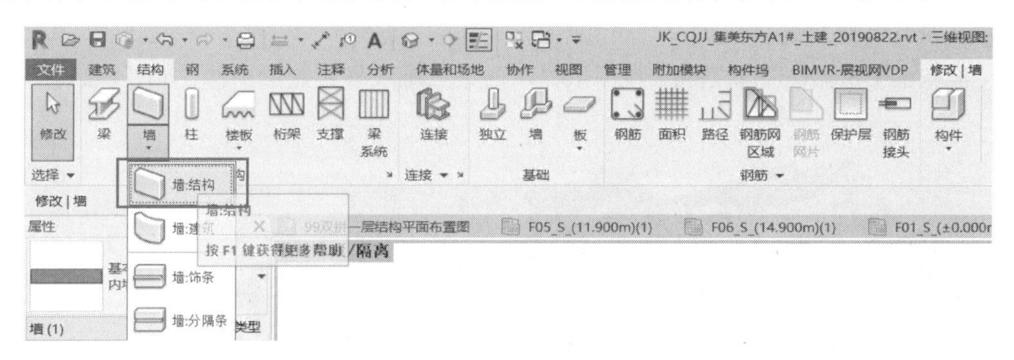

图 6-21　“墙：结构”命令

地上墙体的绘制方法跟地下的一样，如图 6-22 所示。

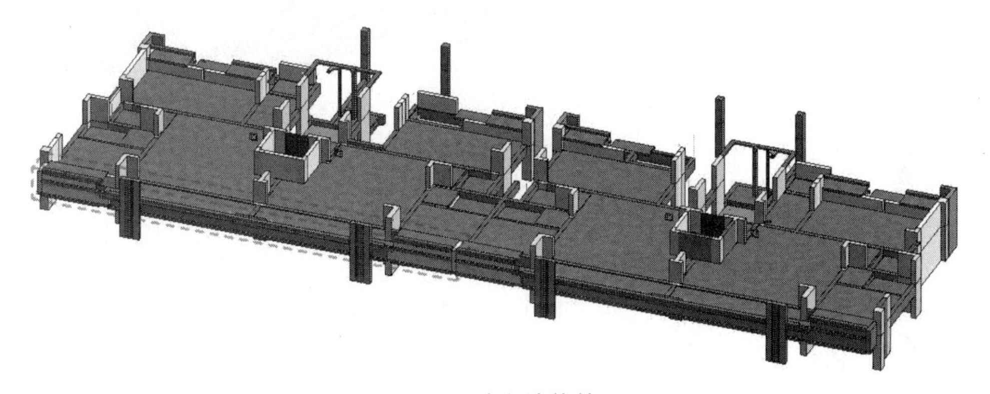

图 6-22　地上墙体效果

8. 结构梁

单击“结构”选项卡→“结构”面板→“梁”按钮。结构梁的新建方法可以参照结构柱，通过载入结构梁的方式，选择合适的截面形状，载入梁族来新建梁构件，如图 6-23 所示。

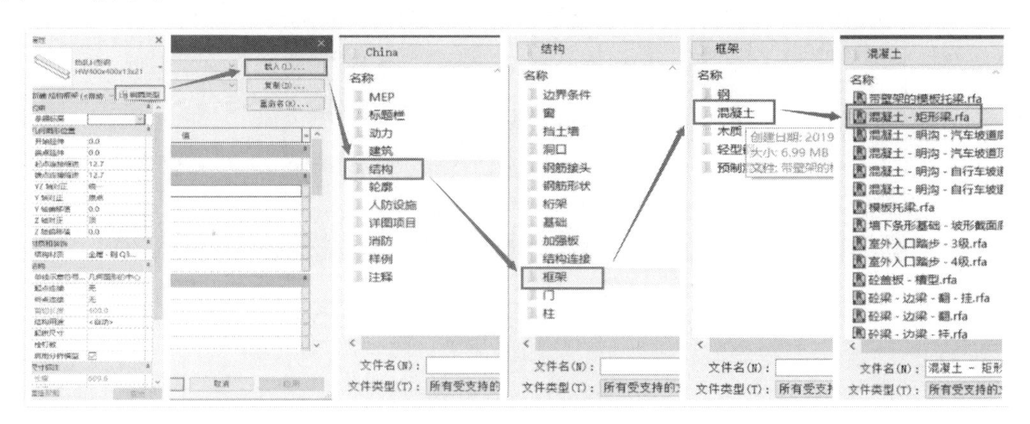

图 6-23　载入梁族

提示：除特别注明外，梁顶标高与板标高平齐，绘制梁时，将“开始延伸、断点延伸”的值调整为 0。

根据梁平法施工图新建梁，按图纸显示的梁二维线框绘制梁构件，如图 6-24 所示。

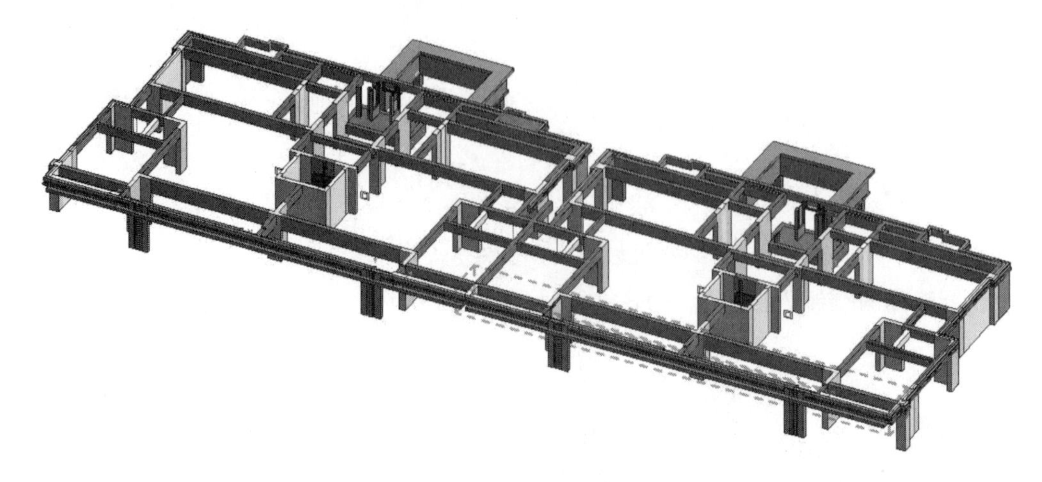

图 6-24　结构梁

9. 结构板

楼板作为主要的竖向受力构件，其作用是将竖向荷载传递给梁、柱、墙。在水平力的作用下，楼板对结构的整体刚度、竖向构件和水平构件的受力都有一定的影响。直接按照图纸给出的标高在楼层标高中绘制即可，如图 6-25 所示。

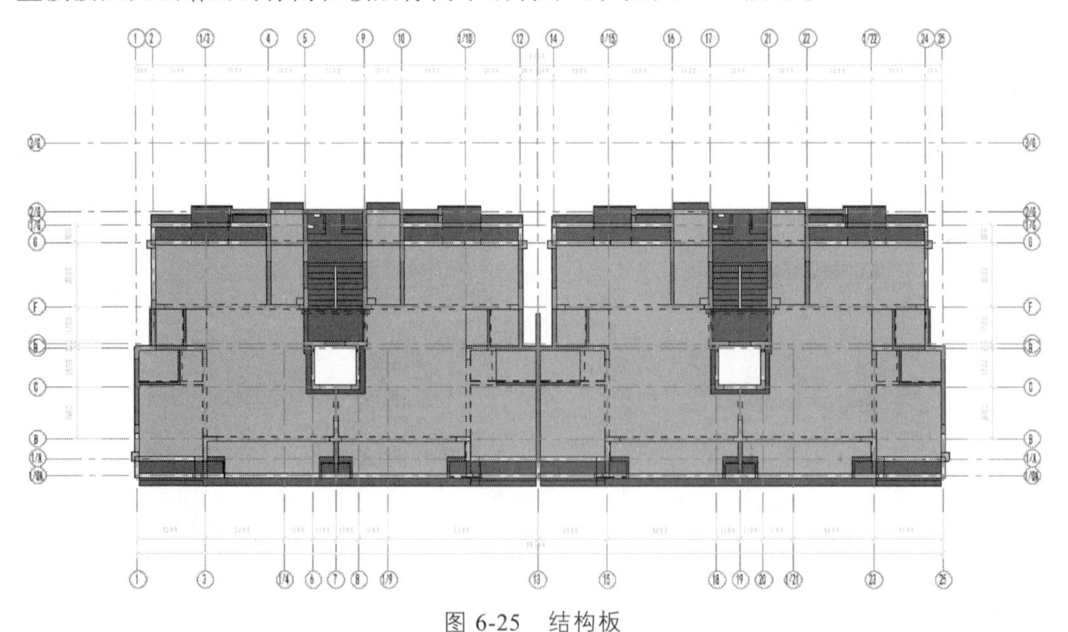

图 6-25　结构板

6.2 中高层建筑实战案例（建筑）

中高层建筑的建模主要分为两部分，即地下室建筑的建模及地上建筑的建模。本节的任务是根据前面章节的学习基础，完成中高层建筑的建模，让读者快速熟悉一个中高层建筑的建模流程，同时提高建筑建模的水平。

6.2.1 项目概况

名称：住宅楼。

建筑地点：重庆市。

总建筑面积：2 748.68m^2。

建筑层数：设地下室 1 层，地上 8 层。

高度：24.000m。

设计使用年限：50 年。

建筑性质：多层住宅楼。

6.2.2 项目成果展示

本项目成果展示如图 6-26 所示。

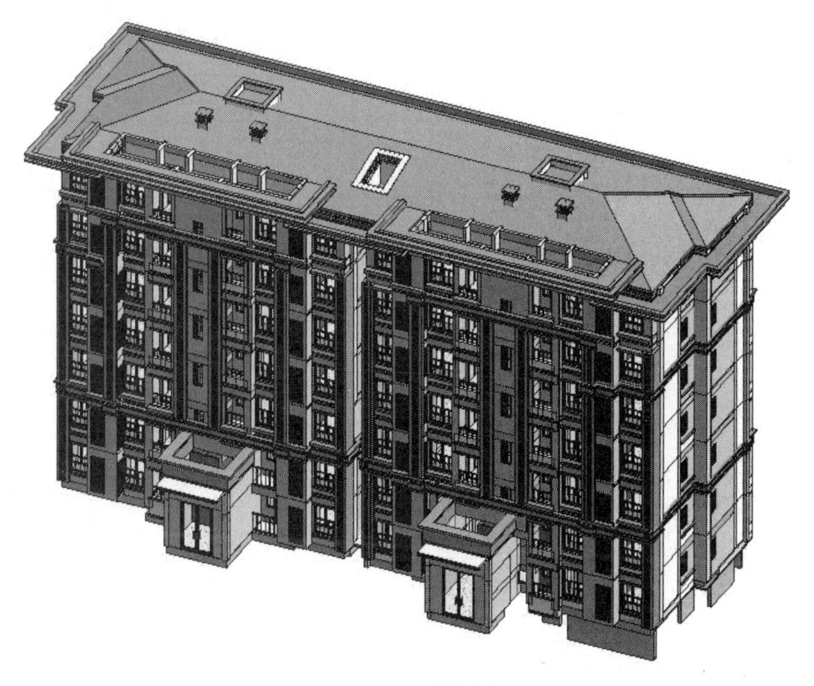

图 6-26　项目成果展示

6.2.3 项目建模的步骤与方法

1. 审　图

首先熟悉图纸，才能知道我们所要建的模型外表的构造模样，对图纸中有异议的位置应征询设计单位，将有异议的问题解决之后，再根据立面图纸分层建模。

2. 创建样板文件，绘制标高与轴网，确定项目基点

（1）打开 Revit 软件，在主界面上，选择“新建”→“建筑样板”选项，单击“确定”按钮，如图 6-27 所示，进入 Revit 软件界面。

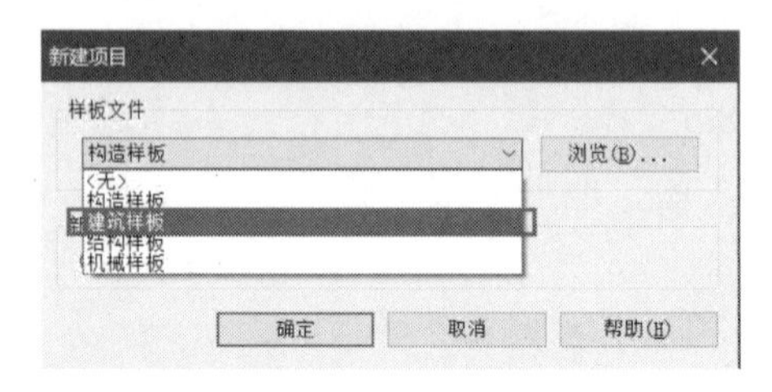

图 6-27　新建项目

（2）根据立面图纸创建模型标高，如图 6-28 所示。

（3）返回地下室层，建立轴网，设定基点。

图 6-28　创建标高

3. 负一层墙体的绘制

（1）导入负一层的图纸。单击“插入”面板→“导入”选项卡→“导入 CAD”按钮，导入 CAD 图纸，选择对应的图纸，调整导入单位为毫米，如图 6-29 所示。

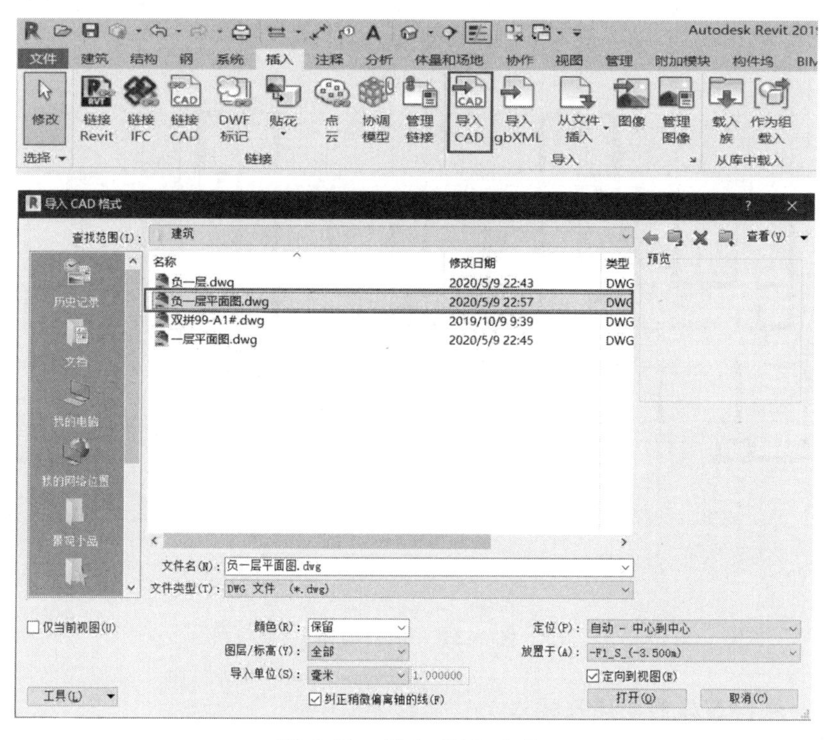

图 6-29 导入 CAD 文件

（2）导入完成后，需要将 CAD 图纸移动到相应的位置，对齐轴网，如图 6-30 所示。

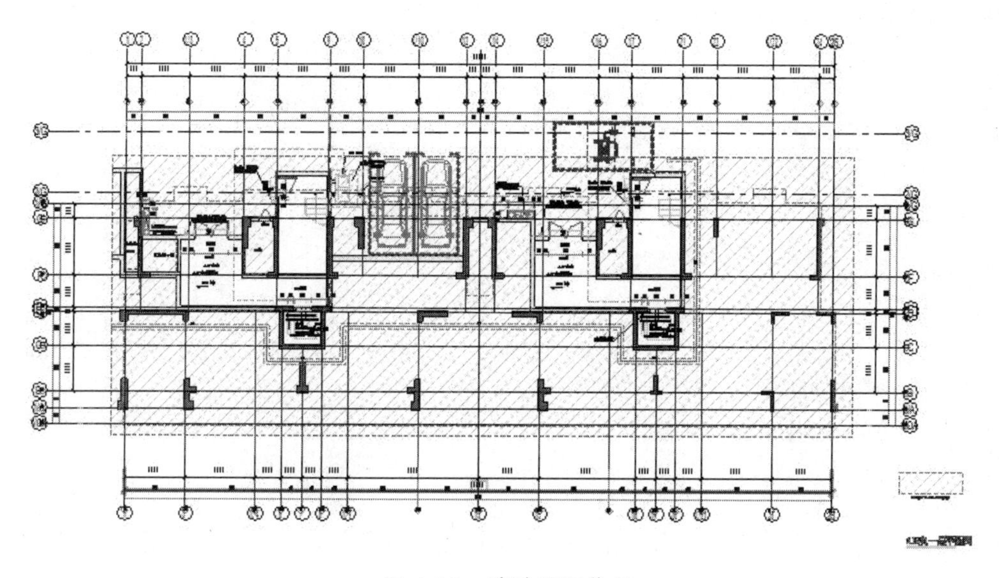

图 6-30 移动图纸位置

（3）按照图纸要求，对墙体进行命名并设定其材质，在轴网相应位置绘制墙体，如图 6-31 所示。

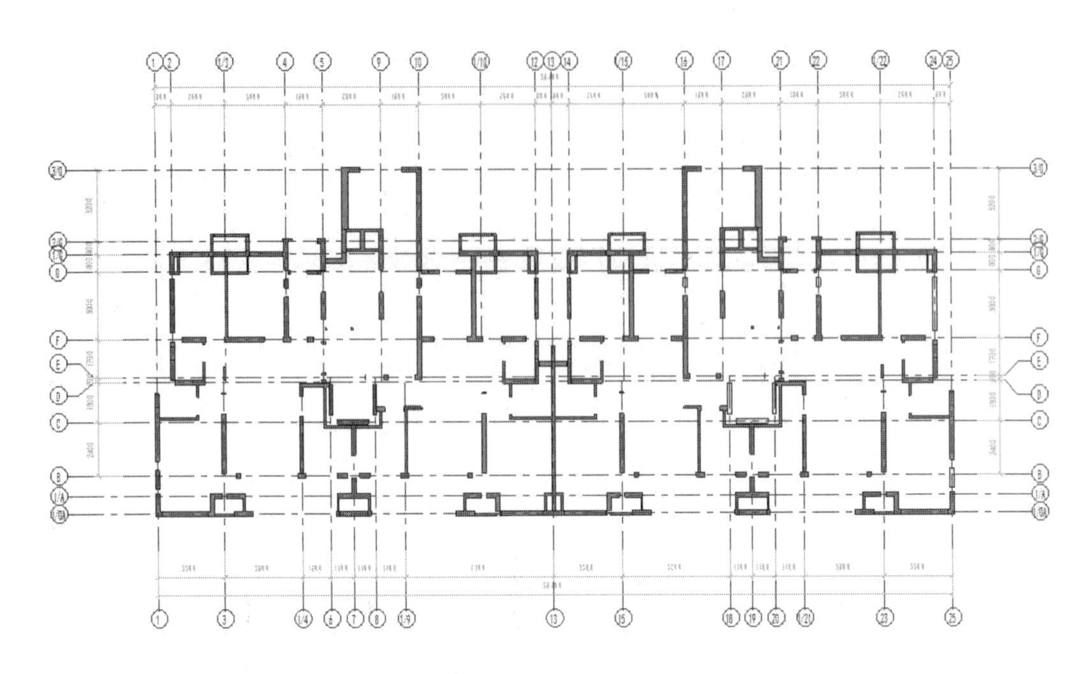

图 6-31　绘制墙体

4. 负一层门窗族的创建及插入

（1）按照门窗明细表创建门窗族，如图 6-32 所示。

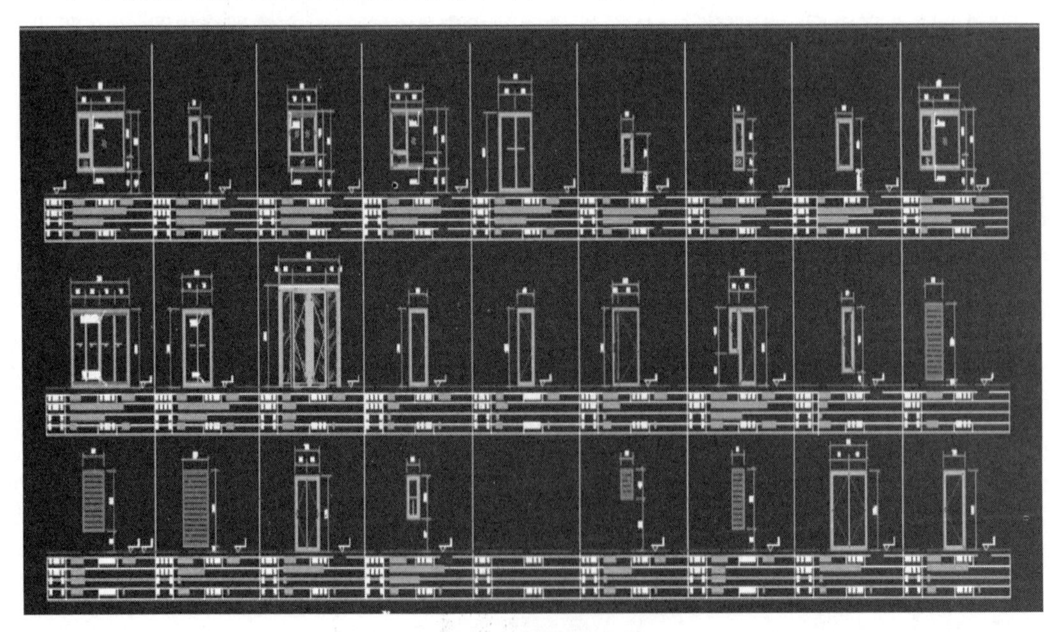

图 6-32　创建门窗族

（2）根据图纸的位置，对窗进行规范命名，并放置到负一层平面中，调整窗的底部高度，如图 6-33 所示。

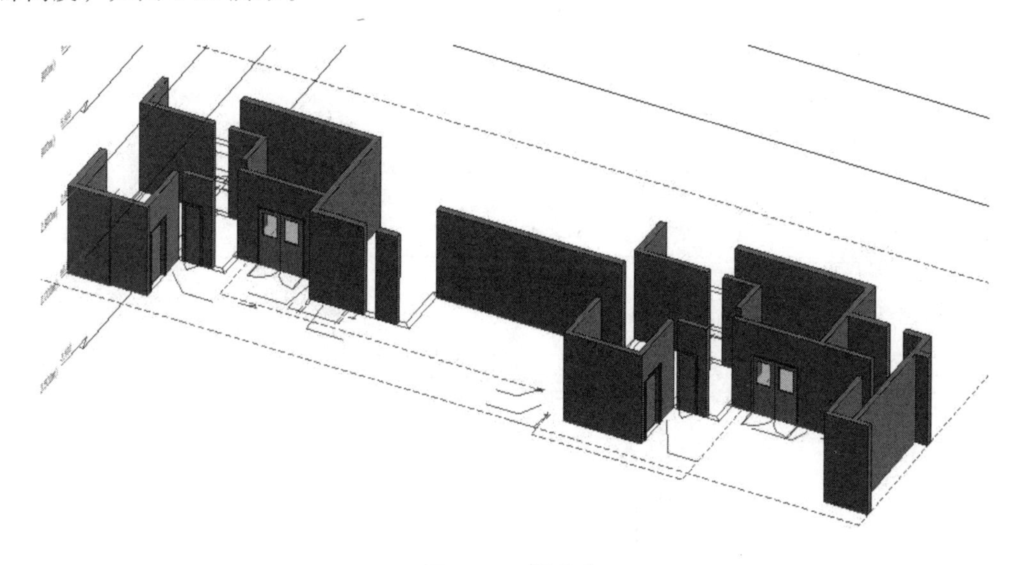

图 6-33 调整窗

5. 负一层楼板的创建

单击“建筑”选项卡中的“楼板”选项时应该选择“建筑楼板”，根据导入图纸的楼板轮廓去创建楼板，绘制方式可参照前面章节，如图 6-34 所示。

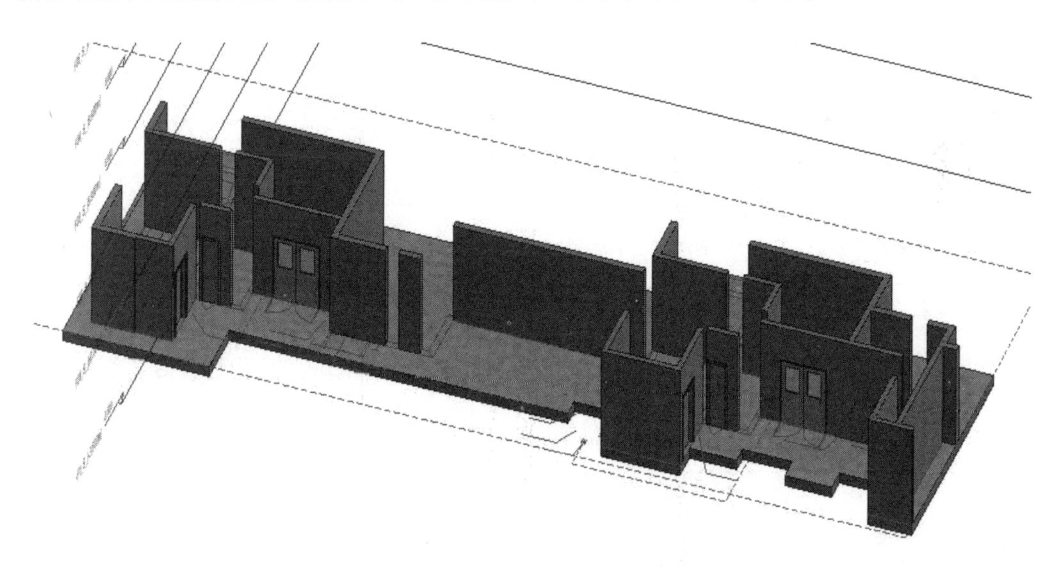

图 6-34 创建楼板

6. 首层墙体的绘制

（1）导入首层的图纸，如图 6-35 所示。

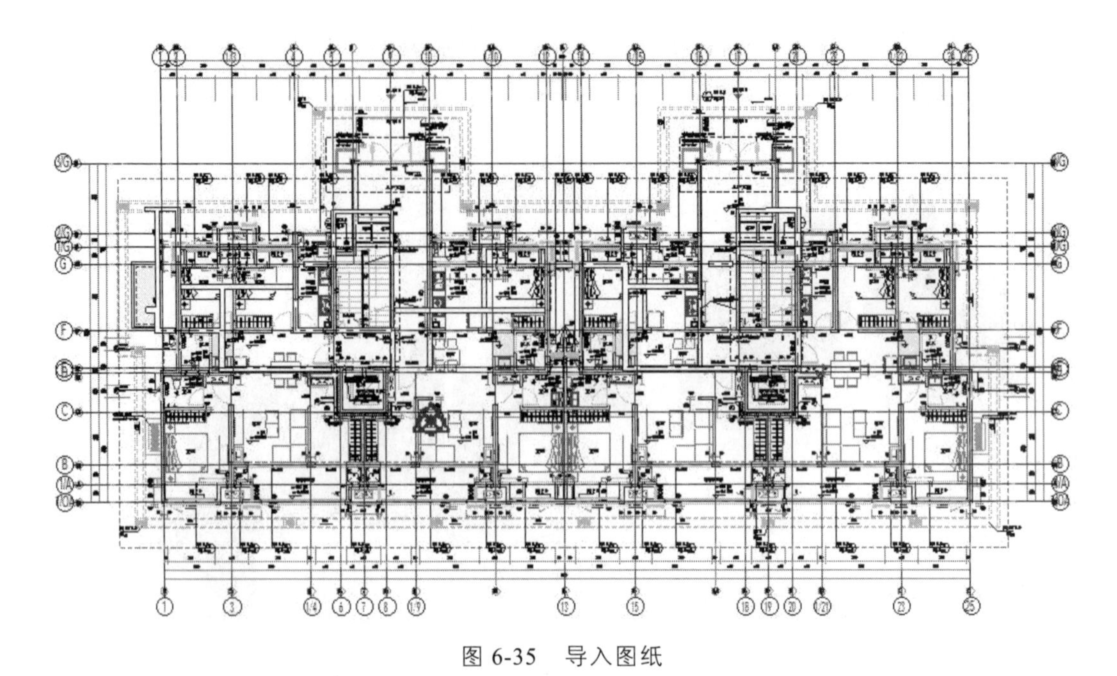

图 6-35　导入图纸

（2）根据图纸相应位置绘制墙体，如图 6-36 所示。

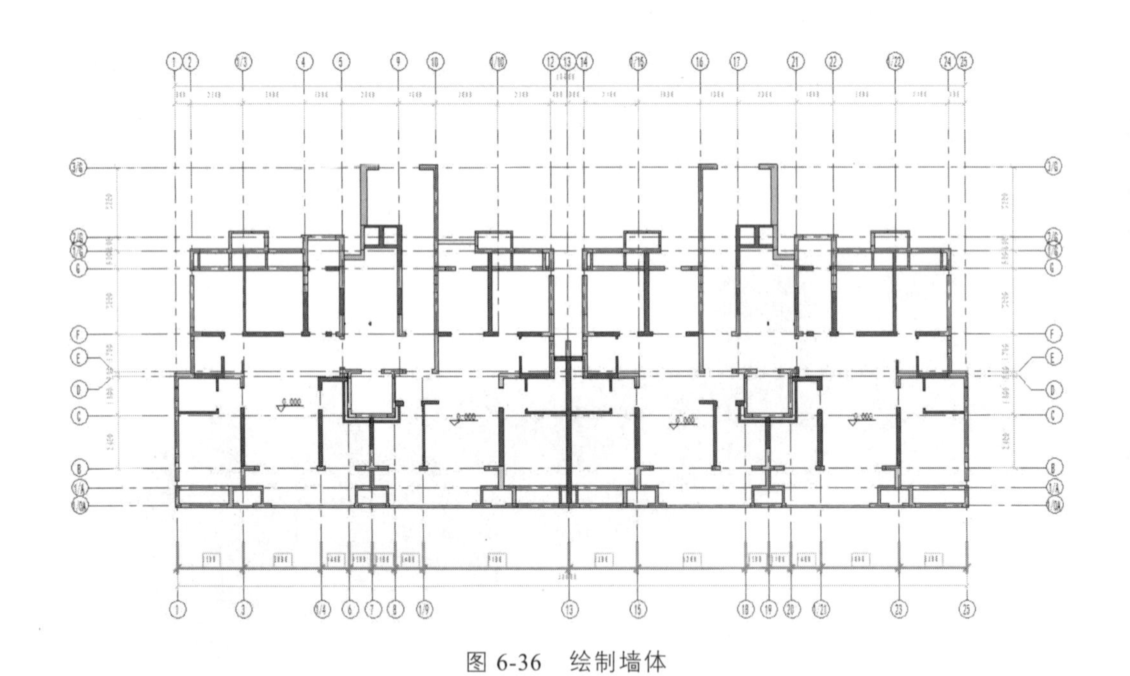

图 6-36　绘制墙体

7. 门窗的插入

根据图纸中门窗的位置插入门窗，如图 6-37 所示。

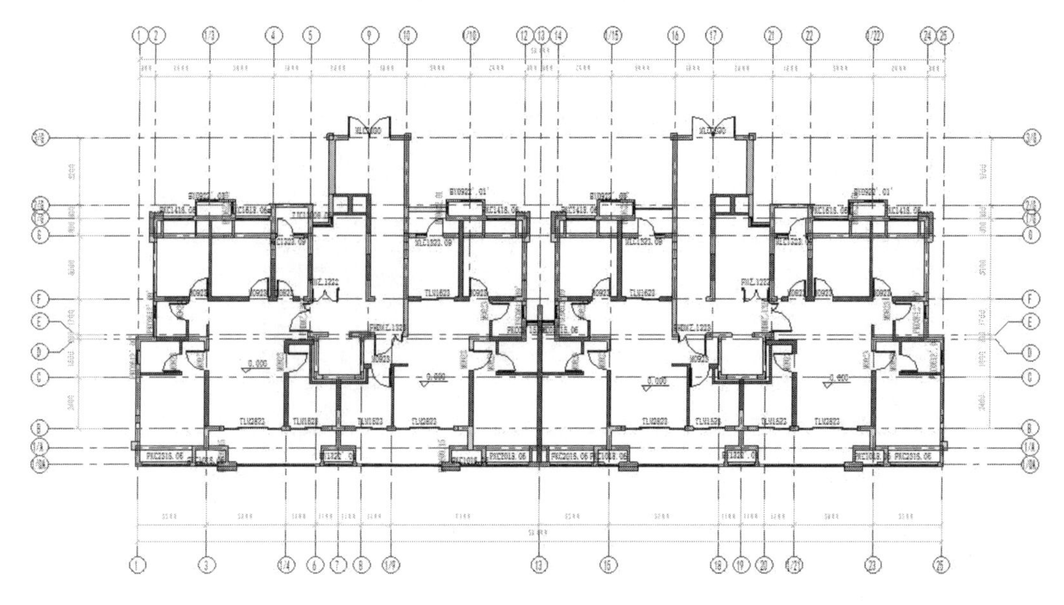

图 6-37　插入门窗

8. 楼板的绘制

根据图纸的楼板轮廓，绘制楼板、楼梯、管道排水、通风电梯，需要预留洞口，防止与其他构件有冲突，如图 6-38 所示。

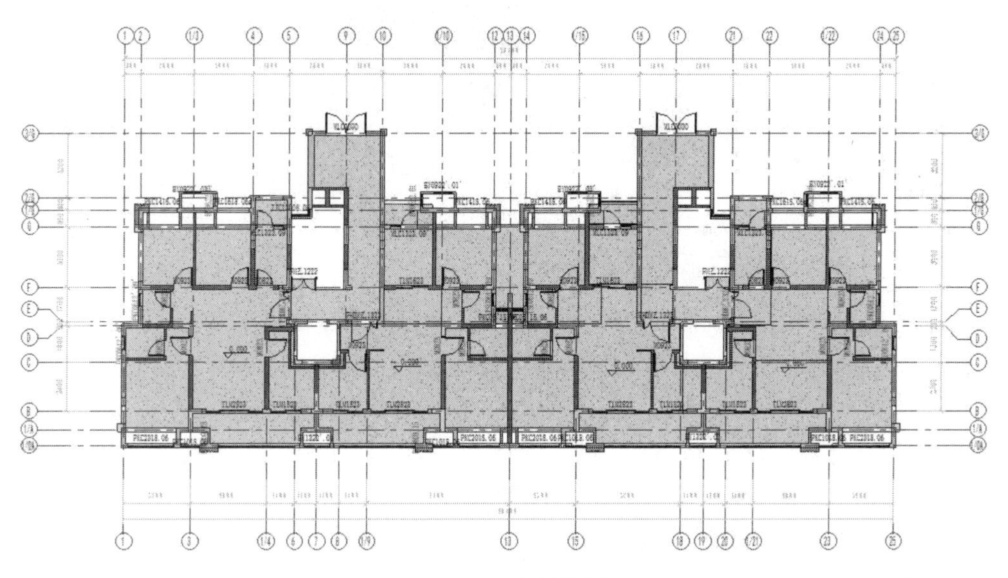

图 6-38　绘制楼板

9. 楼梯的绘制

根据图纸提供的大样图，按要求去创建楼梯，整理好楼梯扶手，多余的扶手将其删除，如图 6-39 所示。

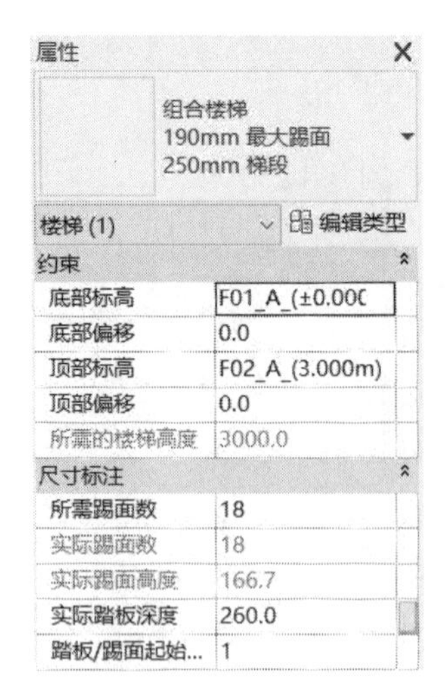

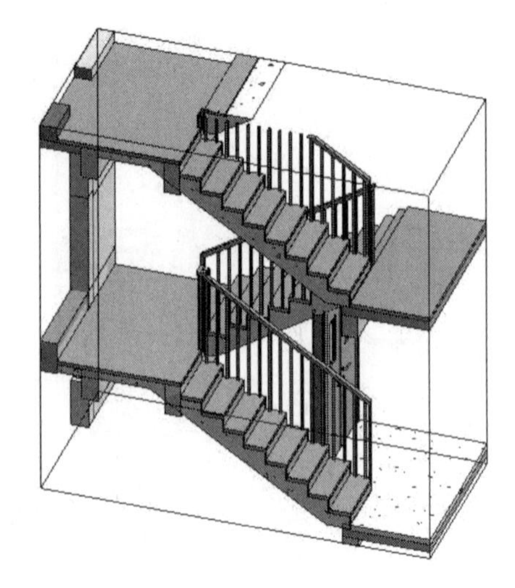

图 6-39　绘制楼梯

10. 扶手的绘制

根据图纸立面图，可得知阳台扶手的高度、间距等参数信息。按照图纸设置好参数，对应图纸中扶手的相应位置绘制扶手路径，如图 6-40 所示。

图 6-40　绘制扶手

11. 其他层模型的绘制

观察图纸，一至四层的图元构件大部分是一样的，对于此类楼层，可以将下一层图元复制上去，再针对图纸修改与首层图元不一致的构件。一至四层的区别就在于楼梯周围的构件存在差异，根据图纸在相应位置进行修改即可。

12. 标准层的绘制

从第四层开始为标准层，框选第四层的全部构件，在弹出的“修改”选项卡中，单击“剪贴板”中的“复制到剪贴板”按钮（复制），“粘贴”时选择“与选定标高对齐”，将其复制到其他标准层，如图 6-41 所示。

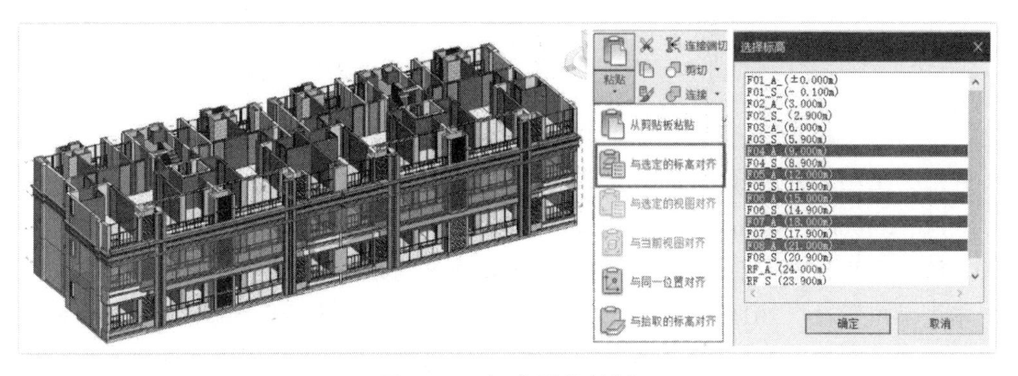

图 6-41　标准层的绘制

13. 屋顶层墙体的绘制及门窗的插入

根据屋顶图纸，先绘制墙体并插入门窗，然后绘制拉伸屋顶，根据图纸的位置对拉伸屋顶进行调整，最终效果如图 6-42 所示。

图 6-42　最终效果

本章小结

本章通过中高层工程实例讲解，带领大家学习了在实际工程中怎样从基础建模到复杂构件的创建。这些能提升我们的建模水平，使我们能更加熟练软件的操作。建模人员必须要了解 BIM 建模的专业信息知识，考虑对构件的要求，考虑构件之间的冲突情况及各种难点的处理。

参考文献

[1] 曾浩，王小梅，唐彩虹. BIM 建模与应用教程[M]. 北京：北京大学出版社，2018.

[2] 刘庆. Autodesk Navisworks 应用宝典[M]. 北京：北京大学出版社，2018.

[3] 卫涛，李容，刘依莲. 基于 BIM 的 Revit 建筑与结构设计案例实战[M]. 北京：清华大学出版社，2018.

[4] 曾旭东，图鑫，张磊. BIM 技术在建筑设计阶段的正向设计应用探索[J]. 西部人居环境学刊，2019，43（23）：11-12.

[5] 杨霄. 建筑工程全寿命期BIM技术系统化应用研究[D]. 焦作:河南理工大学,2017.

[6] PUKO Z, NATAA N, KLANEK U. Building Information Modeling Based Time And Cost Planning In Construction Projects [D]. Slovenia：University of Maribor，Faculty of Civil Engineering，2014.

[7] 王泽强, 等. BIM 技术全寿命周期一体化应用研究[J]. 施工技术，2013(22)：72-73.

[8] 解辉. BIM 在中国古建筑维护中的应用研究——以观音阁为例[D]. 北京：清华大学，2017.